KB122223

THE INTRODUCTION TO

COFFEE STUDIES

커피학 입문

히로세 유키오 · 마루오 슈조 · 호시다 히로시 공저
박이추 · 서정근 공역

光文閣
www.kwangmoonkag.co.kr

　본서는 커피에 대한 총체적인 지식을 학술적인 입장에서 정리한 것
이다. 1997년부터 가나자와대학에서 공개강좌로 '커피학 입문'을 개
설한 이래 올해로 10년째를 맞고 있다. 이 공개강좌는 전국의 국립대
학과 연계하여 매년 8개의 대학에서 실시(후원:사단법인 전일본커피
협회)하고 있다. 더 나아가 2000년부터는 일본 대학에서는 최초로 학
점 취득이 가능한 수업인 '커피학 강좌'도 도입하여 현재에 이르고 있
다. 이러한 상황 속에서 한 걸음 더 전진해 각지의 대학, 전문대학, 고
등학교, 중학교의 수업에서 커피에 대해 학문적으로 접근하기 위해서
는 참고가 될 교과서를 만들 필요성이 있음을 통감하여 이제까지 공개
강좌에서 강의한 내용 등을 바탕으로 이전에 《커피학 강의》를 집필
하였다.

　본서는 이전의 책 내용을 큰 폭으로 가필·증보하여 서명도 《커피
학 입문》으로 정하였다. 커피에 관한 저술로서는 비슷한 책을 찾아
볼 수 없을 만큼 자세히 서술하였고, 커피에 대해 처음 알게 된 사람부
터 커피 관련 업계에 종사하는 전문인까지 충분히 참고할 만한 것이라
고 자신한다.

　본서를 통해 커피가 가진 매력과 문화와 과학이 조금이라도 전달되
어 도움이 되기를 기원한다.

히로세 유키오

《커피학 입문》의 전서인 《커피학 강의》를 통해 히로세 유키오 박사를 알게 된 것은 10년도 훨씬 전입니다. 공학적, 분석적인 커피에 대한 접근 이해 방식이 놀랍고 흥미로웠습니다. 역사, 문화, 생산, 경제 등 다양한 분야에 폭넓은 내용은 커피에 학(學)이라는 격(格)을 갖추기에 충분하다고 여겨집니다. 이 책을 펼치는 순간 저에게 수줍게 커피에 대해 물어왔던 많은 분이 떠올랐다. 이제 그날의 부족한 답변을 이 책을 통해 대신할 수 있으면 좋겠습니다.

지난 가을, 커피를 좋아하는 많은 분들과 베트남에 다녀왔습니다. 일정이 끝나갈 즈음 오래전 일본을 떠나올 때가 생각났습니다. 젊은 시절 저는 이스라엘의 키부츠를 동경했고 집단 농장 생활을 하기도 했습니다. 고국에서, 유토피아를 꿈꾸던 제 삶은 떠나는 것의 연속이었는지도 모릅니다. 일본에서 한국으로, 서울에서 다시 강릉으로, 그리고 또 다른 어디론가 떠나고 싶습니다.

요즘 저는 크라우드소싱(crowdsourcing)에 관심이 많습니다. 베트남 커피 한 그루에 소액을 투자하고 3~5년 후 커피 생두를 수확, 이 생두를 볶아 참여한 소비자에게 투자금액 20~30%를 더해 되돌려 주는 방식의 커피 크라우드소싱을 제안하고자 합니다. 이것이야말로 지속 가능한 커피 사랑이 아닐까 저는 생각합니다.

"떠나지 않으면 새로운 바다를 발견할 수 없습니다."

따로 또 같이 떠나보지 않겠습니까?

이 책의 인세 수익금의 일부는 한국·베트남 문화 기금으로 쓰입니다.

박이추

짜릿한 기억이었다.

1960년 초쯤이다. 난 한국전쟁의 최후 격전기인 낙동강 변에서 태어나서 어린 시절 마을의 형들과 뒷산에 미군들이 파 놓은 방공호에서 은박지에 포장된 씨레이션(미군전투식량) 봉투에서 나온 은박지 속의 검은색 분말의 탁 쏘는 맛이 기억난다. 자극적인 그 묘한 맛의 분말이 커피가루였다.

그 후 난 대학 시절 하얀 프림과 강한 단맛의 커피를 주로 다방에서 즐기곤 하였다. 이것이 내가 아는 커피 맛이었다. 그 후 1980년도 초 안암동 '보헤미안' 커피숍에서 박이추 선생님이 직접 볶아서 내려주신 핸드드립 커피를 마시고, 경이롭고 새로운 맛의 세계를 알게 되었고, 아라비아 음악과 향기가 맴도는 커피 세상의 방랑자가 되었다.

이제까지 커피를 통하여 만나고 커피와 함께 맺은 인연들, 나에게는 참 귀한 분들로서 다양하게 이어지는 커피 향처럼 함께 살아가고 있다.

1996년부터 단국대학교 온실에서 재배되는 커피나무의 원두를 수확해서 커피콩을 분리하여 싹을 틔우고, 커피나무를 가꾸면서 꽃피는 습성과 열매가 빨갛게 익어가는 생리 상태를 연구하기 시작하였으며, 이어서 IMF가 시작되면서 나는 커피콩을 향기롭게 잘 볶고 커피 맛을 맛있게 잘 내는 기술을 익혀서 어려운 여건에 지혜롭게 살아가길 바라는 마음에서 국내에서 처음으로 단국대학교에서 커피 전문가 양성 프로그램을 만들었고, 이것이 박이추 선생님과 그 분의 문화생들이 국내에 커피 붐을 일으키는 큰 계기가 되었다.

이제는 커피 원두의 주생산지인 베트남의 달라트대학교에서 고품질 원두 생산과 관련된 재배법과 커피 원두의 생산·수확 후 일괄관리 기술자 및 맛을 잘 내는 전문가(바리스타) 양성프로그램을 진행하고자 준비 중에 있다.

본 번역서는 커피를 공부하고 관련 산업에 종사하는 모든 분들게 매우 유용한 내용을 담고 있다. 커피가 갖고 있는 무한한 세상에 길잡이가 되고, 커피 세계를 이해하고 전문가로서 한단계 업그레이드 되는데 좋은 길잡이가 되기를 기대한다.

본 번역서가 번역되고 출판되도록 허락하여주신 히로세 유끼오 선생께 감사드리고 번역과 정리를 도와준 정윤희 선생께 다시 한 번 고마음을 전한다.

어려운 출판 여건에도 흔쾌히 책이 나올 수 있도록 해주신 광문각 박정태 사장님께 고마움을 전한다.

서정근
(교수, 단국대학교 생물자원환경연구소장)

목 차 | CONTENTS

제1장

커피학 서론

:::::::::::::::::::

제1절
커피의 발견과 음용의 시작 : : : : : : : : : : : : : : : : :

Ⅰ. 커피의 발견과 아라비아로의 재배 확대

이 테마에 대해서는 지정학상, 식물의 생태학상, 그 외에도 발견된 뒤
오랜 세월 구전되어 온 여러 가지 설이 있지만 최초에 커피의 묘목을 작
은 밭에서 재배한 것은 9세기 말 아라비아인 의사라고 한다.

그 이전에는 에티오피아에서 야생으로 자라고 있던 것이 원산으로 확
인되고 있다. 그리고 그 원종을 일찌기 아비시니아(Abyssinia)인이 아라
비아에서 에티오피아로 이주했을 때 커피나무를 아라비아의 예멘으로 가
지고와서 음용하기 시작했다는 설이 유력하다.

즉 커피는 아비시니아(현 에티오피아)에서 발견되어 예멘으로 반입되
었다. 그리고 음료로서의 사용과 묘목의 보급은 아라비아인에 의한 것으
로 보는 것이 타당할 것이다.

커피의 발견으로 아비시니아와 아라비아에서 경작(재배)이 시작되었으
나 예멘에서 집약적으로 재배지가 확대된 것은 15~16세기에 이르러서이
며, 그 긴 기간 동안 급속한 재배 확대는 이루어지지 않았다.(일부 권위적
인 학설에 의하면 예멘에서 최초 커피 재배는 에티오피아 황제 카르브에
의해 525년에 정복된 시대의 575년으로 거슬러 올라간다는 설도 있지만,
어찌되었든 커피는 음료로서 발견되었고 아비시니아와 아라비아에서 커
피나무가 재배되었다는 사실은 분명하다.)

커피의 재배가 각지로 급속히 전파되지 않은 이유는 씨의 발아를 억제하기 위해 종자를 열탕에 담그거나 볶는 방법이 사용되었기 때문이다. 그 이유는 커피에서 얻을 수 있는 막대한 이익을 잃는 것을 아라비아인이 두려워한 결과이다. 그러나 이것도 이슬람교도에 의해 1600년경에 남인도의 마이솔(Mysore) 지방에 전파된 후 급속하게 세계로 전파되어 갔다.

Ⅱ. 약으로서의 커피

커피가 언제부터 음용되기 시작했는지는 명확하지 않다. 현재 고문헌인 《견문록》등에서는 오랜 역사 속에 남몰래 에티오피아의 아비시니아 고원에서 자생하고 있던 커피나무와 열매가 900년경에 이르러 사람들의 주목을 받게 되었다고 하며, 그 발견 초기에는 과실 체리를 그대로 먹거나 과실이나 과즙을 발효시켜 술로 만들거나 우려내서 약용했다고 한다. 이러한 이용법은 에티오피아와 홍해를 사이에 두고 마주보는 아라비아에 전해졌다.

커피에 대해 가장 오랜전에 기록한 사람은 아라비아의 명의 라제스(Rhazes, 865~922)년이다.

그는 900년경 아라비아에서 민간 처방으로 달여서 복용해온 아비시니아산 나무 열매즙에 흥미를 가지고 "따뜻하고 담백하며 위에 매우 좋다."라고 기록하고 있다.

당시 사람들은 커피의 과실을 분(bun, bunn), 분을 달여서 마시는 액체를 반캄(Bunchum)이라고 불렀고, 물에 담갔던 생두를 껍데기 채로 우려내서 일종의 '영약(靈藥)'으로 이용했다.

즉 커피의 음용의 시작은 현재 우리들이 기호품으로써 마시고 있는 것이 아닌 약으로서의 음용법이었다.

라제스의 기록 100년 뒤에 역시 아라비아 의학의 권위자이며 철학가인 아비센나(Avicenna, 980~1037년)는 "이 걸작품은 레몬색으로 색이 밝고 좋은 향기가 나서 매우 좋지만 하얗게 탁해진 것은 좋지 않다. 재료(콩)에서 외피를 깨끗하게 벗겨내서 습기가 없어질 때까지 건조시킨 특선품을 쓰면 대단히 좋은 향기를 지닌 것이 된다."라고 약용이긴 하지만 향기가 좋은 음용으로써의 시초도 기록하고 있다. 당시 커피(분)는 에티오피아에서 가져온 이국적이며 진귀한 약물로서 약종상의 가게에서 판매되었으나 매우 고가였다.

III. 음용으로서의 커피

그러나 이후 수 세기 동안 커피는 잊혀진 것처럼 기록이 남아 있지 않다. 그리고 마침내 커피가 식용으로서 처음으로 나타난 것은 회교(이슬람교)의 고승들에 의해서다. 그들의 종교의식으로 행해진 엄격한 계율과 밤새도록 기도하는 '데르비시(Dervishes, 빠른 춤과 기도를 행하며 법열 상태에 들어가는 의식으로 신비주의적인 이슬람의 빠른 춤)'에서 졸음을 깨울 귀중한 음료로, 때로는 코란에 금지되어 있는 술을 대신하는 음료로 몰래 음용되었다.

그들은 이것을 '가후아, 과후와 Quauhwah'로 불렀는데 이는 원래 일종의 과실(와인)의 이름이었다고도 한다. 음주가 허용되지 않는 회교도가 몸과 마음 모두 기분 좋게 졸음을 쫓을 수 있도록 좋은 영향을 주는 커피를 술을 대신하는 것으로 이름지었을지도 모른다.

커피 전설의 하나인 셰이크 오마르의 이야기에서 오마르는 죄를 뒤집

어쓰고 예멘의 오우사바 산중으로 유배되었는데 이때 배가 고파 먹기도 하고 마시기도 했던 나무열매를 끓인 물에 몸을 상쾌하게 하는 약효와 각성 작용이 있는 것을 체험했다. 이후 죄를 용서받아 모카로 돌아간 뒤 커피를 사람들에게 전파하고 성자로 불리게 되었다고 하는데, 이 이야기는 회교사원 안에서 졸음을 쫓기 위한 비약으로써 커피가 음용되었던 것을 암시하고 있는 듯하다.

오랜 세월 커피는 아라비아를 중심으로 이라크, 이집트, 터키에 있는 회교 사원 안에서만 비장(秘藏)되고 노승만이 마실 수 있었으며 외부로 반출하는 것이 엄격히 금지되어 있었다. 그리고 그곳에서 커피는 아무 때나 마시는 것이 아닌 주로 밤의 기도에 들어가기 전에 마시는 것으로 의식화되어 있었다.

IV. 커피 음용의 확산

1454년 아덴의 회교사원에서 일반 회교도에게도 음용이 허가되자 커피는 이슬람교권의 신자들에 의해 음용됨으로써 서민에게도 음용이 확대되는 계기가 되었다.

회교사원 근처에는 반드시 노상에서 커피를 파는 노점이 있었고, 회교도들은 커피를 마신 후에 사원에서 기도를 하는 것이 습관이 되어 노점 수는 일설에 의하면 카이로만해도 1000개 이상이었다고 한다.

1450년대로 알려진 고승 게마레딘의 이야기(전설)에서는 '아라비아 예멘에서 태어난 고승 게마레딘이 국경인 아프리카 연안을 여행하면서 커피가 널리 음용되고 있다는 사실을 알았다. 그런데 아덴으로 돌아오는 도중 병에 걸려 약으로 생각하고 가져온 커피를 마셔보니 놀라울 정도로 체력이 회복되고 원기가 솟아났다. 커피의 효능을 알게 된 그는 아덴으로 돌아온 뒤 밤새도록 기도하는 회교의 수도사나 신앙을 위해 헌신하는 사람들에게 커피를 추천하였다. 이로 인해 커피는 급속도로 예멘에 퍼졌고 밤에 일하는 사람들은 누구나 커피를 마시게 되었다'고 한다.

그런데 일반 사람들이 음용하게 된 커피는 요즘 말하는 터키 커피이다. 커피는 1605년 로마 교황 클레멘스 8세에 의해 그리스도 교도도 커피를 마셔도 좋다는 '커피 세례'를 받기 전까지는 회교도만의 음료였으나 그 이후에는 유럽의 그리스도교권의 각국에 음용이 전파되어 영국, 프랑스, 이탈리아 등에서 독자적인 커피 문화와 음용법이 확립되어 갔다.

제2절
커피 로스팅(roasting)의 시작 : : : : : : : : : : : : : :

커피콩을 볶기 시작한 연대도 확실하지는 않다. 회교사원 안에서 '비약 (秘藥)'으로 이용되기 시작한 초기에는 아직 로스팅을 하지 않은 채 커피 콩을 날 것 그대로 부순 뒤 끓여서 우려내었다. 로스팅을 하기 시작한 것은 1300년대 이후인 것 같다.

어떤 계기로 커피콩을 굽거나 태우면 주변 일대에 커피를 볶은 향기가 가득하고 이것을 부수어 우려내면 향기가 훌륭하고 단맛이 나오며, 마신 뒤의 상쾌한 각성 효과가 한층 더한 것을 알게 되었다. 이것이 커피를 로스팅하기 시작한 계기가 된 것으로 생각된다.

1454년 커피 음용이 일반 이슬람교도에게 개방되어 각지에 전파된 후에는 대부분 로스팅된 커피 진액을 마시고 있었다.

이와 같이 로스팅을 하게 된 계기에 대해서는 몇 가지 설이 있다.

1. 산불로 탄 커피 과실에서 좋은 냄새가 났기 때문에 이것을 부셔서 우려내 마셔봤더니 매우 맛있었다는 '산불설.'

2. 회교사원 안에서 신의 '비약'으로 이용되면서 커피가 외부로 유출되지 않도록 엄중하게 관리하고 있었는데, 커피 열매를 몰래 반출한 사람이 있어서 이를 금지하기 위한 방어책으로 커피콩의 발아를 억제하기 위해 가열을 하던 중 우연히 불이 너무 세서 눌러 붙자 이루 말할 수 없는 향기가 감돌아서 로스팅을 시작하게 되었다는 '발아방지설.'

3. 커피콩을 달여서 마시고 있던 때 우연하게 수분이 날라가 눌러붙자 좋은 향기가 주변에 감돌게 되었고, 시험 삼아 이것을 끓여 마셔보니 산뜻한 맛이라서 로스팅을 시작하게 되었다는 '가열 실패설.'

각각 납득이 가는 설이기는 하지만, 회교사원 안에서 달이고 있을 때에 콩을 볶은 후에 달이면 어떻게 될지 시험해 보니 맛과 향기가 깊어진다는 사실을 알게 되어 이것이 로스팅을 시작하게 된 계기가 된 것으로 생각된다.

로스팅 초기에는 초벌구이 토기 접시나 돌로 만든 용기를 모닥불로 가열해서 볶았고, 이후 1400년부터 1500년대에 걸쳐서는 금속의 볶는 용기나 금속제의 밀(mill)이 만들어졌다.

제3절
초기 커피의 음용법 :

Ⅰ. 사르타나 커피(키슈르)

약용으로 이용되고 있던 무렵에 콩은 벼락으로 익은 콩을 맷돌과 같은 것으로 분쇄해서 물에 담근 뒤 달이거나 가열한 물에 넣어 달여 마시고 있었다.

초기에는 콩뿐만 아니라 과실 그 자체, 즉 외피의 실버 스킨이라고 불리는 얇은 막을 포함한 전부를 달인 것 같다. 이 달인 커피를 현재 사르타나 (혹은 술탄) 커피라고 하는데 가장 원시적인 커피 음용법이다.

이 음용 방법에서는 아직 콩은 로스팅되지 않았기 때문에 추출된 커피의 색은 희미하게 레몬색 정도밖에 되지 않았을 것으로 생각된다.

Ⅱ. 터키 커피

로스팅이 시작된 이후에는 볶은 콩을 부순 뒤 물을 넣어 우려내서 가루 채로 커피 그릇에 옮겨 윗부분의 맑은 액체를 마시게 되었다. 이른바 현대의 '터키 커피'의 음용법이다. 그리고 이 음용법은 현재에도 행해지고 있다.

커피가 그리스도교권인 유럽에 전파 된 뒤에도 이 터키 커피라고 불리는 커피 타는 법과 음용법은 1750년대가 될 때까지 대부분의 어떤 나라에서도 같은 방법으로 같은 맛의 커피가 음용되었다는 것에 주목할 가치가 있다.

이 터키 커피의 음용법이 계속된 그 이유 중에 하나는 우선 원료인 커피콩이 음용에 가장 적합한 아라비카종이었기 때문이다.

이 콩은 당초 아라비아의 예멘에서 재배되고 있었는데 현재 모카커피로 불리는 양질의 콩으로 유명하다. '귀부인과 같이 기품 있는 맛, 우아한 향기가 독특한 풍미를 형성해 바디도 있고 순한 맛과 부드러운 신맛은 배합용으로도 정평이 나 있다'고 대중에게 평가를 받고 있었기 때문에 오랜 시간 같은 방법으로 음용해도 충분히 맛있었기 때문일 것이다.

그리고 또 하나의 큰 이유는 이슬람교권 내에서 음용될 때에는 미각적으로 개량하는 것보다는 의식(儀式)적인 음용법이 보다 중요했기 때문에 커피 타는 법과 음용법이 기본적으로 바뀌지 않은 채 현재까지도 이어지고 있는 것이다.

III. 터키 커피 만드는 법

아라비아나 터키에서는 현재에도 일부에서 전통적이며 의식적인 터키 커피 스타일로 커피를 마시고 있다.

터키 커피는 주문을 받은 다음 만든다. 특유의 긴 손잡이가 달린 체즈베(cezve)로 불리는 놋쇠 포트에 볶아서 잘게 분쇄한 커피콩과 물을 넣어 가열하는데, 펄펄 끓이는 것이 아니라 맛이 우러날 정도로 끓인 뒤에 포트를 불에서 내려 작은 컵에 따른 뒤 가루가 바닥에 가라앉을 때까지 기다렸다가 윗부분의 맑은 액을 마신다.

지인이나 친구를 대접할 때 프라이팬과 비슷한 도구로 생두를 볶는 것에서 시작해서 이를 분쇄하고 커피를 타서 다 마실 때까지 2~3시간이 걸리는 의식적인 음용법(커피 세러모니)이다.

다음으로 터키 커피의 절차 중에는 가루가 끓어오르기 전에 계피나 정향을 넣고 작은 찻잔에 따르면서 용연향(향유고래에서 채취한 향료) 한 방울을 더하기도 한다. 터키 커피 만드는 법의 경우 커피는 아무렇게나 마시는 것이 아니라 뜨거운 것을 마시는 것이며 정식으로는 양 입술을 좁혀서 찻잔 테두리에 혀끝을 대고 아주 조금씩 마신다. 마시는 도중에 그릇 안의 가루를 휘젓는 행위는 커피의 완성도를 망칠 뿐만 아니라 부끄러울 정도의 품위 없는 행동으로 금지되어왔다.

제4절
커피 발견의 전설 :

커피에 대해 기록한 라제스와 아비센나의 기술에 대해서는 이미 소개했지만 이것과는 별도로 커피 발견에 대해서는 몇 가지 전설이 존재한다. 그리고 흥미롭게도 커피 발견의 전설에 나오는 이야기는 시대적으로 이 두 사람의 기록보다 후세인 13세기에서 15세기 사이이다.

이 사실은 커피가 약으로뿐만 아니라 음료로서 이용되기 시작한 것이 그 시대부터였지 않을까 생각하면 앞뒤가 맞는다. 다음으로 대표적인 세 가지 전설을 소개한다.

I. 셰이크 오마르의 전설

커피 전설 가운데 가장 널리 알려진 것은 셰이크 오마르(Omar Sheik)에 관한 것이다.

그는 귀중한 음료, 즉 커피를 발견한 명예로 성인으로 추대되었다. 그에 관한 전설은 3가지 형태로 나뉘는데 우선 가장 상세한 아브달칼디 (Kaldi)의 사본(파리 국립도서관 소장)에 근거한 이야기이다.

회교 656년(1278년) 스승 샤델리는 제자인 오마르를 데리고 메카 순례 여행을 하고 있었다. 그리고 오자브 산에 다다랐을 때 오마르를 향해 "나는 여기에서 죽을 것이다. 그리고 나의 영혼이 하늘로 올라갈 때 베일에 싸인 사람의 그림자가 너의 눈앞에 나타날 것이다. 그의 지시에 따르라! 큰 운명이 너를 기다리고 있기 때문이다!" 샤델리가 죽은 한밤중 오마르는 하얀 베일에 싸인 거대한 망령을 보았다.

"너는 누구냐!"라고 오마르는 물었다. 망령이 쓰고 있던 베일을 벗자 그는 5~6미터나 커진 스승 샤델리였기 때문에 오마르는 눈을 크게 떴다.

스승의 영혼은 땅을 파기 시작했고 신기하게도 물이 솟아나왔다. 그리고 오마르를 향해 "그 물을 그릇에 가득 채우고 그 그릇의 물이 가라앉아 움직이지 않을 때까지 쉬지 말고 걸어라! 그곳이 너를 기다리고 있는 거대한 운명의 땅이다!"라고 말했다.

오마르는 순례 여행을 계속했다.

예멘 모카에 도착했을 때 오마르는 그릇 안의 물이 움직이지 않는 것을 알아챘다. 아름다운 모카 마을에는 그때 페스트가 유행하여 마을 주민들을 괴롭히고 있었다.

오마르는 병자를 돌보며 마치 마호메트의 영혼이 깃든 것처럼 기도하고 많은 사람을 치료했다. 그러나 페스트는 수그러지지 않았고 모카왕의 딸마저도 페스트에 걸렸다. 이를 걱정한 왕은 오마르가 기도로 많은 사람들을 치유했다는 사실을 듣고 딸을 오마르가 있는 곳으로 옮겨 치료를 요청했다. 오마르는 지극 정성으로 기도하여 딸의 병을 치료했다. 그런데 왕의 딸이 너무 아름다웠기 때문에 그는 딸을 아내로 맞이하고 싶다고 왕에게 말했다. 그러나 이것이 마음에 들지 않았던 왕은 그를 모카 마을에서 끌고 나와 오자브 산으로 내쫓아 버렸다. 그곳에는 초목 외에 먹을 것이 없었고 동굴 속에서 기거할 수 밖에 없었다. 어느 날 그는 스승을 향해 큰소리로 외쳤다.

"모카에서 일어난 일이 운명이라면 대체 나를 그곳으로 데려간 그릇을 스승님이 나에게 주신 이유가 뭡니까?"

그가 이렇게 말하며 비탄에 잠겨있던 순간 말로 표현할 수 없는 아름다운 음색의 노랫소리가 들려와 고개를 드니 멋진 깃털을 가진 새가 나타나 나무에 앉는 것이 보였다. 그는 바로 그 새를 향해 달려갔다. 그러나 순식간에 새는 자취를 감췄고 새가 사라진 자리에 꽃과 열매가 보였다.

그 나무 열매를 따서 먹어 보니 매우 맛있었다. 그는 주머니에 나무 열매를 가득 채워서 동굴로 돌아왔다. 그 다음 풀잎을 끓일 때 따온 나무 열매를 몇 개 함께 넣어 끓였다. 이렇게 해서 그는 맛있고 향이 좋은 훌륭한 음료를 손에 넣었다. 이것이 커피였다.

이상이 아브달칼디 사본의 기록이다.

II. 목동 칼디(Kaldi)의 전설

이 전설은 포스타스 나이론이 쓴 책에 기록 된 것이다.

15세기 중엽(1440년) 칼디라고 불리는 에티오피아의 목동이 자신의 산양을 방목하고 있던 목장 근처에 있는 수도원의 수도사들에게 "산양들은 밤이 되면 잠드는 게 보통인데 잠들지 않을뿐더러 오히려 흥분해서 뛰어다닌다."라고 말했다.

이것을 들은 수도사들은 그것은 필경 산양이 무언가 특별한 것을 먹은 것이 확실하다고 생각하고 조사해 보니 목동이 산양을 방목하고 있는 목장 부근에서 잎을 먹은 흔적이 남아있는 나무를 발견했다. 그 나무 열매를 따서 먹어 보니 전신에 힘이 솟고 졸음을 쫓는 효과가 있었다. 그 이후 수도사들은 밤에 기도할 때 그 열매를 물에 달여 마시면서 졸음을 쫓았다. 이 사실은 금세 퍼져나가 행상의 귀에 들어갔고 행상들은 장사가 될 만한 좋은 물품이 손에 들어왔다고 기뻐하며 이를 널리 퍼뜨렸다.

이 나이론의 기록을 바탕으로 한 프랑스어판의 책에서는 커피를 발견한 것은 다음과 같이 수도사가 아닌 목동 자신으로 되어 있다.

칼디를 놀라게 한 것은 특히 산양의 '우두머리'였다. 나이를 먹기는 했지만 다부진 수컷 산양의 활기찬 모습 때문이었다. 그래서 그는 그 산양이 먹었던 나무 열매를 따서 먹어 보았다. 이제까지와는 달리 몸속에서부터 기운이 솟아올라 생활 그 자체가 즐거워지고 목장에서 산양들이 흥분해서 뛰어다닐 때 그도 유쾌해져 마치 축제인 것처럼 함께 춤추며 뛰어다녔다.

위 : 오마르, 아래 : 칼디

어느 날 이러한 광경을 한 명의 수도사가 목격하고 가까이 다가왔다. 그러자 목동은 자신이 발견한 관목의 빨간 열매의 효용에 대해 이야기했다.

마침 이 수도사는 밤 기도 시간에 찾아오는 수마를 쫓지 못해 엄격한 신앙생활을 지겨워하고 있던 참이라 빨갛게 익은 열매를 건조시킨 뒤 끓여서 모두와 함께 마셔 보았다. 그러자 졸리기는커녕 열심히 기도에 힘쓸 수 있게 되었다.

III. 마호메트의 전설

1. 예언자 마호메트가 큰 병에 걸려 비몽사몽의 상태에 빠져 있을 때 신은 천사 가브리엘을 시켜 이제까지 알려지지 않았던 음료를 마호메트에게 주었다.

색은 칠흑같이 검고 맛은 쓰며 뜨거운 열기가 피어나왔는데 이것을 마시자 마호메트의 병이 나았고 생기가 있고 의식도 확실해졌다.

그러자 마호메트는 이 음료에 카우와(qahwah)라고 이름을 붙였는데 카우와는 '힘'을 의미한다고 하며 이것이 cafe의 어원이 되었다고 한다.

2. 코란에 심신을 바친 열성적인 마호메트의 신자가 있었는데 그는 주간과 야간의 기도로는 만족하지 못한 채 밤새 알라 신에게 기도를 계속하고 싶다고 생각했다. 그러나 아무리 해도 밤이 되면 수마가 덮쳐와 염원을 이룰 수가 없었다. 이를 불쌍히 여겼는지 어느 날 밤에 마호메트가 나타나 다음과 같이 말했다.

"광야로 가서 목동을 찾아라! 그가 바로 수마와 싸울 수 있는 약을 가진 유일한 사람이다!"

이 계시를 듣고 미친 듯이 기뻐한 신자는 광야의 구석구석을 뒤져 결국 목동을 찾아냈고 이후로 회교도는 차분히 밤 기도를 할 수가 있게 되었다고 한다.

그런데 이들 전설 가운데 2의 '목동 칼디'의 이야기는 사실 커피를 발견한 것이 회교도가 아닌 그리스도교의 수도사였다고 주장하기 위해 만들어진 전설이라고 한다.

프랑스의 가랑이라고 하는 아라비아 학자는 그리스도교의 나이론이 전한 이 이야기에 다른 의견을 제시하며 "아비시니아의 산양에 의한 발견이나 수도사에게 커피 콩의 사용법을 처방한 수도원장의 이야기에는 동방교회의 그리스도 교도로서 커피 창조의 명예를 자신의 것으로 만들고 싶다는 욕망이 있다."라고 기록하고 있다.

제5절
커피의 어원과 각국에서의 호칭 : : : : : : : : : : : : :

현재 일본에서는 '커피'라는 음료수를 가리킬 때 '코히'라고 부르는데 그 말의 어원과 각국의 호칭의 변천을 살펴보자.

원래 아라비아에서 커피를 끓여서 만든 음료수를 '카후와(Qahveh, 현재 에티오피아인은 '카(콰)우와'라고 발음한다]'라고 불렀는데, 터키에 들어와서 '카붸(Kahveh)' 또는 '카부아(Khveh)'라고 불리게 되었다.'

그리고 16세기경부터 여행할 수 있어진 유럽 사람들에 의해 그 발음이 유럽풍으로 옮겨져 영국과 프랑스에 들어간 호칭을 중심으로 세계 각국에서 통하는 말이 된 것 같다.

현재까지 사용된 각국의 언어를 예로 들어보면 다음의 각 항과 같다. 이 호칭은 그 발음을 듣거나 번역하는 사람에 따라 각각에 대한 일본어 표기는 다양하게 표현된다. 예를 들어 괴테의 호칭만 해도 교테, 교오테, 게에테 등 60종류나 되는 것과 마찬가지로 이것이 옳다고 한 가지로 확정 짓기는 어렵다.

그런데 실제 현재 각국에서 사용되고 있는 '커피'의 어원은 '카(콰)후와'이며, 이것이 각국에 퍼져 불리게 된 경우가 훨씬 많은데 어째서 각국에 '반'이나 '반캄'이 보급되지 않고 '카(콰)후와'가 보급된 것일까?

'카(콰)후와'라는 말이 일반적이 된 것에 대해서는 두 가지 설이 있다.

첫 번째 설은 아라비아에서는 원래 '카(콰)후와'라고 하는 일종의 술이 있었는데 사람을 흥분시키고 심신을 활기차게 하는 커피의 작용이 술과 비슷했기 때문에 어느새 사람들 사이에 커피를 '반'이나 '반캄'이 아닌 '카(콰)후와'라고 부르게 되었다는 것이다.

그리고 커피가 이 '카(콰)후와'라는 이름으로 불리자 나중에 술을 금지하는 회교를 믿는 아라비아권=이슬람교권에서는 커피도 술의 일종이 아니냐는 의견이 대두되어 음용을 금지해야 한다는 움직임이 몇 번인가 (1511년 메카나 카이로. 1524년 메카. 1534년 카이로) 일어나는 원인이 되었다. 그리고 터키에 들어오자 '카(콰)후와'는 '카붸(kahveh)'가 되어 이것이 변천해서 '커피'가 되었다.

두 번째 설은 커피의 원산지인 에티오피아에 카파(kaffa)라는 지명이 있는데 이곳이 커피의 산지명으로서 아라비아에서는 '카(콰)후와'라고 불리게 되었다는 설이다.

현재는 첫 번째 설 쪽이 옳다고 하는 사람들이 다수지만 일부에서는 에티오피아의 '카파' 지방의 이름과 아라비아에 있던 술 이름 '카후와'가 합해져 술이 아닌 보통의 음료수인 커피가 자연히 '카(콰)후와'라고 불리게 되었다고 하는데, 이에 대한 확실한 근거는 지금도 발견되지 않고 있다.

어쨌든 아라비아에서 터키로 들어오면서 커피는 '카붸(kaveh)'라고 불리게 되었고, 이것이 변천되어 프랑스어인 '카페(Café)', 네덜란드어 '코피(koffie)'가 되었다. 각각의 발음이나 철자가 어째서 그렇게 되었는지에 대한 학문적인 근거는 각국의 언어학자들에 의해 다양한 설이 제시되고 있다.

이들 언어는 터키어와 아랍어 양쪽에서 유럽의 언어로 이행된 것으로 알려져 있다. 맨 처음 음절에 악센트가 있는 영어의 형태에서는 아(a) 대신 오(o), 하(h) 대신 프(f)가 사용되고 있다. 외국어의 형태에는 악센트가 없고 하(h)도 사용되지 않는다. 원래 (v) 혹은 (w)(순음화된 v)는 남았거나 프(f)로 바뀌었다.

현재 사용되고 있는 커피에 관한 대표적인 언어는 다음과 같다.

영어 coffee, 독일어 Kaffee, 덴마크어 Koffe, 폴란드어 Kawa, 스페인어 Café, 포르투칼어 Café, 터키어 Kahue, 프랑스어 Café, 네덜란드어 Koffie, 헝가리어 Kave, 러시아어 Kophe, 이탈리아어 Caffe, 라틴어 Coffea, 에티오피아어 Bonn, 중국어 Kai-fey, Tecutse, 일본어 Ko-fi(珈琲, コーヒー), 페르시아어 Gehve(커피콩 Bun).

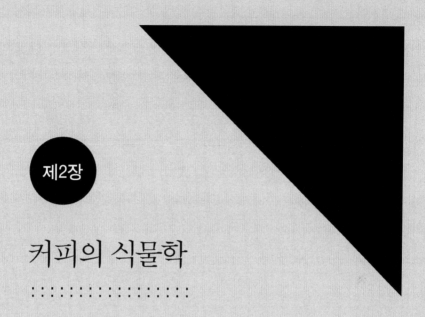

제2장

커피의 식물학

::::::::::::::::::::

제1절
커피나무 :

커피는 현재 세계의 약 70개국 이상에서 재배되고 있다. 이것은 독립국 (2006년 외무성 발표에 의한 독립국 수는 193개국) 중 약 30%의 국가에서 재배·생산되고 있는 셈이 된다.(수출 가능 생산인지 여부는 고려하지 않음)

커피나무의 일본명은 '코히노키'이고 꼭두서니과 코페아속에 속하는 식물 전반을 가리키는 의미이며 상록 관목이다. 특정의 '종(種)'으로 부를 경우 학술상 일본명으로는 아라비카종 '아라비카 커피나무·아라비카(C.Arabica L)'나 카네포라 '로부스타 커피나무·로부스타종 (C.canephora)'이 된다.

'종(種)을 기본 단위로 해서 같은 형태적 특징을 가진 종끼리 모아서 그룹으로 만든 것이 '속(屬)'이며, 같은 '속(屬)'을 모은 것이 '과(科)'이다. 이를 순서대로 정돈한 것이 현존하는 생물의 분류 체계이다.

즉 상위로부터 계(Kingdom), 문(Division), 강(Class), 목(Order), 과 (Family), 속(genus), 종(Species)라는 단계를 이루며, 각각의 계급 바로 아래 '아(Sub-)(아과, 아속 등)'를 두거나 바로 위에 '상(Super)'을 두기도 하고 과와 속의 사이에 연(Tribe)을, 속과 종의 사이에 절(Section), 열 (Series)을 두기도 한다.

또한, '종' 이하의 구분으로서 아종, 변종, 품종이라는 3단계가 갖춰져 있다.

속 (genus)	아속 (Subgenus)	절 (Section)	종 (Species)
Coffea	Eucoffea(24종)	Erthrocoffea	C.Arabica, C.cahephora 기타
		Pachycoffea	C.liberica, C.dewevrei 기타
		Mozambicoffea	C.race,oma, C.salvatrtiex 기타
		Nancoffea	C.Montana 기타
Coffea	Mascarcoffee(18종)		
	Argocoffea(11종)		
	Paracoffea(13종)		

'종(species)' 다음으로 품종이 있는데 그 수는 100종류 이상에 달한다고 한다. 예를 들어, C.Arabica의 경우(Tipica, Bourubon, MundoNovo, Catura, Catuai, Maragogipe 등) 세계 총 생산량의 약 70%를 차지한다.

C.Canephora의 경우(로부스타, 코니론 등)는 세계 총생산량의 약 30%에도 못 미친다.

나무껍질은 거칠고 회백색이며 잎은 밤이나 비파나무 잎과 닮아서 표면에는 광택이 있고 가지의 동일 개소의 좌우에서 떡잎이 마주난다.

수목은 자연 재배의 경우 6~8미터로 성장하는데 재배용의 경우 통상 2미터 정도의 높이에서 커트해서 손질하게 된다. 종자를 뿌리고 나서 대체로 3~5년이면 결실을 맺는다. (5년째에 수확은 안정되지만 카투아이 등 3년째부터 안정적 수확이 기대되는 품종도 있다.)

커피꽃 :

아라비카종의 커피는 자가수분으로 결실을 맺는다(로부스타종은 타가
수분). 나무가 1그루라도 열매를 맺는다. 꽃은 길이가 1센티미터 정도로
하얗고 치자나무를 닮았다. 재스민과 비슷한 향기가 희미하게 난다. 꽃잎
은 아라비카종이 5매, 로부스타종이 5매, 리베리카종이 7~9매인데 개화
하고 나서 2~3일이면 꽃이 진다. 개화 시기는 수확지에 따라 각각 다른데
낙화 후 자방(子房)은 반년간 성장을 계속해 1센티미터 정도의 둥근 과실
로 성숙된다.

개화하고 나서 대략 6~9개월 뒤 서서히 과실이 커지고 청록색에서 빨
갛게 성숙하면 열매의 수확이 시작된다. 가지에 무수히 착생하여 성숙된
과실은 색과 형태가 버찌를 닮았기 때문에 '체리'나 '커피체리'로 불린다.

과실은 성숙함에 따라 예쁜 붉은 빛이 더해지고 한층 더 검붉어지면 수
확이 이루어진다. 품종에 따라(아마레로) 황색으로 결실을 맺는 체리도
있다. 체리의 수확 방법은 브라질 일부에서는 기계화되어 있으나 대부분
사람의 손(handpick)으로 수확한다. 손으로 가지에서 잎 채로 훑어서 따
는 것이 일반적이며 체리를 한 알씩 따는 일은 드물다. 또한, 따는 과정에
서 떨어진 체리는 줍는다. 일부에서는 손으로 쳐서 떨어뜨리는 산지도 있
다. 떨어진 열매는 부패하거나 이상한 냄새를 풍길 수가 있기 때문에 가
장 좋은 방법은 성숙된 열매를 손으로 따는 것이다. 나무의 수확 가능 연
수는 20년 정도인데 브라질 등에서는 12~13년에 나무를 뽑아내고 새로
심거나 가지치기를 해서 새싹을 돋아나게 한다.

이 과실의 종자가 커피콩인데 이것은 외피, 과육(펄프), 파치먼트라고 하는 섬유질의 중피(내과피라고도 한다)와 실버스킨이라고 하는 은색의 박피에 둘러싸여 있다.

종자인 커피콩은 보통은 한 쌍의 콩이 평평한 면을 밀착해서 존재하는데 이것을 평두(平豆) 또는 플랫 빈즈(flat beans)라고 한다. 때로는 1개의 콩만 결실을 맺는 것도 있으며 이것을 환두(丸豆) 또는 피베리(혹은 피베리 빈즈)라고 한다.

제3절
커피 재배 삼원종 ::::::::::::::::::::::::::

현재 세계에서 상업적으로 재배되고 있는 커피나무는 아라비카종·카네포라종(로부스타종)·리베리카종이 있으며 이를 '재배 삼원종'이라고 한다. 그리고 이들 원종을 교배하거나 개량한 아종은 100종 이상이다.

Ⅰ. 아라비카종

아비시니아 고원(에티오피아 남부)을 원산지로 하며 요즘은 생산국의 압도적인 지역에서 재배되고 있다. 3원종 중 품질 가치가 가장 높고 총생산량의 70%를 차지한다.

특징으로는 맛·향미가 뛰어나다. 산지마다 기후나 토양에 의한 개성이 명확하게 나타나는 반면 병충해와 균, 서리, 비에 약하다. 재배지도 고산지에 적합하기 때문에 브라질을 제외하고 대규모화와 효율화는 뒤떨어지는 편이며, 항상 각 생산지에서 품종 개량을 하고 있다. 총생산량의 70% 이상을 차지하는 이유도 고품질, 고가격이기 때문이다.

현재 유통되고 있는 대표적인 재배종으로는 티피카, 버본, 카투라, 문도 노보, 카투아이, 마라고지페, 아마레로, 카티모르 등 다수이다.

- **티피카** : 기원은 에티오피아 → 인도네시아 → 네덜란드 → 프랑스 → 프랑스령 마르티니크. 수확량은 다소 적다. 맛은 많은 사람들에게 사랑받지만 병충해에 약하다.
- **버본** : 기원은 버번 섬(현재의 레위니옹 섬)으로 티피카의 돌연변이. 티피카와 같이 오래된 품종이지만 티피카에 비해 수확량은 많고 병충해에도 강하다.
- **카투라** : 기원은 브라질이며 버번종의 돌연변이. 왜성. 수확량은 많고 중미산지에 많다. 녹병에 강하고 생산성이 높으며 격년으로 결실을 맺는다.
- **카투아이** : 문도 노보가 지나치게 높게 자라는 결점을 보충하기 위해 카투라와 교배시켜서 만들어졌다. 수확량은 많지만 병충해에 약하다.
- **문도 노보** : 신세계라는 의미. 수마트라(티피카의 돌연변이)와 버번을 교배시켜 개량하여 1950년경부터 재배되기 시작한 것으로 브라질의 대표 품종. 튼튼하고 수확량도 많다.
- **마라고지페** : 브라질에서 발견된 변이종. 종자는 아라비카의 변종이며 나무 높이, 잎, 과실이 전부 크고, 콩은 최대 2~3센티미터가 되기도 한다. 기계 수확에는 맞지 않는다. 맛은 덤덤하지만 진기한 것에 흥미가 있는 사람들에게 사랑받는다.

■ **아마레로** : 버번종과 그 계통에서는 과실이 황색으로 성숙하는 그루[株]가 있다. 통상 빨갛게 숙성되는 그루[株]는 베르메르코인데 판명되어 있는 색소 구성을 생각해 보면 적색 색소(안토시아닌)의 생성 과정에서의 유전자 결핍이 원인으로 생각되는데 정확한 원인이 밝혀지기를 기대해 본다. 버번 아마레로, 카투라 아마레로 등이 있다.

II. 로부스타종

로부스타종은 카네포라종의 가장 대표적인 지역 종의 명칭이다. 따라서 카네포라종으로 불리는 경우도 있는데 '로부스타'명이 맞고 생산·유통·소비의 각 단계에서 사용되고 있다. 즉 로부스타종 = 카네포라종이 되며 일반적으로는 로부스타종이라고 한다. 또한, 브라질에서 재배되고 있는 로부스타는 코니론으로 불리며 카네포라의 변종이다.

중앙아프리카 콩고 분지에서 자생하고 있던 것이 1898년에 발견되었다. 로부스타종은 아라비카종에 비해 저고도의 고온다습지, 비가 적게 내리는 토지에서도 재배할 수 있는데다가 내병성이 강하고 수확 안정까지 3년으로 기간이 짧고 중량당 진액의 양도 아라비카의 2배, 카페인도 2배 가까이 된다. 특히 녹병 피해를 입은 인도네시아에서는 로부스타종의 도입이 적극적으로 행해졌다. 품질은 아라비카종에는 뒤처지지만 아라비카의 보충, 인스턴트 커피용의 원료로 폭넓게 이용되고 있다.

최근에는 아라비카종의 고품질을 유지하면서도 로부스타종의 내병성을 가지고 있는 품종의 개량도 이루어져 티모르 아라비카, 아라부스타종, 이카츠종, 바리에다 콜롬비아종 등이 유명하다. 생산량도 세계 총생산의 30% 가까이 되며 아프리카, 아시아, 브라질 등이 주요 산지이다.

- **하이브리드 티모르** : 티피카 계통 아라비카종과 에렉타계통 로부스타 종의 교배종.
- **바리에다 콜롬비아(콜롬비아나)** : 콜롬비아에서 개발된 품종. 생산성이 높고 병해충에도 강하다. 셀프 셰이딩도 특유의 성질이다. 카티모르 와 같은 조합의 교배종으로 향기가 뒤떨어지며 맛도 평범하다. 쓴맛 이 특징이며 낮은 평가를 받고 있다. 콜롬비아에서 이 종을 재배 시 소비국에서 평이 좋지 않아 큰 실패를 한 적이 있다.
- **아라부스타** : 초기 하이브리드. 브라질에서 개발되어 전 세계로 재배 지가 확대되었다. 대목(大木)이 로부스타이고 접가지가 아라비카이 다. 맛도 뒤떨어지고 생산성은 거의 없다.

Ⅲ. 리베리카종

서부 열대 아프리카가 원산지이며 1870년에 발견되었다. 로부스타보다 조금 이전이다. 고온다습한 저지대에서 재배가 가능하고 수확량도 많다. 아라비카종 생산에 부적합한 지역에서의 생산에 적합하다.

아프리카의 일부, 수리남, 베트남, 라오스, 필리핀 등의 일부에서도 소규 모 재배가 이루어지고 있다. 평지나 저지대(100~200미터)에서도 잘 성장 하고 가뭄, 적은 강우량이나 많은 강우량 등의 자연환경에도 잘 견디며, 그늘 나무도 필요로 하지 않고, 내병성도 강하며, 낙과율도 낮아서 노동 력을 경감할 수 있는 이점이 있으나 상업 생산, 유통이 거의 없다.

재배량이 적고 품질도 낮으며, 자국 소비 외에는 유럽에 극히 일부 수량 이 수출되며 일본에서는 친숙하지 않다.

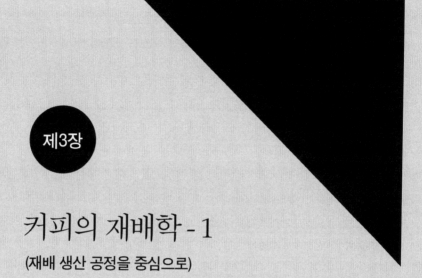

제3장

커피의 재배학 - 1
(재배 생산 공정을 중심으로)

: : : : : : : : : : : : : : : : : :

제1절
커피 묘목 심기와 재배 관리 : : : : : : : : : : : : : :

커피 종자(통상은 과실을 건조시킨 거무스름한 외피가 씨를 덮고 있는 콕코 또는 파치먼트)는 비닐 포트에 파종 후 40~60일이면 발아한다. 이후 50일이 경과하면 본엽이 나온다. 발아 후 4~7개월이면 약 50cm 전후의 묘목이 되며 1년이면 농장에 정식한다. 그때까지 비닐 포트는 2m 정도 상부에 검은색 네트를 쳐서 직사광선을 피하도록 한다. 묘목 사이 거리는 종(種)이나 품종, 경사지 등의 일조 조건, 살수 방법, 수확 방법, 재생 방법에 따라 각 생산국마다 차이가 있다.

아라비카종의 경우, 전통적인 과거의 식수 방법이라면 1헥타르당 성목 수는 900~1,200그루인데 브라질 등에서는 기계화와 식수 기술, 재배 기술 개발에 의해 한 번에 4,000~5,000그루(브라질 세하도 지방에 있는 대농원에서는 8,000그루의 아덴사드 농법*이라고 불리는 밀집 재배를 주체로 식수)가 되고, 이 경우 이랑 폭이 4m(제초기, 수확기, 살수 설비 등을 위해), 나무 사이 간격이 70cm(최근은 45cm로 설계)가 된다.

※ **아덴사드 재배** : 밀집, 밀착 재배, 헥타르당 커피나무의 본수를 늘려서 심는 재배 방법. 보통은 폭 4.5m에 0.8m씩 묘목을 심으면 1만㎡에 2,800그루를 심을 수 있는데 아덴사드 농법에서는 폭 2m에 0.5m씩 심는다. 그 결과 1,000평 방에 10,000그루를 식수할 수 있다. 이 방법이라면 그루 수가 많기 때문에 처음에는 헥타르당 수확량은 올라가지만 밀집이 너무 심해서 6년만 경과해도 높은 가지에만 열매가 달려 전체의 양은 줄어든다. 이 때문에 6년째에 1열 간격으로 뽑아내서 4m로 만든다. 과도하게 밀집되어 있어 트랙터 등의 사용이 불가능하고 작은 면적에서가 아니면 재배가 불가능하다.

로부스타종의 경우에는 2,000그루 이상 식수하는 것이 일반적이다. 개화와 결실은 정식(定植) 후 3년 정도 필요한데 생육에 필요한 조건이 정비되어야만 한다.

초년도의 재배 관리에서는 필요 없는 싹을 뜯어내는 것이 중요하다. 아랫잎에서 돋아나는 잎눈을 뜯어내어 가능한 가지를 위로 정리함으로써 효율적인 수확이 이루어지도록 한다.

커피나무는 그대로 방치하면 10m 전후가 되는데 재배나 열매 수확에는 적합하지 않기 때문에 보통은 2m 정도의 높이로 가지치기를 한다.

커피나무는 열대성 단일재배 다년생 작물이며, 이르면 3년째 늦어도 5년째에는 열매를 맺기 시작하고, 경제적으로는 20~30년간의 수확이 가능하며, 수령 6년에서 15년 정도가 가장 많은 수확량을 기대해 볼 수 있다. 이후에는 새로운 싹을 틔우기 위해 재생에 들어간다.

재생 대책에는 여러 가지 방법이 있는데, 일반적으로는 줄기를 잘라서 (지상 30cm 정도에서 줄기를 자른다.) 새싹이 나오도록 한다. 이 방법은 다시 심는 시간을 고려하면 효율적이지만 줄기가 다소 노목이 되어 약해져 있기 때문에 1그루당 체리의 수확량은 적어질 것이다. 또한, 이때 수확이 급격히 줄어들지 않도록 하기 위해 농원 안에서 블록별로 번갈아 커트를 실시하는 게 일반적이다. 새로운 품종을 교체할 때 이 방법을 쓰기도 한다. 대농원에서는 농원 전체의 계획적 재배로 인해 이러한 재생 방법을 쓰지 않고 농원 전체의 커피나무를 뿌리 채 트랙터로 벌채하는 방법을 쓰기도 한다.

제2절
커피의 수확기 :

    커피 산지는 전 세계로 확대되어 있고 위도, 고도, 기후에 따라 수확기
가 다르다.

    수확기는 일반적으로는 꽃이 핀 후 8~9개월 정도 뒤이며 그 기간에 강
우, 소우(少雨) 등의 기상 조건, 재배 손질, 그리고 같은 국가이더라도 재
배 지역에 따라, 커피 종류에 따라 달라지지만 일반적인 표준으로 말하면
대표 생산국에서의 개화, 수확 시기는 다음과 같다.

국명	품종	개화 시기	수확 시기
브라질	아라비카	9~11월	5~8월
	로부스타	4~9월	3~7월
콜롬비아	아라비카	4~10월	절정기 10~다음 해 2월
			3~9월 절정기 외
과테말라	아라비카	1~4월	9~다음 해 4월
멕시코	아라비카	1~3월	10~다음 해 1월
니카라과	아라비카	4~7월	11~다음 해 2월
코스타리카	아라비카	4~10월	9~다음 해 3월
페루	아라비카	11~다음 해 4월	3~10월
자메이카	아라비카	1~5월	9~다음 해 2월
에티오피아	아라비카	2~6월	10~다음 해 3월
탄자니아	아라비카	5~6월	10~다음 해 2월
	로부스타	5~6월	7~12월

케냐	아라비카	1차 2~4, 2차 10~11	1차 10~12, 2차 6~7
우간다	아라비카	연중	절정기 11~다음 해 2월
			절정기 11~다음 해 2월
	로부스타	상동	상동
인도네시아	아라비카	12 ~ 다음 해 3월	7~10월
	로부스타	10월~ 다음 해 2월	5~9월

 적도의 남북에 따라 수확 시기가 다르기 때문에 세계 생산지의 콩은 연중 소비국에 수출이 가능하다. 세계적인 커피 연도는 10월 1일~다음 해의 9월 말까지로 이것을 커피 연도라고 부른다.

 따라서 예를 들어 브라질의 경우 2006년도에 수확한 콩은 2006/07 crop 라고 표시된다.

 커피의 수확 연도에 따른 명칭으로는

● 뉴 크롭(New Crop) : 당해 연도에 수확한 콩

● 패스트 크롭(Past Crop) : 전년도에 수확한 콩

● 올드 크롭(Old Crop) : 수년 전에 수확한 콩

 과학적으로 크롭을 측정하기 위해서는 생두 그 자체의 향, 미각 특징이 되는 성분은 적고, 관능 평가나 미각에 대한 성분 검사는 그다지 행해지지 않는다. 그러나 그중에서도 식물이나 생채소에 존재하는 특유의 생두 냄새를 가지고 있는 메톡시파라진(Methoxypyrazine)은 선도 지표로에 이용 가능하기 때문에 크롭 숙성도 판정에 이용되는 경우가 있다.

 1헥타르당 수확량은 아라비카종과 로부스타종에 따라 달라진다. 또한, 품종 및 재배지 조건, 연도, 기후 조건 등의 여러 조건에 따라 달라진다.

브라질 아라비카종의 경우 오래된 토지에서는 1헥타르당 3,000kg, 근대적 농원에서는 2,000kg이고, 근대적 농원은 대체로 농원 구입 시 진 빚과 대형 기계 구입으로 생산비가 더 높다. 로부스타는 헥타르당 일반적으로 2,000kg 정도 수확된다.

제3절
커피 수확 방법 :

커피 재배지는 기본적으로 우기와 건기 둘로 나뉜다. 우기에는 꽃이 피고 건기는 수확을 하는 중요한 시기이다. 다만, 개화기에 비가 많이 오면 수분에 악영향을 미치는 경우가 있다. 건기인 수확기에 비가 내리면 나무에서 완숙된 열매가 떨어져서 지상의 토양 냄새를 흡수하여 맛과 향에 악영향을 주게 된다. 또한, 체리 건조기의 강우는 곰팡이 발생의 원인이 되기도 한다. 커피 열매의 수확 방법으로는 다음과 같은 것이 있다.

① 익어서 떨어지는 것을 기다렸다가 그 열매를 모으는 방법
② 지면에 돗자리를 깔고 나무를 흔들어서 익은 열매를 떨어뜨리는 방법
③ 익은 열매를 손으로 따거나 가지를 훑어서 채과하는 방법
④ 기계화 수확 방법(브라질 일부)

세계적으로는 일반적으로 손으로 따는 방법이 가장 많이 사용된다. 손으로 따는 것은 성숙한 것만을 따면 품질이 안정된다는 이점이 있지만 이

경우 매우 효율이 높지 못하며 수확하는데 시간과 노력이 들기 때문에 수확 시기를 놓치는 경우도 있다. 그렇기 때문에 미숙한 과실도 함께 따버리는 경우도 많아서 결과적으로 품질이 안정되지 못하는 실정이다.

수확은 동이 틀 때 시작되어 일몰 때까지 계속되며, 수확을 위해 2개월간 쉬지 않고 매일 중노동이 계속된다. 작업 노동자는 남녀를 불문하고 아동, 젊은층부터 노인층까지 일을 한다.

수확 시에는 아기를 품에 안은 주부를 포함해 일가가 총동원된다. 식민지 시대에는 작업 노동을 위한 노예로서 주로 원주민이나 아프리카의 흑인(중남미에 커피 묘목이 전파된 뒤 아프리카에서 강제적으로 납치한 흑인 노예 수는 2,000만 명에 이른다고 한다. 이와 동시에 중남미의 토착민족의 강제 노동자 수까지 포함하면 실로 방대한 노동력이라고 할 수 있다)을 열악한 환경 아래에 노동력으로 이용했는데 노예제도가 금지된 뒤부터는 이민 수용정책을 통해 각국에서 노동력을 확보했다.

한편, 현재에도 중미 국가들 중 일부에서는 연초 1~4월경까지는 수확 시기로 인해 초등학교부터 모든 학교가 휴교하며, 아동 및 젊은 노동자를 중요한 작업 노동력으로 이용하고 있다.

노예 해방 후 농업 노동자로서 브라질 상파울루 주정부의 강력한 요청으로 1900년대 초기의 카사토마루, 2차 대전 후 아르헨티나마루로 브라질에 들어온 일본인과 유럽으로부터는 주로 이탈리아 · 아일랜드 · 아이슬란드 · 독일 · 스페인 · 포르투갈 · 폴란드로부터 다수의 사람이 이민해 왔다.

카사토마루가 브라질 산토스항에 처음으로 도착했던 날이 1908년 6월 18일로 현재에도 그날을 '이민의 날'로 정해 기념행사가 열리고 있다. 일본으로부터의 브라질 이민은 전쟁 전에는 18만 명, 전후에 6만 명으로 현재 벌써 일본계 5~6세까지 이르렀는데, 일본으로의 노동 역이민은 27만 명이 되었고, 브라질로의 귀국을 희망하는 사람은 그중 약 30%에 지나지 않았다. 현재 브라질의 일본계는 더는 농업 노동자, 경영자로는 종사하지 않고 있는 것이 현실이다.

현재에도 수확기에 일시적으로 대다수의 계절노동자를 모집하지만 일부 생산국의 개발로 인한 공업화로 노동력 부족은 더욱 가중되고 있으며 결과적으로 커피 가격 상승으로 이어지고 있다.

브라질에서는 수확기에 고용하는 계절노동자의 작업 임금은 대농원의 경우(2000헥타르 규모, 수목 320만 주, 수확량 약 4000톤, 1일 1500명, 수확 기계 10대 가동) 1자루 80L 수확 단위로 도급 업무가 되기 때문에 프리미엄 2.2배를 지불하고 작업복, 신발, 장갑, 모자, 마스크 등의 준비를 하고 정부의 노동 관리자로부터 정기적으로 점검받고 있다(덧붙여 대농원에서의 상근 노동자 수는 트랙터 운전사, 수확기계 운전사, 제초기계 운전사, 약제 살포기계 운전사, 일반 사무원 등의 약 70명으로 평균 1인당 월급은 90달러 정도이며, 1년간 근무자의 경우 1개월분의 상여금과 1개월의 유급 휴가를 지급한다).

임금 지급도 노동의 수확량에 맞추어 지급되며 매주 현금으로 지급되므로 수확량에 따라 600~1500명에 달하는 노동자들에게 임금을 지급하는 날은 대소동이 나기 때문에 강도 등의 방지를 위해 총을 소지한 경비원도 다수 고용된다. 이로 말미암아 브라질의 대농원에서는 체리 수확을 위해 한 대에 수천만 원이나 하는 수확용 기계를 도입해서 기계화 수확을 진행하고 있다. 한 대의 수확 기계가 1시간에 1800L, 인간의 경우 200L를 수확하는 것을 볼 때 기계의 능력을 알 수 있다. 통상의 대농원에서의 작업 분배율은 기계 수확이 전체의 80%, 사람의 손이 20%이다.

브라질 이외의 압도적 다수의 생산국에서는 작업 노동자가 가혹한 노동과 놀라울 정도의 저임금으로 일하고 있는 것이 현실이다(브라질의 경우 2005년도 법률이 정한 최저임금 보장은 일본 엔으로 환산하면 260엔, 다른 중남미 나라들은 1일 노동임금이 약 80엔이 된다).

또한, 식물 재배 상의 특징인 매년 앞갈이, 뒷갈이 작물에 의한 수확량 변화가 각국에도 존재한다. 이것이 생산국·소비국에서의 수급 밸런스를 붕괴시켜 커피 시세의 심한 변동을 초래하고 있다.

주요 국별 재배 현황은 2007년 현재 다음과 같다.(아래 통계는 평균치이다. 품종, 농원 규모에 따라 크게 달라진다.)

구분	재배지 면적	총 커피나무 수	헥타르당 수확량
브라질	3,480천 헥타르	40억 그루	600kg
콜롬비아	1,100천 헥타르	4억 그루	1,500kg
인도네시아	950천 헥타르	13억 그루	570kg
에티오피아	400천 헥타르		500kg
과테말라	300천 헥타르	8억 그루	730kg
탄자니아	276천 헥타르	2억 그루	300~2,500kg
아이보리코스트	3,751천 헥타르	15억 그루	800~1,000kg

제4절
커피의 재배 관리 :

Ⅰ. 토양에 비료 보급

커피 수확을 매년 일정하게 증가시키기 위해서는 토양의 힘이 떨어지지 않도록 올바른 화학 합성비료(꽃이 피기를 그친 시기), 단순비료[요소(500~1톤/헥타르), 과인산 비료 (200~500kg/헥타르), 염화칼륨 (500~1톤 /헥타르)]를 꽃이 지고 작은 열매가 맺고 이것이 서서히 커지는 시기에 3~4회에 나눠서 시비한다. 보급, 화학농약(살충제, 살균제)의 살포, 토양 개량제, 최적 살수, 제초(수확 2~3개월 전을 목표로 3L/헥타르 살포한다), 토양 pH 관리, 그리고 커피나무의 최적 가지치기 등의 재배 관리가 필요하다. 가지치기의 목적은 나무의 노화를 방지하고 활성화시키기 위해서다.

비료 보급의 경우 칼륨과 인, 질소를 끊이지 않고 시비하는 것이 요구된다. 칼륨은 커피콩의 무기염 중 가장 많이 포함되어 있는 주요 성분이고 인산은 주로 결실 초기에 필요하다. 질소가 부족하면 잎의 형태 사이즈가 작아지고 광합성이 충분히 이루어지지 못하며 가지가 약해져 열매가 맺힌 상태로 가지가 꺾어진다. 이외에도 칼슘, 철분, 칼륨, 마그네슘 등이 필요하다.

II. 커피 재배지에서의 물의 각종 조건

1) 강우 사정

커피 재배지의 물 조건 중에서 생육 상 중요한 조건의 한 가지는 재배지의 강우량이다. 나라, 지역, 재배 품종에 따라 다소 양의 차가 있다. 이것은 산악지대인지 비교적 평탄지대인지 아라비카종인지 로부스타종인지에 따라 조건 설정이 달라진다.

브라질의 경우 비교적 평탄한 재배지에서는 강수량이 적을 때의 대책으로 최근에는 특히 관개설비가 갖추어지고 있는데 산악지대가 많은 중미 생산국에서는 관개설비라고 해도 우물 정도이고 연간 강수량이 비교적 많으므로 큰 관개시설은 거의 없다.

브라질에서는 한 달간 비가 전혀 내리지 않을 경우 관개용 설비로 강에서 물을 펌프업해서 50mm 정도 살수하는 것이 이상적이라고 한다.

그러나 가까운 강이라고는 해도 농원에서 5~50km 이상이나 떨어져 있는 곳이 있어 급수 설비 비용과 급수 관리 비용만으로도 대규모의 투자를 필요로 하게 된다. 게다가 이와 같은 건기가 장기화되면 강의 수위도 극단적으로 낮아져서 생활용수로 사용하고 있는 주위 주민의 식수의 확보 외에도 커피농원뿐만이 아닌 주변의 다른 농산물 농원에 시간을 정해서 급수, 살수하고 있지만 주민, 농민끼리의 물 분쟁은 번번이 발생하고 있다.

일반적으로 세계의 커피 생산지의 연간 필요 강우량은 1,000~3,200mm이며, 평균적으로 1,800mm가 필요하다. 다만, 연간 평균치에 연속된 강우가 필요하지만 열대지방은 건기와 우기의 계절이 있기 때문에 극단적인 소우(小雨)나 호우는 재배, 품질, 살수 비용 부담에 큰 영향을 미쳐 호우로 산악지대의 커피 재배지의 토양이 무너져 문제가 발생하거나 더 나아가 생산지까지의 도로 등의 인프라 설비에 문제가 나타난다. 통상 건기인 수확기의 강우는 작업 수고와 노력, 품질 문제에 영향을 미친다.

- 산지에서는 우기가 시작되면 커피꽃이 피고 건기가 되면 수확기가 되는데 콜롬비아와 같이 재배지의 표고가 높은 경우 우기가 1년에 2번 있고 2번 개화한다. 따라서 수확도 2번 있는 지역이 있다.

평지와 달리 산악지대는 강우량이 많고 이로 인해 배수가 좋은 경사면에 커피나무를 식수하는 것이 중요하다. 비교적 평탄지에서는 빗물이 고이지 않도록 배수 시설을 설치한다.

주요 커피 생산국의 재배지에서의 평균적 연간 강수량은 다음과 같다.

1. 브라질 세하도 지방에 있는 농원 기록에 의하면(우기 10~4월)

1997년	1,309mm	1980년	1,676mm	1984년	1,009mm
1989년	1,809mm	1990년	1,180mm	1992년	2,881mm
1995년	1,063mm	1997년	1,910mm		
1997년도 매월 강우량 (단위 mm)					

1월 467,　2월　90,　3월　269,　4월　74,　5월　14,
6월 106,　7월　0,　8월　0,　9월　44,　10월　182,
11월 291,　12월　371,　(계 1,910mm)

2. 과테말라 (우기 5~11월)

    안티구아 지구 800~1,200mm

    우에우에테낭고 지구 1,200~1,400mm

    고반 지구 3,000~4,000mm, 산마르코스 지구 4,000~5,000mm

3. 코스타리카 (우기 4~10월)

    토레스 리오스, 오로시, 타라스 지구 1,500~2,000mm

4. 인도네시아 (우기 11~6월)

    아체 지구 1,600~1,900mm, 스라웬시 지구 1,500~1,800mm

    바리 지구 1,300~2,000mm

커피 재배지에서 적정량의 비가 내리지 않고 적게 내렸을 경우의 일반적 피해는

① 나무가 시든다.

② 수확량이 줄어든다.

③ 숙과(熟果)가 적고 미숙두(豆)가 되어 사이즈가 균일하지 못하고 사두(死豆)가 많아 진다.

④ 품질이 떨어진다.

⑤ 농민 수입이 줄어 노동 의욕이 상실되며 필요한 비료 구입비, 수확기의 노동자 고용 비용 조달 등의 미지급이 발생한다.

⑥ 병충해가 발생한다.

⑦ 국가 재정을 커피 수입이나 다른 농산품에 의존하고 있는 나라에서는 재정 부족과 정치적 문제 발생 가능성이 높아질 위험이 있다. 통상 커피꽃이 피기 전에 적정량의 강우가 없을 경우 꽃이 피지 않고

이로 인해 열매도 맺지 않는다. 꽃이 피는 시기에 비가 내리지 않고 비 내리는 시기가 늦을 경우 꽃보다는 잎 쪽이 많아진다.

또한, 잎이 자라는 시기에 비가 내리지 않으면 그 시기에 비료를 주어도 잎이 자라지 않고 뿌리나 잎이 영양분을 흡수하지 못해 나무가 시들게 된다.

수확하더라도 체리는 충분히 성장하지 못하고 작은 알갱이인 채 품질상으로도 충분히 원숙하지 못한 미숙두가 많기 때문에 품질 기준에 맞지 않는 콩이 많아진다.

홍수에 의한 피해는 체리를 떨어뜨려 품질 가치가 없어지는 것과 동시에 재배지의 토사 붕괴, 토양 붕괴, 산지의 도로나 다리, 전력 설비, 기타 중요한 수송, 가공 수단인 인프라 설비를 사용할 수 없게 되는 것이다.

중미 국가인 카리브해에 면한 생산국(멕시코·온두라스·과테말라·니카라과·코스타리카·파나마)과 카리브해의 섬나라들(쿠바·자메이카·도미니카·아이티·푸에르토리코)에서는 매년 허리케인에 의한 호우와 강풍으로 큰 피해를 입고 있다.

2) 수확기의 호우 피해에 의한 품질 저하

대부분의 생산국에서 수확은 사람의 손으로 체리를 따는 것에 의해 이루어진다. 또한, 비교적 평탄한 재배지가 많은 브라질의 대규모 농원에서는 대형 수확기계로 수확을 하는 경우도 있지만 통상적으로는 인해전술로 이루어지는 것이 일반적이다. 그 시기에 호우가 내릴 경우 체리는 나무에서 떨어져 토양의 흙과 흙탕물에 장시간 잠겨 품질 저하가 일어나게 된다.

1. 체리가 부식하여 곰팡이가 생긴다(곰팡이 냄새 발생).

2. 농원은 일반적으로 불그죽죽한 화산성 토양으로 이것에 포함되어 있는 모든 물질을 체리가 흡수해 버린다(RIO취).

3. 체리가 토양 냄새나 흙탕물을 흡수한다. 이것을 채취하면 품질상 중대한 결함두로 문제가 된다(곰팡이 냄새, 흙냄새, 발효 냄새, 오염과 이취). 물론 이러한 콩은 수출이 불가능하며 만약 수출하더라도 소비국에서 이것들이 섞여 있는 콩과 정상인 콩을 배전할 경우 그 제품 전체를 사용하지 못하게 될 우려가 있다.

> ■ 살수할 때 물의 품질검사
> 대부분의 나라에서는 살수할 때 근처 강, 연못, 우물에서 취수하는데 특별히 수질 검사를 하지는 않는다. 강에서 물고기가 헤엄치고 있으니 괜찮다는 정도의 인식도로 이것이 기준이 된다.

콩의 수분 함유 증가로 인해 발생하는 향기, 맛의 문제로는

① 곰팡이 냄새(musty)

글자 그대로 곰팡이 냄새이며 꽉 닫힌 방의 곰팡이 냄새나 흙냄새와 유사하다.

② 흙냄새(earthness)

곰팡이가 원인인 경우가 많으며 파서 뒤엎은 땅 냄새와 유사하다.

③ 발효 냄새(fermented)

당과 단백에 이스트균이나 산소가 작용하여 화학 변화를 일으킨 것으로 발효 냄새

④ 오염과 이상한 냄새(dirty, foreign)

　커피에 가장 안 좋은 풍미로 커피향을 나쁘게 하는 원인불명의 불쾌한 냄새

⑤ 사두(死豆)

　배전해도 희끗한 색이 되며 땅콩같은 냄새가 난다.

⑥ 리오(rioy)

　수확할 때 체리가 떨어져서 토양 냄새를 흡수한다. 브라질에서 이 용어가 사용된다. 불쾌한 약품 냄새로 요오드팅크와 같은 냄새. 블렌드콩까지 그 냄새가 밴다.

III. 그늘 나무(Shade tree)의 역할

　커피는 차광 유무와 관계없이 자라지만 수확량에서 차이가 난다. 세계의 커피 재배지의 모든 커피나무에 반드시 해를 가리는 나무가 심겨져 있는 것은 아니다. 콜롬비아나 중미 각국, 케냐·탄자니아 등에서는 그늘나무가 있는데 그 역할은

1. 산악지가 많고 이랑이나 토양의 흙막이 방지
2. 비교적 직사광선이 강한 곳에서 이에 약한 재배 품종의 보호
3. 나무의 성장(잎이 지나치게 무성해지는 것을 막는)을 예방하는 목적
4. 병충해 발생 대책의 목적 등이다.

　브라질에서는 대부분 그늘나무를 심지 않고 커피 품종 개량이 이루어지고 있다. 그늘나무로는 바나나, 망고 등의 열대성 식물과 같은 키가 큰 나무를 심는다. 일부 소규모 농원의 경우 3층 구조로 되어 있는데 가장 키

가 큰 바나나, 망고, 캐슈넛에 이어 콩, 담쟁이덩굴류, 다음으로 커피나무를 심으며, 각각의 과실 등은 생활 식재료로 이용하고 있다.

Ⅳ. 커피와 병충해

커피나무의 강적 중 하나는 병원균과 해충이다. 병원균으로는 현재 알려져 있는 것이 350가지가 넘는다. 그중에서도 가장 무서운 병균이 '녹병'이다. 이것은 녹병균이 커피나무의 잎 뒷면에 부착하여 피해를 준다. 우기에 다발하며 처음에는 직경 1~2mm의 둥근 연노랑색의 반점이 생기고, 이 반점에 약 100만 개의 포자가 집을 짓고 맹렬하게 증식하기 시작한다. 반점은 점점 더 크기가 커지면서 황갈색으로 변하고 이에 따라 잎의 녹색은 색이 바라고 위축되며 광합성 기능을 잃고 마지막에는 말라서 떨어진다. 그리고 2~3년 뒤에는 나무 전체가 말라죽고 동시에 녹병균은 인접 지역, 멀리 떨어진 지역, 이웃 나라의 재배지 전역으로 확대된다.

녹병은 1861년 아라비카종의 재배지인 에티오피아, 로부스타종의 재배지인 우간다에서 시작되어 1970년 브라질에서 발생하기까지 전 생산국에서 발생하고 있다.

특히 스리랑카에서는 1869년 병해 발생으로 커피농원이 전멸하는데 이르렀고, 이로 인해 커피 재배는 방치되고 홍차 재배로 전환되는 역사적 대사건이 있었다.

각국에서도 이러한 녹병 대책에 고심하여 녹병을 조기 발견해서 소각하거나 약제를 정기적으로 살포 예방하고 있지만 현재 결정적인 대책은 발견되지 않고 있다. 꽃이 지고 작은 열매가 열리기 시작할 때 예방약을 엽면살포(葉面散布)한다. 혹은 녹병 피해를 입은 경우 수확 2개월 정도

전에 치면살포(齒面撒布)한다. 각 생산국 정부에서는 철저한 감시를 계속하고 있다. 이를 위해 재배지를 녹병이 걸리기 어려운 고원으로 옮기거나 저항력이 있는 품종 개량이 진행되고 있다.

녹병 외에 줄기마름병이 있는데 이것은 땅속 균에 의한 것으로 묘목의 줄기에 다발한다. 이 병은 줄기의 일부가 검게 변하고 그 부분이 가늘어져 꺾이고 말라붙는 병이다.

해충의 대표적인 것으로 브로카(Broca, 커피열매 천공충)와 갈리나 시에가(Gallina ciega)가 있다. 브로카(송곳, 드릴, 구멍의 의미)는 신장 5cm 정도의 귀뚜라미를 닮은 벌레로 과육, 과실 안에 알을 낳고 과실을 먹어 치운다. 이것은 수확 후 정선(精選)한 뒤에야 비로소 브로카가 마구 파먹은 실태를 파악할 수 있기 때문에 보통 어려운 일이 아니다. 브로카 대책을 위해 커피 열매가 물들 시기에 엽면살포하는 약품이 있다.

비쇼 미네이로(bicho=해충, mineiro=갱도)도 역시 과실 안에서 성장하는 해충이다. 갈리나 시에가는 체장 0.5~2cm 정도의 구더기를 닮은 벌레로 뿌리를 먹어 피해를 주며 우기에 다발한다.

잡초를 심어서 천적충을 번식시켜 해충 구제를 실시하는 경우도 가끔 있다. 쿠리좁파라는 이름의 벌레는 비쇼 미네이로를 먹이로 먹기 때문에 잡초를 심어 안에서 번식시키기 위해 커피나무 주변의 잡초를 의식적으로 제거하지 않는 재배 방법도 있다(녹병과 브로카에 대해서는 69~78페이지 제4장 제2절에서 자세히 설명한다).

V. 커피나무와 서리 · 가뭄 피해

커피나무의 가장 무서운 기상 재해는 서리와 가뭄에 의한 피해이다. 재배지 조건에 따라 특히 그중에서도 전 세계 커피 생산량의 30%를 차지하는 브라질에 강상(降霜), 가뭄, 소우(小雨)에 대한 뉴스가 흘러나오면 이것만으로도 시세의 비정상적인 가격 급등이 일어난다.

하룻밤의 큰 서리로 재배지 전역이 괴멸적인 타격을 받는다. 남반구에 있는 브라질의 6~7월은 한겨울에 해당하며 이 시기 남극으로부터의 한파와 안데스 산맥으로부터의 한기가 브라질 남부의 커피 생산 지대를 덮쳐 급격히 기온이 내려가고 기상 조건에 의해 서리가 내린다. 커피의 잎과 가지가 냉동 상태가 되며, 이것이 시간의 경과로 일중 강한 햇살을 받으면 냉동 상태의 잎의 수분이 데워져서 초록색 잎이 다갈색이 되며 잎이 떨어지고 나무가 말라붙음으로써 그 해의 수확은 물론 다음 해 이후에도 수확이 불가능한 상태에 처하게 된다.

특히 1975년 브라질의 서리 피해로 20억 그루의 커피나무 중 15억 그루가 피해를 입었고 생산이 절반으로 줄고 전 세계의 커피 시세가 일시에 8배로 급등했다. 그 결과 브라질 커피 생산지는 예전에는 남부 지방 주변이었지만 현재는 상해가 적은 북부 중서부의 미나스제라이스 주로 옮겨왔다.

브라질의 생산지가 남부에서 북부 중서부로 옮겨가면(적도에 가까워지면) 지형상 다음에 일어날 기상 재해는 소우에 의한 가뭄 피해일 것이다. 다음으로 그 피해 실태를 밝힌다.

브라질의 소우에 의한 가뭄 피해에 대해 ICO(국제커피기구)가 발표한 자료에 의하면 1963년(5~8월간) 가뭄과 이에 의한 화재, 1985년(8~11월간) 가뭄 피해, 1994년(5~8월간) 대가뭄에 의한 피해가 있다. 그 결과 수급 밸런스가 무너져 세계적으로 가격이 폭등했다.

한편, 자연재해 중 가뭄 피해에 대해 특기할 만한 것은 엘니뇨현상에 의한 소우와 거꾸로 호우 피해에 의한 홍수, 토양 붕괴인데 엘니뇨에 의한 이상기상으로 인한 세계적인 가뭄 피해로는 다음을 들 수 있다.

나라	연도	총생산량	통상 연간 생산량
에티오피아	1992년	179만 부대	350~400만 부대
페루	1993년	67만 부대	160~200만 부대
인도	1992년	215만 부대	400~450만 부대
브라질	1995년	1,577만 부대	3,500~4,000만 부대
인도네시아	1992년	558만 부대	700만 부대 전후

■ 엘니뇨 현상(EL NINO EVENT)

남미 에콰도르에서 페루 연안에 걸쳐 일어나는 해수 온도가 올라가는 이상 현상으로 수천 km 서쪽의 아프리카 동부연안과 태평양의 광대한 면적으로 퍼진다. 통상 12월경부터 다음 해 3월경까지 계속해서 일어나며 세계적인 이상기상이 발생하여 농산물, 수산물에 매우 큰 손해를 입힌다. 고온, 저온, 증수(增水), 홍수 등에 의해 커피 재배지에서는 일반적으로 가뭄 피해가 발생하며 그 나라의 경제에 큰 타격을 주어 수급 관계로부터 세계적으로 상품 시세가 급등하게 된다.

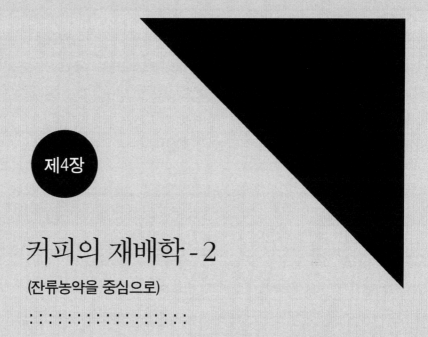

제4장

커피의 재배학 - 2

(잔류농약을 중심으로)

: : : : : : : : : : : : : : : : : :

그린커피의 잔류농약 :

I. 잔류농약 위반 사례의 발생 경위에 대해

식품 첨가물 등의 규격 기준(1959년 12월 28일 후생성 고시 제70호)에서 커피콩의 잔류농약 기준치가 1993년에 설정되었다. 커피콩 기준치 설정은 해마다 추가되어 현재 농약 수는 21종이다.

후생노동성의 커피 잔류농약에 관한 검사에서 2001년도까지 위반 사례가 없었다. 커피 관계 협회(사단법인 전일본커피협회)의 경우 후생노동성 기준치의 설정과 동시에 자주적 검사를 실행해 왔으며 더욱 엄격한 기준치의 농약 품목 항목도 추가되어 검사 분석의 타이밍을 보면서 시행해 왔지만 과거 위반 사례는 없었다.[1993년도 실적에서는 수입신고 건수의 약 1%, 수입 중량의 0.7%의 감시 결과, 1995년부터 2001년까지 수입신고 건수 57,245건 중 검사 수량은 1,654건(2.9%), 수입 중량 2,482,835톤 중 검사 중량 54,125톤(2.18%)이 감시 결과로 보고되었다.(자료, 사단법인 일본식품위생협회 수입식품감시통계)]

그러나 근년 수입 화물에 대한 엄격한 대응을 요구하는 소비자의 영향으로 2002년에는 총수입량의 99%를 차지하는 해외 생산국 25개국을 대상으로 후생노동성의 규격 21품목과 미독(黴毒) 검사를 추가하여 시행한 결과에서도 위반 사례는 발견되지 않았다.[자료 (사)전일본커피협회 2003년 9월 5일 〈커피와 잔류 농약에 대해〉]

그러나 2003년도 들어 연거푸 브라질 및 콜롬비아산 콩으로부터 잔류

농약인 디클로르보스의 기준치를 큰 폭으로 상회한 수치의 콩이 각각 2 건, 계 4건이 후생성의 모니터링 검사로 발견되어 이후 식품위생법에 의해 브라질 및 콜롬비아산 커피콩은 디클로르보스에 대해 수입신고마다 전 로트가 명령검사를 받게 되었다. (아래 설명)

- 후생노동성 의약식품국 식품안전부 감시안전과 수입식품안전대책실장 식안수발제 1017002호(2003년 10월 17일)에 의한 식품위생법 제 15조 제3항에 근거 검사명령의 시행에 따른다.
- 콜롬비아산 콩에 대해서는 2004년 11월 11일, 식안수발제 111001호에 의해 콜롬비아에 있어 디클로르보스와 관련된 수입전 검사 등의 잔류농약 방지 대책이 강구됨에 따라 콜롬비아 정부 발행의 증명서가 첨부되고, 일본 기준치 이하로 확인된 것에 대해서는 통상의 감시 체제로 돌아갔다(발행서Copy 19.5를 참고자료로서 권말에 첨부한다).

II. 최근 발생한 잔류농약 위반 사례

1) 잔류농약명 : 디클로르보스 0.29ppm Dichlorvos(DDVP)

(식품위생법 잔류기준치 0.2ppm)

모니터링검사 중 검출

- 발견일 : 2003년 6월 25일
- 상품명 : 브라질산 커피콩
- 수입업자 : 주식회사 Cargill Japan
- 검역소 : 요코하마 검역소
- 수입 수량 : 1,000부대

2) **잔류농약명** : 디클로르보스 0.96ppm Dichlorvos(DDVP)

(식품위생법 잔류기준치 0.2ppm)

모니터링 검사 중 검출

- 발견일 : 2003년 8월 29일(검사 개시일 2003년 8월 22일)
- 상품명 : 콜롬비아산 커피콩 엑셀소
- 수입업자 : 미츠이물산 주식회사
- 검역소 : 요코하마 검역소
- 수입 수량 : 3,000부대

3) **잔류농약명** : 디클로르보스 0.44ppm

모니터링 검사 중 검출

- 발견일 : 2003년 9월 1일(검사일 2003년 8월 25일)
- 상품명 : 브라질산 커피콩
- 수입업자 : 주식회사 TOMEN
- 검역소 : 요코하마 검역소
- 수입 수량 : 1,120부대

4) **잔류농약명** : 디클로르보스 0.57ppm

모니터링 검사 중 검출

- 발견일 : 2003년 10월 14일
- 상품명 : 콜롬비아산 커피콩
- 수입업자 : 미츠비시상사 주식회사
- 검역소 : 요코하마 검역소
- 수입 수량 : 300부대

5) 잔류농약명 : 사이퍼메트린 0.3ppm (Cypermethrin)

(식품위생법 기준치 0.05ppm)

모니터링 검사 중 검출

- 발견일 : 2004년 8월 27일
- 상품명 : 인도네시아산 커피콩 Mandheling G-1
- 수입업자 : 스미토모상사 주식회사
- 검역소 : 고베 검역소
- 수입 수량 : 600부대

| 용어 설명 |

■ 잔류농약

농약 사용에 기인하여 식품에 포함되는 특정 물질을 의미한다. 농약이 잔류된 식품을 섭취하여 건강을 해치지 않도록 식품위생법에 근거하여 【식품 첨가물 등의 규격 기준】으로 농산물에 잔류한 농약 성분인 물질의 양의 한계를 규정하고 있으며 이것을 【잔류농약 기준】이라 부른다. 잔류농약 기준이 설정된 경우 이 기준치를 넘는 농약이 잔류하고 있는 농산물은 판매금지 등의 조치가 취해진다.

■ 디클로르보스(Dichlorvos)

유기인계의 증(蒸)살충제의 하나. 즉효성이 높고 잔류성은 낮다. 식물 체내에서 신속하게 분해되기 때문에 효과의 지속성이 짧다. 비점(沸点)은 35℃/0.05mmHG, 140℃/20mmHGde. 가열하면 분해된다. 비점이 낮은 만큼 기화해서 이취(異臭)가 나오는 경우가 있다.

- **사이퍼메트린(Cypermethrin)**

　살충제. 채소와 과실에 붙는 해충과 흰개미에 적용. 커피생두 외에는 오일시드, 너츠류 등의 종실류, 곡류, 두(豆)류, 채소, 과실에 잔류 기준치가 있다. 과거 3년간(2001년 4월~2004년 5월)의 위반 사례로 중국의 완두(73건), 셀러리(1건), 양송이(1건)등 총 103건이 나와 있다.

- **모니터링 검사**

　검역소가 실시하는 검사. 화물을 유통시키면서 하는 검사. 검사 품목마다의 연간 수입량 및 과거의 부적격 실적을 감안한 연간 계획을 바탕으로 다종다양한 식품(행정 검사) 등에 대해 갖가지 시험을 시행(명령 검사 대상 식품의 시험 항목은 제외)하기 위해 검역소에서 시행하는 검사를 말한다. 모니터링 검사 제도는 수입식품 전체의 위생 상태를 파악함과 동시에 원활한 수입 유통을 목적으로 하고 있으므로 후생노동성 검역소의 식품위생감시원에 의한 시험 전체의 채취가 시행되긴 하지만 시험 결과의 판정을 기다리지 않고 수입 수속을 진행할 수 있다. 만약 한 번이라도 검출된 경우 모니터링 빈도를 50%로 올린다.

- **명령 검사**

　후생노동성 장관이 수입자에게 명령하는 검사. 화물 유치 검사. 수출국의 사정, 식품의 특성, 동종 식품의 부적합 사례에서 식품위생 부적합 개연성이 높다고 판단된 식품 등에 대해(동일 지구에서 계속해서 2번 같은 잔류농약이 검출된 경우) 후생노동성 장관의 명에 의해 수입자 스스로가 비용을 부담하여 검사를 시행하고 적법하다고 판단이 될 때까지 수입 수속을 진행할 수 없는 검사. 예외는 인정하지 않으며 명령 검사의 취소는 없다. 대상이 되는 물품은 법령으로 정해지고 시행하는 품목의 상세한 사항은 매해마다 결정된다.

■ 검사에서 불합격된 식품 등의 조치
   불합격으로 판단된 식품 등은 폐기, 수출국으로 반송, 식용 외 전용 등의 조치

(출처 : 후생노동성 홈페이지 용어집에서 발췌)

제2절
커피 재배 생산지의 농약 사용 문제와 대응 : : : : : :

커피는 면과 담배에 이어 다량의 농약이 사용되는 작물로 알려져 있다. 세계에서 커피 생산국은 70여 개국에 달하며, 각국에서 재배되고 있는 연간 커피 총생산량은 1.2억 포대(720만 톤)로 거대한 양이다. 각 생산지는 산악지대, 고원지대, 해안지대에 분포해 있으며, 생산자는 약소 규모부터 거대한 국유 또는 사기업 플랜테이션까지 뒤섞여 있다. 가장 중요한 점은 열대지역에 있는 개발도상국에게 있어 커피가 최대의 환금 농작물이라는 사실이다. 한편, 농약이 커피 소비자의 건강을 위협하는 일은 없다고도 여겨지고 있다. 그 이유는 커피 열매에 농약이 살포되어도 과피나 과육이 내부의 종자를 보호하고 있기 때문이다. 잔류농약 또한 극소량이며 이 또한 배전 과정에서 연소되고 이후 고온의 물로 추출되게 된다. 따라서 소

비자의 건강에는 영향이 없다고 오랜 기간 공언되어 왔다.

　그러나 이번 브라질, 콜롬비아산 각각의 재배지에서 살포된 살충제의 잔류농약인 디클로르보스를 일례로 보면 (사)일본해사검정협회 이화학 분석센터의 2003년 9월 9일의 보고서(No.Y838/03에 의한 '디클로르보스의 휘발성에 관한 데이터 수집')에는 다음과 같이 기술하고 있다.

1. 디클로르보스는 배전로의 온도가 200℃에서는 85%, 242℃에는 93% 휘발되었다.
2. 550℃ 이상에서는 거의 대부분이 휘발되었다.

　현실적으로 배전로 온도 550℃는 있을 수 없다. 배전드럼 내의 열풍 온도는 통상 390℃ 전후이며, 그중 "배전되고 있는 커피의 배전 완료 한계 온도가 235℃ 정도이기 때문에 만약 500℃의 온도라면 디클로르보스는 커녕 안에 들어 있는 커피원두가 모두 탄화되어 타버리고 만다."라는 커피 관계 업자의 인용은 잘못된 것이다. 엄밀히 말하면 100% - 93% = 7%는 잔존한다.

　한편 (사)전일본커피협회의 2003년 9월 5일자 〈커피와 잔류농약에 대해〉에 따르면 디클로르보스에 관해 다음과 같이 설명하고 있다.

ADI : 0.004mg/kg
체중 60kg인 사람은 1일 0.240mg을 평생 섭취할 수 있다.
(체중 60kg인 사람이 1일 최대섭취량을 0.240mg까지로 한정하고 있다는 의미이다)

커피의 잔류 기준치 0.2ppm=0.000002mg라는 것은 체중 60kg의 사람이 커피로부터 평생 1일 섭취를 0.000012mg까지 제한한다는 의미이다. [이것은 커피생두 20g을 1잔 분량으로 환산했을 때 0.004mg/20g(0.004mg/잔)이 된다. 즉 1일 최대섭취량이라는 것은 체중 60kg의 사람이 커피에서만 이 화합물을 섭취한다는 가정 하에 하루에 60잔 음용했을 때에 도달하는 양이다.]

한편, 가열해도 완벽하게는 없어지지 않는다는 과학적 근거와 다른 쪽에서는 천문학적인 수치라는 것부터 이 기준치로는 인간의 평생 건강에는 영향이 없다(즉 인체에는 유해하지 않다)고도 설명하고 있다.

커피 재배에 대량의 농약이 필요한 이유는

① 자연재해에 의한 생산 피해 감소를 조금이라도 극복하기 위한 수단으로 농약을 사용한다.

② 열대지역 개발도상국의 외화 획득을 위한 최대공약수적 일차농산품이기 때문이다.

③ 세계의 커피 소비 확대에 따른 생산량 증산 대응책이기 때문이다.

④ 생산지에서의 밀집 재배, 밀착 재배(아덴사드)가 이루어지고 있기 때문이다.

⑤ 품종개량 도태에 의한 재배 조건에서의 내성 재배 대책(저온, 소우, 가뭄, 병충해, 녹병 등)의 문제점 등이 있기 때문이다.

이상의 ①~⑤에 대해 이하 각각의 문제점에 대해 살펴보자.

① 자연재해에 의한 생산 피해 감소를 조금이라도 극복하기 위한 수단으로 농약을 사용한다.

커피 재배상의 자연재해(이상기상인 엘니뇨, 라니냐, 한파, 이상저온/고온, 소우, 가뭄, 서리, 허리케인 등)는 재배지에 큰 피해를 가져오고 국제 커피 시세의 이상한 상승을 일으키는 원인이 됨과 동시에 생산국 경제에 큰 타격을 준다. 이것이 계속되면 경제 피폐로부터 생산자의 이농, 빈민의 증가, 내란, 내전, 게릴라화 등의 정치 불안, 분쟁으로 결부된다. 열대지방의 많은 커피 생산국은 그들이 생산하는 커피가 유일하다고 해도 과언이 아닐 정도로(근년의 브라질은 제외) 국가 외화 획득의 큰 수입원이 되고 있다.

② 열대지역 개발도상국의 외화 획득을 위한 최대공약수적 일차농산품이기 때문이다.

1998년도를 보면 커피 생산국 전체의 수출 총액은 121억 달러로 밀(151.2억 달러), 와인(138.6억 달러)에 이어 농산물 무역에서 큰 수입원이 되고 있다.

이 숫자는 과거 유례가 없을 정도의 커피 저가격 시대의 무역 금액이며 통상의 연도라면 충분히 200억 달러는 넘는다. 이로 인해 자연재해 이외의 재배 상의 중요한 문제는 어떻게 커피 생산량 증수(增收)를 꾀할 것인가 자연 재배 이외에서 큰 감수(減收)는 없는 것인지 등에 대해 항상 최대한 주의와 노력, 투자를 하고 있다.

③ 커피 소비 증가에 대한 생산량 증산 대응책이기 때문이다.

■ ICO 가맹 수출국의 총생산량 (단위 1,000 부대/60Kg)

1980년	1990년	2000년	2002년	1980년/2002년 대비
80,626	96,203	112,363	120,925	150.0%

■ ICO 가맹 수출국의 총수출량 (단위 1,000 부대/60Kg)

1984년	2000년	2002년	1984년/2002년 대비
68,946	84,347	82,369	119.5%

④ 생산지에서의 밀집 재배, 밀착 재배에 의한 재배량 증수 재배 관련(아덴사드 재배 농법) 기술 혁신이 진행되고 있기 때문이다.

통상의 아라비카 커피재배(브라질 세하도 지방)에서는 폭 4.5m에 0.80m마다 묘목을 심는다. 이렇게 하면 1만㎡에 2,800그루를 심을 수 있다. 심는 간격 연구에서 아덴사드 재배라는 시스템이 개발되었다. 이것은 폭 2m에 0.50m씩 커피나무를 심는다. 이 방법이라면 1만㎡에 1만 그루의 나무를 심을 수 있게 된다. 결과 헥타르당 나무 그루 수가 증가한 만큼 수확량도 증가한다. 그러나 오랜 기간 이 방법으로 심게 되면 밀집이 지나쳐서 6년이 지나면 나무가 스트레스를 받고 통풍이 좋지 않아 병해충의 온상이 되기 쉬우며 나무의 끝 부분에 많은 콩이 달리는 등의 문제가 생긴다. 생산자에게 있어 수확을 증가시키는 수단이기는 하나 문제점도 많다. 브라질 국내에서도 통상 재배와 아덴사드 재배는 헥타르당 수확량이 30포대와 50포대로 차이가 나타난다.

여기에서 아덴사드 농법을 거듭 거론하는 근거, 이유의 하나는 이 농법에 의해 근년 브라질에서 비약적 생산량 증가가 증명되었다는 것과 다른 고지의 평야 재배 생산국에 참고가 된다고 생각하기 때문이다(반드시 아덴사드 농법만으로 수확량이 증가했다는 이유만은 아니다. 이 농법에 의해 생산재배 시스템 전체의 개량, 비료 주기, 농약, 살수, 품종 개량 등이 이 농법을 베이스로 개발되었기 때문이다). 브라질에서의 1년 생산량은 아래와 같다(1990년대 후반 이후 이 농법이 도입되었다).

- 1941년 158만 부대
- 1950년 162만 부대
- 1970년 161만 부대
- 1980년 173만 부대
- 1990년 220만 부대
- 1999년 345만 부대
- 2004년 392만 부대

(출처 : 이타데라 키요 著 《커피전서》, 호리베 히로오 著 《브라질 커피의 역사》,
전일본커피협회 《커피관계 통계 전일본》)

⑤ 커피 품종개량 도태에 의한 재배 조건에서 내성 재배 대책(소우, 저온, 가뭄, 녹병 등 병충해 예방)을 위한 품종개량에 대해

녹병 대책, 병충해 대책, 수확량 증가 대책, 등고선 식재[수촉(水觸)방지] 재배환경에 의한 저해 대책으로써 아라비카종 원두를 중심으로 콩의 교배종에 대한 새로운 품종 개량이 가국의 농업연구소에서 연구되어 급속하게 발전되고 있다.

통상적으로 품종개량에는 15~20년 연속적인 연구가 필요하지만 자연과학의 발전, 이화학 기구의 개발 등에 의해 이 분야에서의 연구 속도도 빨라져 큰 변화를 가져왔다. 현재에는 아라비카종, 아라비카종과 로부스

타종의 교배종이 상업 유통으로 다수 유통되고 있다.

예를 들어, 아라비아종의 버번종이나 티피카종과 같은 그늘나무를 필요로 하는 전통적 콩에서 카투라, 카투아이, 카티모르와 같은 그늘나무를 필요치 않는 콩이나 수확량, 소우, 병충해, 녹병균에 강한 신품종이 많이 개발되었다. 특히 남미 콜롬비아에서는 많은 수확량을 기대할 수 있는 바리에다 콜롬비아종이 개발되었다(결과적으로 이 종은 대실패로 끝났지만). 이러한 상황 가운데 이들의 대응을 위한 농약 개발이 진행되었다.

● 커피 재배 상의 병해충균류에 대해 보충

커피 재배는 대부분의 열대우림의 농산물의 특징과 같이 비교적 대규모로 이루어지며 단일 재배되고 있다. 대규모이며 녹음이 풍부한 산을 가진 커피농원에는 모든 동물류(대형 동물, 쥐류, 기타), 곤·해충류(브로카, 비쇼 미네이로, 진딧물, 패각충, 진드기류, 기타), 균류(녹병균, 그을음병, 기타) 및 많은 담쟁이덩굴류나 잡초류가 번식하고 있다.

열대성이며 습기가 많은 장소에는 당연히 습기를 좋아하는 균류가 많이 번식하게 된다. 그리고 발생하는 해충, 균류, 잡초 등 커피 재배에 있어 최적인 시비 이외의 화학적 농약을 사용하여 재배를 하고 있는 상황을 아래에 서술한다.

이번 항목에서는 커피 잔류농약의 예로, 커피에 가장 큰 피해를 주고 있는 '녹병'과 '브로카'를 중심으로 이들의 발생과 대책, 그리고 대책 시행에 사용되는 농약 관계를 기술한다.

● 녹병에 대해

커피 재배국에서 가장 두려워하고 있는 것은 녹병(Hemileia vastatrix)

이다. 현재에도 커피 생산국에 입국한 여행자가 계속해서 다른 커피 생산국으로 입국심사를 받을 경우 녹병 포자가 인간과 함께 반입될 위험성이 있기 때문에 엄격한 대응 수단을 일반적으로 취하고 있다.

1861년 우간다와 에티오피아에서 발생한 녹병균에 의한 녹병(coffee

그을음병에 걸린 커피잎 (캄보디아에서 재배되고 있는 로부스타 종두)
(잎녹병 사진과 그래프는 고베대학 야스다 교수의 데이터를 참조)

잎녹병

1869년부터 실론과 인도네시아 등에서 괴멸적 피해가 발생하여 실론차의 재배를 대신해 인도네시아 로부스타(자바로부스타)를 도입했다.
이후 1970년대에는 중남미로 확대되었다.

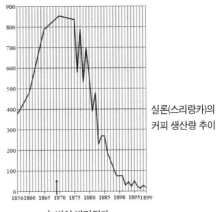

실론(스리랑카)의 커피 생산량 추이

녹병이 발견되다.
(1869년)

leafrust)은 1868년 실론(현 스리랑카)과 인도 마이솔에 전염되어 마이솔은 눈 깜짝할 사이에, 실론에서는 1869년경에, 이어서 동인도제도의 아라비카종 커피나무가 전멸했다.

인도의 마이솔과 자바 섬에서는 녹병균에 강한 로부스타종두로 바꿔 심어 재배하고 있다(1898년 벨기에령 콩고에서 발견된 로부스타종두는 아라비카종에 비해 품질, 향기가 크게 뒤떨어진다). 1970년 초에 브라질에서도 아프리카에서 들어온 여행자의 의복에 부착된 가장 두려워하던 녹병(브라질어로는 훼르젠) 포자가 바이아 주로 반입되어 파라나 주, 이스피리투산투 주, 미나스 주, 1년 후에는 상파울루 주까지도 녹병균이 퍼졌다.

(출처: 보급판 《브라질 커피의 역사》 호리베 히로오 지음 429~434p)

● 브라질의 당시 대응 정책으로는

1. 녹병이 퍼진 지역부터 폭 50km, 길이 350km에 걸쳐 주변 커피나무를 모두 태워버렸지만 녹병균은 이러한 방역 대책을 뛰어넘어 퍼져 나갔고 10년 후에는 중앙아프리카까지 녹병이 퍼졌다.

■ 이것이 하나의 계기가 되어 국제커피협정(ICA)의 파기로 이어졌고 뉴욕의 커피설탕거래소(NYBOT)가 부활되었다.

2. 정부연구기관, 대학연구기관, 기타 많은 연구기관에서 '유황을 베이스로 한 살균제'로, 1970년대에는 구리를 베이스로 한 아래의 농약(농약명은 브라질어)이 사용되었다.

    a - Oxicloretos de cobre 50%,

    b - Oxicloretos de cobre 35%,

c - Oxidos cuprosos 50%

3. 현재(2004년) 브라질에서는 녹병 예방 농약으로 구리제(劑)를 12월
부터 1월에 엽면에 살포한다. 농약명은

    - Oxicloreto de Cobre,

    - Hidroxido de Cobre의 2종류.

    만약 녹병 재해를 입은 경우, 3월에 엽면살포하는 농약은

    - Cyproconazole (상품명 Alto 100),

    - Epoxiconazole (상품명 Opus)의 2종류.

● 커피의 대표적 해충 '브로카'(별명 '베리보러'로도 불린다) (Stephanoderes Hampei)에 대해

1920년경에 자바의 커피농원에서 맹위를 떨쳐 농원을 전멸시킨 이 해
충은 1923년 11월에 브라질의 이스피리투산투 주, 미나스 주에 어떤 이유
로 옮겨가 번식하여 크게 발생했다. 그 결과 이들 주 내의 피해율이 50%
에 달해 당시 브라질의 외화 획득원이 전멸하는 게 아닌가 우려될 정도였
다. 이후 이 해충의 박멸 운동은 철저하게 또한 대규모로 각 생산국에서
현재까지도 시행되고 있다.

이 해충은 외관이 '바구미'를 닮은 투구벌레로 크기는 1.5mm, 폭
0.7mm 정도이다. 커피체리가 붉게 익을 무렵부터 과실에 구멍을 뚫고 내
부에 침투해서 과실 안에서 68개의 알을 산란하고 이후 부화된 유충이 커
피 과실을 먹으며 성장한다. 성충이 될 무렵에는 과실은 대부분 식해(食
害)되어 버린다(마루오 슈조 著《커피 대사전》에서 발췌).

브로카(broca)
stephanoderes hampei

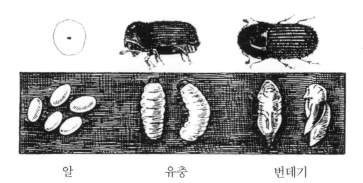

알　　　　　　유충　　　　　　번데기

브로카 식해도(食害圖)

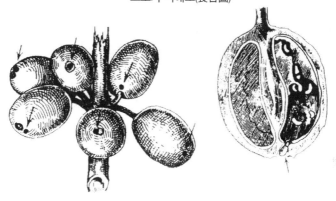

열매가 붉게 익을 무렵 커피 과실 내에 침투해서
산란하고 유충은 커피 열매를 식해(食害)한다.
(마루오 슈조 著 《커피 대사전》 참조)

　브로카 피해에 의해 정선(精選) 수율이 나빠지며(콩의 알맹이 중량이 거의 비어 있다), 생산된 커피의 가치가 줄어드는(상품가치가 없다) 이중 손실을 입는다.

1930년 당시 브로카 대책으로 아프리카 우간다에서 번식하고 있는 우간다벌(크기 2mm 정도의 벌로 브로카의 천적)을 사육하여 브로카 유충을 우간다벌의 먹이로 이용했다. 브로카가 번식했을 때는 우간다벌도 활약했지만 브로카가 줄어들자 이 벌도 먹이 부족으로 쇠약해졌다. 이와 같은 상황이 반복된 끝에 양쪽이 완전히 전멸하지 않는 정도에서 공존하는 상태가 되었다.

현재 브라질에서는 브로카의 천적 곤충으로서 '쿠리좁파' 벌레를 번식시켜 살충제 이외에도 사용하고 있다.

현재 브라질에서 이 해충의 제거에 사용되고 있는 살충제는
① 브로카 : 커피체리가 빨갛게 익기 전인 12월부터 2월에 걸쳐 엽면에 살포하는 것으로 Endossulfan(상품명 Thiodan)
② 비쇼 미네이로(브로카와 닮았으나 주로 미나스 주에서 번식한다) : 알갱이 모양으로 토양 내에 묻어 커피나무의 뿌리에서 흡수시킨다. 우기 끝(2~3월)에 사용하는 약제는,

- Thiamethoxam 상품명　　Actara, Verdadeiro
  Dissulfoton　　　　　　Baysiston
  Aldicarb　　　　　　　 Temik

- 엽면살포용으로는
  Cartap　　　　　　　　Cartap
  Cipermetrina　　　　　 Deltaphos
  Fenpropathrin　　　　　Danimen

● 제초제 살포 및 그 대책에 대한 보충

　세계의 커피 생산국은 각각 생산 재배 지역, 재배 조건의 차이가 있으며 생산자의 규모(1~3헥타르 정도의 가족, 소규모 농가)에서 대규모 에스테이트(500~1만 헥타르 규모의 플랜테이션, 파젠다)까지 있다.

　열대지역에서의 잡초 번식은 현저하게 빠른데 이러한 잡초를 방치하게 되면 커피나무의 영양분을 잡초에게 빼앗기게 되고 곤충, 해충, 작은 동물이 좋아하는 번식 장소를 제공하게 된다. 따라서 잡초 제초를 게을리하면 필연적으로 커피농원의 붕괴로 이어지기 때문에 이 작업은 농민에게 있어 절대로 빼놓을 수 없다.

브라질, 이스피리투산투 주(州) 세하도 지구 페트로치니오에 있는 커피농원
커피나무 사이 조금 넓은 두둑을 골라 비료를 뿌려 적극적으로 잡초를 번식시킨다. 잡초를 40~50cm 정도까지 성장시킨다. 잡초의 성장기에는 쿠리좁파벌레 등을 잡초 안에 번식시킨다. 이 벌레는 브로카 해충의 천적이다. 성장한 잡초는 제초기를 이용해 베어낸다. 베어낸 잡초는 자연의 태양 아래 건조해 커피나무의 비료용 퇴비로 나무의 뿌리 부근에 둔다. 이 작업은 적극적인 화학 합성의 농약 살포, 화학비료를 사용하지 않은 유기농 재배기법이며 이 작업은 연간 3~4회의 주기로 이루어지고 있다.

관행 재배(비유기 재배)의 경우, 복합 화성비료(질소, 인산, 칼리)를 헥타르당 브라질에서는 2,000kg 가까이 두하하는 농장도 있지만 잡초를 시비로 이용하는 경우 그 수량은 당연히 줄어든다. 이 사진에 있는 기계화는 대규모 농원에서 가능한 것으로 소규모 농원의 경우 연간 5~6회나 잡초 등의 제거 노동 작업이 필요하기 때문에 제초농약제를 사용하는 경우가 당연히 늘어난다.

이들 제초를 위해 소규모 농원에서는 가족이나 소수의 노동자에 의한 수(手)노동으로 정기적인 제초작업이 이루어지며 대규모 농원의 경우 제초기로 작업이 이루어지며, 제초한 잡초를 시비로 재이용하는 경우가 매우 많다.

또한, 대규모 농원의 일부에서도 잡초의 번식을 위해 적극적으로 비료를 뿌려 성장을 촉진시켜서 이것을 시비로 이용하고 있는 사례도 일부 있긴 하지만 대부분의 경우 화학적 제초제 농약이 일반적으로 사용되어 제초가 이루어진다.

브라질에서 사용되고 있는 제초제는

- Sulphosate 상품명 Zapp
- Glyphosate 상품명 Roud-up, Karmex, Ranger

한편, 일본 국내에서의 잔류농약으로서 제초제 검사에는
2, 4, 5-T, 아미트롤, 글리포세이트, 플루아지포프 등이 사용되고 있다.
(자세한 약제명은 제3절, 일본에서의 잔류농약 발견부터 현재에 이른
경과에 대해 79페이지를 참조할 것)

제초 작업을 한 농원

생산자 현장에서 농약에 대한 대응에 관한 보충

(브라질 세하도를 사례로)

- 농약 살포는 트랙터로 한다.
- 생산 현장에서의 잔류농약은 기본적으로 시행되지 않는다.
- 계약농업기사, 가맹농협(인근의 대학과 연계한)의 정보제공과 지도를 따른다.
- 생산 현장에서는 커피 재배에 있어 농약은 필수라고 일반적으로 생각하지만 한편으로는 과도한 농약 사용, 법률 준수가 선행한다고 일단은 말하고 있다.
- 커피 재배지의 인근에는 커피 이외에도 대규모 면적의 농업 재배인 과실원, 두류(豆類) 재배 농원, 옥수수나 목장, 고무원, 양계장, 양돈장 등이 많이 산재하며 이러한 생산 시설에서 뿌려지고 있는 각종 농약이 바람에 날려 살포되거나, 지하수 오염에 대해서도 검토가 필요하다.

제3절
잔류농약 발견부터 현재에 이른 경과에 대해 :

2003년 브라질산 콩에서 기준치 이상의 디클로르보스 잔류농약이 모니터링 검사에서 발견되었고 이어서 같은 해 9월 1일에 두 번째 위반이 나온 이후 현재까지(2005년 3월 22일) 후생노동성에 의한 명령 검사가 나와 콜롬비아, 인도네시아 원두를 포함한 검사가 실시되고 있다.

그리고 후생노동성에 의한 명령 검사가 나온 이후 일본 기업의 자체 대책은 다음과 같이 시행되고 있다.

1. 후생노동성에서 매스컴 대상으로 프레스 릴리스지가 배포되어 본건이 일반에 홍보되었다.

2. 관보에는 나오지 않았지만 검역소에 통지가 나와 통관 업자에게 통보되게 되었다.

3. 주요 생산국 정부에 대해서도 일본 정부에서 제의하여 민간에서도 시행되었다.

4. 사단법인 전일본커피협회에서는 독자적으로 곰팡이 독 검사도 정기적으로 실시하고 있다.

곰팡이 독명	규격 기준치 (ppm)	비 고
아플라톡신 (Aflatoxin)	0.005	상황에 따라 모니터링 검사를 시행한다.
마이코톡신 (mycotoxins)	0.005	일본에서는 규격 기준치가 설정되어 있지 않다.

【식품, 첨가물 등의 규격 기준에 설정된 커피 원두의 잔류 농약 21종은 다음과 같다】

(자료: 개정 4판 《농업등록보류기준 핸드북》 (화학공업일보사 편)

농약명	용도	규격기준치(ppm)
1. 2,4,5-T	제초제	불검출
2. Amitorole	제초제	불검출
(화학명 : 3.1.2.4. 트리아졸, 3-amino. 1.2.4. triazole)		
3. Aldicarb	살충제, 산진드기제	0.10
(화학명 : 2-methy-1-2(methylthio, Propialdehide O-methylcarbamoyloxime)		
4. Oxamyl	살충제	0.10
(화학명 : N,N-dimethy 1-2-methy-kcarbamoyloximino-2-(methylthio)acetamide)		
5. Captaf	살균제	불검출
(화학명 : N.(1.1.2.2. tetrochoroethythio) 4-cyclohex-1.2-dicarboximide)		
6. Glyphosate-isopropylammonium	제초제	1.0
(화학명 : isopropylammonium N-(phosphonomethl) glycinate)		
7. TPN Chorothalonil	살균제	0.2
(화학명 : tetrachloroisophthalonirile)		

8. DDVP Dischlorvos	살충제	0.2
(화학명 : 2,2-dischloroviny dimethyl phosphate)		
9. Cyproconazole	살균제	0.1
(화학명 : (2RS,3RS;(2RS,2RS)-2-(4-chlorophenyl)-3-cyclopropy1-1-1(1H-2,4-triazol-l-y) butan-2-ol)		
10. Cyhexatin	살충제, 살균제	불검출
(화학명 : tricyohezltin hydroxide)		
11. Cyermethrin	살충제	0.05
(화학명 : (R,S)-a-cyano-3-phenoxybenzyl(1Rs,3RS),1RS,3RS-3-(2,2-dichloveinyl)-2,2dimethylclopropanecarboxyylate)		
12. Daminozide Aminozide	식물 성장 조정제	불검출
(화학명 : N-(dimethylamino)succinamic acid		
13. deltamethrin	살충제	2.0
(화학명 : (S)-a-cyano-3-phenexybenyl(1R,3R)-3-(2,2-dibromvinyl)-2,2-dimethylcycyclopanecarboxylate)		
14. Triazophos	살충제	불검출
(화학명 : o,o-diethylO-(1-phenyl-1H-1,2,4-triazol-3-yl)phosphorothiate)		
15. Bioresmethrin	살충제	0.1
(화학명 : 5-benzyl-3-furylmethyl(1R)trans-2,2-dumethyl-3-(2-methyylprop-1-3nyl) cyclopropanecarboxlate)		
16. Fluazifop Fruazifop-buty	제초제	0.1
(화학명 : buthyl(RS)-2-(4-(5-triflueoromethyl-2-phridyloxy)propionate)		
17. Flucythrinate	살충제	0.05

(화학명 : (RS)-a-cyanbo-3-phenoxybenzyl(S)-2-(4-difluromethoxyphenyl)-3-
methylbutyrate)

18. prochloraz	살균제	0.2

(화학명 : N-propyl-N-(2-(2.4.6-trichlorophenoxy)ethyl-imidazole-caboxamide)

19. Propicanozole	살균제	0.1

(화학명 : (RS)-1-(2-2.4-dichlorophnyl)-4-prophyl-1.3-dioxolan-2-yimethyl)-1H-1.2.4-
triazole)

20. Hexaconazole	살균제	0.05

(화학명 : (RS)-2-(2.4-dichlorophenyl)-1-(1H-1.2.4-triazo;-2.71)hexan-2-ol)

21. Permethrin	살충제	0.05

(화학명 : 3-phenoxbenzyl(1R.S)cis.trans-e(2.2-dichlorovinyl)2-2-dimethyl-
cyclopropanecarboxylare)

제4절
세계의 커피에 대한 안전대책, 재배환경 대책, 생산지와 생산자 보호 운동 ∶∶∶∶∶

Ⅰ. 커피의 지속 가능성(Sustainability)과 생산물의 이력 추적(Traceability)

1년간 커피 생산국에서 생산하는 커피량은 평균 720만 톤, 소비국에 수출되는 커피량은 520만 톤, 생산국에서 소비되는 커피 180만 톤이다. 생산국에서 가공해서 수출하는 인스턴트 커피 제품도 많으며 현재 소비 증가(때마침 오랫동안 침체되었던 커피 시세에 의한 결과)에 의해 과거 생산국에서 상시적으로 재고 과다, 장기 재고였던 콩도 서서히 소화되어 열대 발전개발도상에 있는 커피 생산 각국에게 있어 유일한 외화 획득 상품으로서 가까스로 2005년 이후 귀중한 외화 수입원이 되고 있다. 이를 위해 각국에서는 다음과 같은 일을 모색할 필요가 있다.

1. 안정적 생산량의 확보
2. 품질 표준화의 유지 · 향상
3. 국제적 가격 경쟁력의 축적
4. 환경 · 사회경제와의 조화
5. 안심, 안전을 위한 농약, 비료로 인한 복합 오염 대책
6. 유기농 재배 기법의 모색
7. 생산국, 소비국의 종합적 공평성이 있는 무역 균형의 확립

그러나 현재 상황으로는 각국이 생산성을 올려 외화 수입을 얻기 위해서도 1~7을 균형 있게 진행해 나가기가 매우 어렵다. 발전개발도상국에는 선진 경제국과 다른 지리적 조건, 재정적 문제, 정보 입수 수단, 개발수단 등의 문제가 수없이 많다.

이들 연쇄 구조가 커피시장에 어떠한 영향을 미치는 지를 분석하고 그 결과 강력한 지도를 하기 위해서도 ICO(국제커피기구) 존재와 그 방침이 기대된다.

소비국 측을 살펴보면 소수(한자릿수)의 거대 커피 로스터, 인스턴트 커피 메이커가 커피 시장의 점유율을 높이고 있으며, 그들이 생산국과 소비국의 소비자에게 주는 영향은 측정할 수 없을 정도이다.

2003년도의 세계적 거대 로스터와 IC 메이커의 시장 점유율은

네슬레	14.6%	(스위스)
크래프트푸드	14.6%	(독일, 미국)
사라리	9.0%	(미국)
폴저스	5.0%	(미국)
치보	3.0%	(독일)
기타	53.8%	

대기업 5개사가 세계 커피 소비시장의 46.2%를 차지하고 있다.

한편, 세계의 거대 커피 선물 트레이더의 전 수출 콩에 대한 취급량은

Volcafe(ED & F Man 포함)	15.0%	(스위스)
Neumann G.	13.0%	(독일)
에스테	11.0%	(스위스)
드레퓌스	5.5%	(영국)
기타	55.5%	

대기업 4개사가 44.5%를 차지한다.

(출처: Volcafe, ED.FMan Coffee division)

세계에는 수천만 명의 커피 생산자, 농민이 작업에 종사하고 있지만 커피의 무역과 가공은 매우 한정된 기업에 의해 완전히 컨트롤되고 있어 이들 기업의 정책 방침이 세계적 기준이 되고 있다.

이 단계에서 등장하는 것이 커피 인증 시스템에 의한 표준화 및 지속적 안정과 안심의 가능성에 대한 연쇄 구조를 확립할 필요이며, 이것을 지원하는 지원 단체의 운동이다. 이러한 단체로는 다음과 같은 것이 있다.

농약 사용 문제와 종합적 환경지원단체(Utz Kapeh), 생산지의 환경보전문제(열대우림동맹, Rain Forest Alliance), Bird Friendly, 아동 노동자 고용문제(Coffee Kids), 무농약 유기농재배 추진문제(Organic coffee), 그리고 일방적 적대적 가격 교섭이 아닌 생산자의 생산비용 보증과 영세농민의 생존권, 보람, 재배의욕을 만족시키기 위한 여러 문제에 직면하는 세계적 규모의 공정무역(Fair Trade) 단체 등이다.

2003년도 인증 커피의 시장 규모(단위, 연간 취급 수량 톤)는 어림잡아 다음과 같다.

Utz Kapeh	Organic	Fair trade	Shade grown	Total
14,000	26,400	17,870	660	51,067

(출처 : Quality Standards, Conventions and the Governance of Global Value Chains, Stefano Ponte and Peter Gibbon, Danish Institute for International Studies)

상기 숫자로 보면 인증 커피가 세계 연간 커피 무역에 차지하는 비율은 겨우 1%에 지나지 않는다. 게다가 이 인증 커피 중에서도 농약 등 종합적으로 관련된 재배 지도를 적극적으로 요구하고 있는 단체로는 Utz Kapeh가 가장 앞서고 있으며 기타 단체들은 아직 그 단계에 도달하지 못하고 있다.

Utz Kapeh 인증을 받은 생산국은 2006년 시점에 아직 16개국에 불과하며 생산자 수도 얼마 되지 않는다. 이 시스템이라면 커피 전체의 'Sustainable', 'Traceability'가 가능하지만 다른 단체는 불가능에 가깝다. 이러한 의미에서 일본에서 이번에 발견된 잔류 위반 농약 디클로르보스를 계기로, 커피의 지속적이고 안정된 안심과 안전을 꾀하는 시스템 및 생산이력의 추적이 가능한 시스템 구축을 서둘러야 한다.

이 중에서도 유일하게 브라질 세하도 지구의 카세르 농업조합조직이 2006년부터 시작한 Traceability System, 바코드 시스템 'Certificate of Origin and Quality 생산지, 품질보증에 관한 증명'은 주목할 만하다.

이것은 이 조합에 가맹하고 있는 농장주(합계 200만 부대의 브라질 아라비카종 커피 재배 능력을 보유)가 가맹하고 그들의 생산이력을 바코드 관리하는 시스템이다. 즉 생산자의 얼굴이 보이고 그 생산자의 생산 보장을 체계적으로 부각시키는 것이 가능하게 되었다. 이 시스템은 이번 문제 이후 농약 검사를 포함한 바코드 관리의 일원화를 꾀하게 되었다. 현지에서의 재배 지도, 농약 관리, 보관, 정제, 정선, 수출의 모든 분야를 관리하는 시스템으로 이것은 커피콩이 들어 있는 포대 하나마다 바코드 페이퍼가 붙어 있고 멤버는 자사의 컴퓨터로 이 콩의 생산이력을 추적할 수 있다. 이 시스템은 전 세계의 커피 생산국 중에서도 유일하게 브라질의 세하도, 카세르농협 가맹만의 시스템이지만 운용을 포함해 확대해 나갈 필요성을 느낀다. 현재 세계에서는 이곳에서만 유일하게 채택하고 있는 시스템이다.

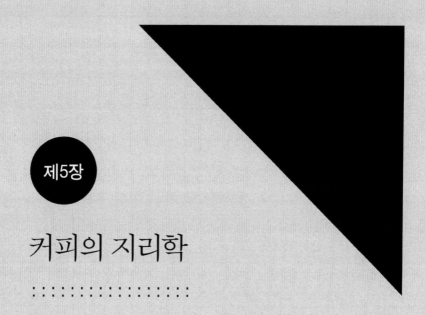

제5장

커피의 지리학

: : : : : : : : : : : : : : : : : :

제1절
커피존 ::::::::::::::::::::::::::::::::::

커피의 생육 조건은 원산지의 자연조건에 가깝다는 것은 말할 것도 없다. 통상 아라비카종 커피의 재배 최적지는 다음과 같다.

① 남북회귀선(23°27')에 둘러싸인 열대 고원부

② 연간 평균 기온이 18~25도이며 습도가 적을 것(주야의 온도 차에 의해 안개가 발생하는 것이 좋고, 저온이 최대의 적이다.)

③ 연간 총강우량이 1,600~1,800mm 전후(해마다 큰 변화가 없는 편이 좋다)

④ 해발 600~2,500m

⑤ 유기질이 풍부한 토양, 화산재가 최적, 통기성이 좋을 것

⑥ 햇볕이 좋은 곳(햇볕이 강한 재배지에서는 그늘나무를 심는다)

⑦ 배수가 좋은 경사면

⑧ 동쪽 또는 동남 측 경사면

⑨ 수확기는 맑은 날의 건기, 열매가 맺힐 때는 비가 많이 내리는 우기의 계절

단, 하와이 등에서는 해발 100m 정도의 고지, 아열대의 일부 지역에서도 가능하지만 한기, 병충해, 기타로 인해 수확량이 제한된다. 로부스타종은 평지 재배가 일반적이다.

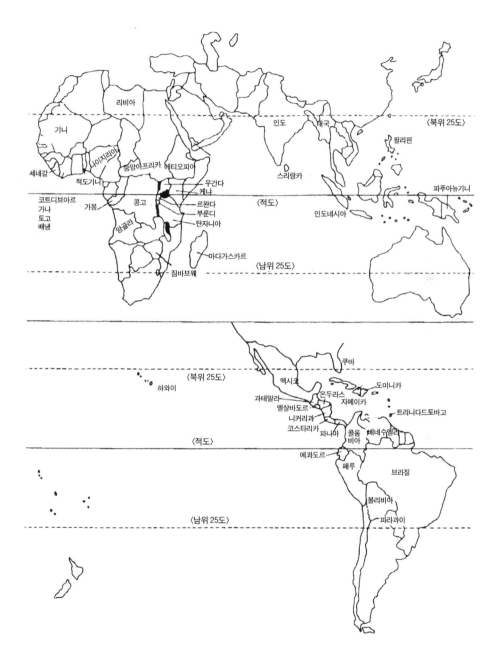

리비아
기니
나이지리아
중앙아프리카 에티오피아
세네갈
적도기니
우간다
코트디브아르 콩고 케냐
가나 가봉 르완다
토고 부룬디
배냉 앙골라 탄자니아
마다가스카르
짐바브웨

인도 태국
필리핀
스리랑카
파푸아뉴기니
인도네시아

〈북위 25도〉
〈적도〉
〈남위 25도〉

쿠바
하와이 〈북위 25도〉 멕시코
도미니카
과테말라 온두라스 자메이카
엘살바도르 트리니다드토바고
니카라과 콜롬 베네수엘라
코스타리카 파나마 비아
〈적도〉 에콰도르
페루 브라질
볼리비아
〈남위 25도〉 파라과이

적도를 중심으로 남북 23도 27분이 커피가 재배되고 있는 주요 지역인 '커피존'

이상의 조건을 만족시키는 생산 지대를 '커피 벨트' 혹은 '커피존'이라고 한다.

커피나무의 구체적인 재배에 적합한 토양은 유기질(질소·인산·칼리·칼슘 등)이 풍부하고 부식토로 두껍게 뒤덮인 곳이 좋고 강한 산성이나 알칼리성의 토양은 적합하지 않다.

커피 재배에 적합한 토양으로 유명한 것이 브라질의 사우스미나스, 상파울루, 파라나 각 주의 일부 지역의 토양인 '테라로사(포르투갈어로 붉은 장밋빛 토양이라는 의미)'라고 불리는 토양이다. 이 토양은 점토질의 적토로 하부 층이 암석성의 비옥한 영양소를 포함하고 있고 배수 또한 좋다.

일반적으로 커피 재배에는 건기와 우기가 필요한데, 연간 수개월의 건기가 수확기와 일치하고 성장기에는 우기가 겹치는 기후이다.[연간 우기가 2번 있는 지역에서는 소우기(小雨季)와 다우기(多雨季)의 처음 2회가 개화기가 되며, 수확기도 2회 있다.]

제2절
주요 커피 생산국과 생두의 특징 : : : : : : : : : : : :

생산국에서의 지리적, 기후적, 토양적 조건은 이상과 같지만 지역에 따라 각각의 특징과 품종 개량에 의한 수확량, 병원충균 내성, 맛, 향기 등이 달라진다. 다음으로 우리들에게 익숙한 대표적인 생산국의 상황을 기술한다. 세계에는 70여 개국에서 커피를 재배하고 있는데 여기에서는 대표국만을 소개하도록 한다.

Ⅰ. 남미

1) 브라질

한반도 면적의 38배이며 전 세계 커피 생산량의 약 30%를 차지하는 대국이다.

1727년 인접국 프랑스령 기아나에서 반입한 커피가 현재에 이르렀다. 토양이나 기후 조건에 맞춰서 품종 개량도 번번이 실시되며 밀집 재배를 견딜 수 있는 품종이 현재 주류가 되고 있다. 한편, 거듭되는 서리 피해로 인해 생산지를 북서로 옮겼지만 가뭄 피해를 입게 됨에 따라 대규모 살수 설비(irrigation)를 설치한 대규모 농원이 주류가 되어 세계를 리드하고 있다.

건조식과 반건조식으로 정제할 수 있는 아라비카 종두와 건조식으로 정제하는 로부스타 종두를 모두 재배하고 있다.

커피의 풍미에 그다지 현저한 특징이 나타나지 않기 때문에 블렌드 베이스 콩으로 널리 사용되고 있다. 품질관리 또한 정부에서 한발 앞서 설정하고 있어 혹시라도 수출로 돌리지 못하는 콩이 있을 경우 국내에서 소비하거나 국내에서 인스턴트 커피로 재가공 후 해외에 수출하고 있다.

2) 콜롬비아

브라질에 뒤이은 대 생산국이었으나 최근에는 베트남에 생산량을 추월당했다.

콜롬비안 마일드로 불리며 가격적 평가도 높고 맛이나 향기 평가도 좋으며 질 좋은 신맛이 이 나라 커피의 최대 특징이다.

재배지도 표고 1000~1800m로 고지이며 고지 특유의 마일드로 세계적으로 좋은 평가를 받고 있는 커피이다.

3) 페루

중남미 커피 생산지가 안고 있는 빈곤에 의한 정치적 불안정이 1983년의 엘니뇨로 인한 대흉작으로 더욱 심각해졌고, 현재에도 극좌 게릴라 등의 정치 불안으로 이어져 있는 나라이다.

남북으로 펼쳐진 안데스 산맥의 동쪽 삼림지대에 커피 재배지가 있으며 페루 전체의 98%가 이 지역에서 생산된다. 근년의 재배 근대화로 인해 서서히 품질과 수확량이 늘고 있으며 중심지인 챤차마요(Chanchamayo) 계곡에서의 수세식 아라비카종 커피는 마일드하면서 향기롭고 맛좋은 산미가 있다고 세계적으로 평가를 받고 있다.

기타 남미 생산국으로 베네수엘라·에콰도르·볼리비아·파라과이·수리남 등을 들 수 있다.

II. 중미

멕시코를 북쪽 한계로 남쪽 한계인 파나마까지 남북 아메리카에 이어져 있으며 태평양, 대서양에 둘러싸인 화산이 많고 표고가 높은 지대에서의 재배가 특징인 나라들이다. 이 지역에는 멕시코, 과테말라, 온두라스, 엘살바도르, 니카라과, 코스타리카, 남쪽 한계인 파마나가 있으며 모든 나라에서 커피가 재배되고 있다.

이 지역에서의 커피는 카리브해의 마르티니크 섬에서 반입된 아라비카

종두의 산지이며 다른 생산국에서는 맛볼 수 없는 질 좋은 신맛과 깊은 맛을 가진 커피를 산출하고 있다.

중미산 아라비카종 마일드 커피로서 가격이나 품질 규격은 선물시장에서 매우 높은 평가를 받고 있다.

Ⅲ. 서인도제도

카리브해에 있는 여러 섬들을 일컫는다. 프랑스 군인 가브리엘 드 크류가 1723년에 파리 식물원에서 반입한 아라비카 종두를 마르티니크 섬에 가져와서 이후 여러 섬들에 심은 뒤 중미 및 남미 여러 나라로 전파되었다.

대표적인 커피 생산국으로 자메이카가 있다. 섬의 동쪽에 있는 표고 2250m의 블루마운틴 산 부근에서 재배되고 있는 커피는 순하고 조화가 이루어진 원두로 세계에서 최고의 가격으로 평가를 받고 있다.

근방에는 사회주의 국가인 쿠바, 아이티, 도미니카 등의 나라가 있고 자메이카와 매우 비슷한 향기와 맛이 특징이다.

Ⅳ. 아프리카

대표격은 에티오피아다. 커피 발상지 아비시니아 고원에서는 건조식 내추럴 정제인 아라비카 종두가 있다. 대표적인 모카하라 커피는 예멘의 모카항에서 이름이 유래되었으며 에티오피아의 모카는 롱베리, 예멘에서 생산되는 모카는 숏베리로, 콩의 스타일에 따라 불린다.

근년에는 수세식 예가체프 커피도 높은 평가를 받고 있으며 정부의 전

폭적 지원으로 재배가 진행되고 있는데 전체의 70%는 1~2헥타르의 소규모 가족 재배 농원 규모이다. 국가 외화 수입의 68%를 커피로 얻는 전형적인 커피 의존국이다.

한편, 일본인이나 유럽인에게 친숙한 나라인 탄자니아(킬리만자로 커피로 유명) 및 케냐산 콩이 유명하다. 이 두 나라는 두드러진 신맛, 샤프한 신맛이 특징으로 정부기관에 의해 커피 수출 규격과 유통 관리가 시행되고 있다.

아프리카는 긴 독립 전쟁, 내란, 분쟁으로 말미암아 어지러울 정도로 커피 생산국의 변화가 있었다. 이들 외에는 대부분의 나라가 로부스타 종두의 생산국으로 옛 종주국인 유럽 여러 나라로의 수출에 기대고 있다. 로부스타 종두는 생산량은 많지만 아라비카 종두에 비해 가격적으로 매우 싼 콩이다.

로부스타 종두의 대표국은 코트디부아르 · 마다가스카르 · 중앙아프리카 · 앙골라 · 카르멘 · 카메룬 · 콩고 · 나이지리아 · 우간다(로부스타 및 아라비카 종두) 등이 있다.

V. 아시아 · 태평양

홍해에 위치한 에티오피아의 인접국 예멘은 오랜 역사를 가지고 있지만, 생산량이 매우 적고 '모카 마타리 커피'라는 명칭의 대명사가 남아 있는 정도이다. 이는 험준한 산악지와 재배지의 면적이 적기 때문이다.

최대 생산국은 베트남이다. 약 20년 전에 정부의 대폭적 지원으로 커피 재배국을 목표로 한 결과 세계 2위의 생산량을 자랑하는 커피 대국이 되었다. 단, 재배 품종두는 로부스타종이며 가격이 가장 싼 생산종이다. 인스턴트 커피 메이커 등으로부터 대환영을 받았지만 세계의 커피 생산, 소비의 균형을 무너뜨릴 정도까지 이른 급격한 대증산은 다른 생산 국가에 큰 영향을 끼쳤다.

인도네시아·인도는 전통적으로 아라비카종, 로부스타종 양 종두의 재배국이다. 정제도 양쪽 모두 갖추고 있으며 커피 생산의 전통국다운 안정된 품질의 콩으로 인도네시아산 콩의 경우 '자바 커피'라는 애칭이 있다.

파푸아뉴기니·필리핀 외에 관광 농원화되고 있는 하와이 등도 유명하다.

제6장

커피의 경제학

(유통과 소비)

: : : : : : : : : : : : : : : : : : :

커피의 정제 :

커피농원에서 수확된 과실은 다음과 같은 공정을 거친다.

커피체리의 채과 ⇒ 정제(수세 · 과육 제거 · 건조 · 탈곡 · 연마) ⇒ 생두 가공

정선(선별 · 등급 부여 · 마대에 충전 · 입고 · 거래) ⇒ 출하

정제 작업의 방법으로 건조식과 수세식 두 가지가 있다.

Ⅰ. 건조식(Natural, Dry method, Unwashed)

태양광 건조를 위해 수확한 과실을 콘크리트 바닥의 넓은 장소에 얇게 펴서 막대기로 매일 수차례 뒤적이며 건조한다. 야간의 습기를 막기 위해 몇 군데에 모아서 쌓아놓고 시트로 덮거나 집적 선반에 넣어둔다. 비가 내릴 경우에도 동일하게 시행한다.

비를 맞아 젖게 되면 건조 기간이 더욱 길어질 뿐만 아니라 곰팡이의 원인이 되어 그 콩을 배전해서 추출한 커피 엑기스의 맛과 향에 큰 영향을 준다.

건조는 4일에서 때에 따라서는 10일 정도 걸린다. 그러면 과육은 자연 발효되어 박리하기 쉬운 상태가 된다. 건조 과육에 싸여 있는 상태의 커피는 단단한 껍질에 둘러싸여 검은색을 띠는데 드라이 체리라고 불린다. 건조가 완료되면 탈곡기에서 외피와 과육을 제거하고 내과피와 실버스킨이 달려 있는 파치먼트 커피를 만든다.

이와 같이 태양광 건조로 정제하는 방법은 아라비카 종두의 경우 브라

질의 대부분, 에티오피아·멕시코의 일부와 아프리카나 인도네시아, 그리고 압도적 수량의 브라질의 로부스타 종에 이용되고 있다.

건조식은 작업이 비교적 간단하고 큰 설비가 필요하지 않은데다가 잘하면 숙성된 맛을 낼 수 있다. 반면 건조에 시일이 걸리고 날씨에도 좌우되며 불완전두의 혼입률도 꽤 높다고 할 수 있다.

II. 수세식(Washed, Wet method)

물이 풍부한 산악지대인 콜롬비아나 중남미, 아프리카의 케냐, 탄자니아 등 대부분의 아라비카 종두 재배지에서 행해지는 방법이다. 수확한 과실을 수조에 넣어 먼지나 잎 등의 불순물과 미숙두를 물에 뜨게 해 제거한 뒤 과육 제거기(Pulper machine)에 넣어 과육을 제거한다. 합계 1~2일간 이상 발효조에 넣어 내과피에 부착되어 있는 미끌미끌한 부분(점액질)을 제거한다. 이때 시간, 물의 양, 수질, 기타 작업 공정에서 실수를 하면 발효 냄새와 발효두가 발생하기 쉽기 때문에 주의가 필요하다. 일단 발효가 되면 그 커피는 사용할 수 없다. 하루 정도 태양 건조 후 최종적으로는 수분 조절을 위해 건조기에서 말린다.

내과피가 부착된 커피콩을 파치먼트 커피라고 부르는데 출하 때까지 그대로 보존하고 출하 전에 파치먼트를 제거한다.

수세식은 풍부한 물과 설비가 필요하며 공정도 복잡하기 때문에 주의가 필요하고 발효가 되면 콩에 그 냄새가 배거나 산도가 증가하는 경우도 있다. 반면 불순물이 적고 세척이 잘 되어 있기 때문에 겉모습도 좋고 광택도 있으며 품질도 균일하여 최적의 맛과 향기가 수반되기 때문에 로부스타 종두보다 2~4배 이상 높은 상품 가격으로 거래된다.

더욱 자세히 살펴보면 발효 냄새가 배거나 발효두가 발생하는 원인으로는, 발효조의 청소 상태가 좋지 않은 등의 유지 관리 문제와 내과피가 부착된 상태의 원두가 발효조로 보내지기 때문에 미처 세척되지 못하고 나쁜 맛의 원인이 그대로 남아 있는 곳에, 풍작 등에 의한 수조 설비 부족, 가뭄 등에 의한 물 부족 상황에서 또다시 다음 원두가 계속 보내져 와서 발효 냄새가 부착되는 점 등이 있다. 근년 생산량이 늘어 처리수의 증가에 의한 환경오염 문제도 발생하고 있다.

Ⅲ. 반수세식(Semi-Washed)

건조식과 수세식의 절충 방법으로 개발되었다. 과실을 수조에서 씻고 과육 제거 후의 처리 공정을 건조식으로 하는 시스템으로 내추럴의 특징과 선별의 정밀도를 높이려는 목적에서 주로 브라질 일부에서 행해지고 있는데 중미 각국에서 보면 그들의 낮은 등급의 원두와 동등한 평가를 하고 있다.

Ⅳ. 생두를 완성하기 전의 건조처리 공정

건조식과 수세식 어떤 정제 방법에 있어서도 생두를 완성하기 위해서는 넓은 건조장에 얇게 펴서 대양광 건조를 하게 되는데, 이것은 커피 생두의 수분 함유량을 12~13% 정도까지 만들기 위한 공정이다.

생산국 중에서 수출 기준의 수분함유율을 이 숫자로 통일하고 있는 국가가 압도적으로 많다. 건조하지 않아 곰팡이가 발생하여 맛과 향에서 곰팡이 냄새가 나서 상품 가치가 없어지는 것을 막기 위해서다.

곰팡이는 아플라톡신 등 유독한 발암성 물질을 동반하기 때문에 특히 대규모 정제장에서는 일부에서 기계 건조기(섭씨 50도에서 약 3일간)를 도입하고 있는 곳도 있다.

최후의 정제 공정은 출하하기 전 파치먼트 커피를 연마하여 콩의 표면에 부착되어 있는 오염이나 실버스킨을 제거한다. 이후 생두는 등급이 매겨져 마대 등에 넣어져(콜롬비아는 70kg, 중미 제국은 69kg, 기타 60kg), 보관 후 출하된다.

제2절
생두의 등급 설정과 분류 : : : : : : : : : : : : : : : : : :

각지에서 생산된 콩은 거래되기 위해 등급과 규격이 결정된다. 이를 위해 이용되는 등급 설정 방법은 전 세계적으로 통일되어 있지 않다. 생산 각국이 독자적으로 등급 관리를 규정하고 있다. 일반적인 내용은 다음과 같다.

1) 국제적인 규격 등급 기준으로서 ICO에 의한 그룹 분류

- Colombian Milds : 콜롬비아·케냐·탄자니아산의 수세식 아라비카 종두
- Other Milds : 기타 수세식 아라비카 종두
- Unwashed Arabicas : 건조식 아라비카 종두, 브라질·에티오피아 등
- Robustas : 건조식 로부스타 종두

매우 단순하게 품종과 정제 방식을 기준으로 한 것이며 가격 수준의 기준은 되지만 규격 등급이라고는 보기 어렵다.

2) 선별도, 스크린 사이즈, 정제 방법, 수확지 고도, 수확 주(州), 수확지의 개요 등 분류

생산국	선별도	스크린	정제 방법	수확지 고도	수확 주	수확지명
브라질	*	*				
콜롬비아		*			*	
자메이카	*	*	*			*
과테말라				*		*
에티오피아	*	*				*
탄자니아	*	*	*			
인도네시아	*	*	*			*

3) 다음은 상당히 엄격하게 정해져 있는 브라질을 사례로 한 규격, 등급 설정 분류

등급 설정 : 부스러기두(豆), 흑두, 미숙두, 나무 부스러기, 결점두, 벌레 먹은 두, 사두(死豆), 작은 돌, 파치먼트, 잎, 잔가지 등의 혼입을 조사한 뒤 알갱이의 사이즈의 대소, 광택, 건조도, 형태 등으로 구분한다.

I. 혼입물에 의한 등급 = 품질 타입

생두에 포함되어 있는 불완전두, 흑두, 미숙두, 깍지, 작은 돌 등의 유무 및 그 점수로 등급이 결정된다.

300g의 콩에 포함되어 있는 혼입물의 종류와 수량에 대응하여 '결점 수'가 정해지고 결점 수의 총합계 점수에 의해 No.2~8까지의 품질 타입으로 나뉜다.

[표 6-1] 커피 규격의 결점표 (샘플 300g 중에 포함되어 있는 것)

결점			결점		
흑색 알갱이	1알	1	작은 돌, 흙덩이(중)	1개	2
껍질이 붙어 있는 알갱이	1알	1	작은 돌, 흙덩이(소)	1개	1
아르지드	1알	1	가지 부스러기 (대)	1개	5
마리네이로	2알	1	가지 부스러기 (중)	1개	2
콘시야	3알	1	가지 부스러기 (소)	1개	1
베르데	5알	1	아르지드-변질두(사와 커피)		
깨진 알갱이	5알	1	마리네이로-파치먼트 커피		
쇼쇼	5알	1	콘시야-조개껍데기두(조개껍데기 형태로 짜개진 콩)		
브로카 식해 알갱이	5알	1	베르데-미성숙두(은피가 녹색인 콩)		
작은 돌, 흙덩이(대)	1개	5	쇼쇼-미성숙두(성장하지 못한 콩)		

출처 : 《커피 독본》

결점 수가 적을수록 등급이 높고 좋은 커피라는 의미가 된다. 결점 수의 합계에 의해 No.2 - No.8이 결정되며 다음과 같다.

No.2 - 4점   No.6 - 86점
No.3 - 12점   No.7 - 160점
No.4 - 26점   No.8 - 360점
No.5 - 46점

II. 알갱이(스크린 사이즈)의 크기에 따른 분류

외관상 알갱이의 크기로 정해지는 등급은 둥근 구멍이 뚫린 스크린(체)을 이용하여 No.13~No.20까지를 평두, No.8~No.13를 피베리(둥근콩)로 분류한다.

알갱이가 클수록 프리미엄이 붙는데 풍미의 좋고 나쁨은 관계없다. 피베리는 전체의 10% 이내(피베리=둥근 콩이라고도 한다. 원래는 플랫빈 두 쪽이 마주 보고 있는 것이 일반적이지만 돌연변이로 플랫빈이 성장하지 못한 채 둥근 상태로 된 것이다.)

■ 평두의 경우

특대 사이즈 - No.20~19
대 사이즈 - No.18   큰 알갱이 - No.13~12
준대(準大) 사이즈 - No.17   준대(準大) 알갱이 - No.11
보통 사이즈 - No.16   보통 알갱이 - No.10
중 사이즈 - No.15   중간 알갱이 - No.9
소 사이즈 - No.14   작은 알갱이 - No.8
초소(超小) 사이즈 - No.13

탄자니아·케냐 등의 아프리카산 아라비카종두는 AA, A, B 등의 등급이 부여된다. AA는 스크린 사이즈가 No.19~No.18, A는 No.18~17, B는 No.16~15의 알갱이 사이즈에 의한다.

Ⅲ. 표고에 의한 분류

커피콩의 등급 설정에 과테말라와 다른 중남미 국가, 카리브해의 여러 나라에서는 생산지의 표고가 3-7분류로 표시된다.

고지에서 생산된 콩은 저지에서 생산된 콩보다 품질이 좋고 향미가 좋은 것이 일반적이며 가격 또한 비싸진다.

과테말라를 예로 들어보면 7분류는 다음과 같다.

	등급 설정 명	표고(피트)
1	Strictly Hard Bean(SHB)	(4500 ~)
2	Hard Bean(HB)	(4000 ~ 4500)
3	Semi Hard Bean(SHB)	(3500 ~ 4000)
4	Extra Prime Washed(EPW)	(3000 ~ 3500)
5	Prime Washed(PW)	(2500 ~ 3000)
6	Extra Good Washed(EGW)	(2000 ~ 2500)
7	Good Washed(GW)	(~ 2000)

※중미 각국의 마일드 커피(온두라스, 살바도르 외)는 표고에 의해 3분류를 한다.

등급 설정	표고(미터)
Strictly High Grown	1500 미터 이상
High Grown	1000 ~ 1500미터
Prime Washed	700 ~ 1000 미터

IV. 풍미 · 기타에 의한 등급 설정

1. 풍미에 의한 등급 설정은 커피 거래에 있어 매우 중요하다.

2. 브라질에서는 6단계로 나뉜다. 좋은 품질의 콩부터 순서대로

① Strictly Soft

② Soft

③ Softish

④ Hard

⑤ Rioy

⑥ Rio

Soft까지가 높은 품질의 · 수출용이며, Hard(일반적인 콩)는 혀에 약간 맛이 남는다.

3. 콜롬비아의 등급과 등급 설정의 표시는 다음과 같다.(S=Screen size)
- 수프레모 – S.No.17이 80% 이상의 큰 알만 있음. 정제가 매우 좋은 상등급품
- 엑셀소 – S.No.14~16의 중간 알갱이의 콩. 선별 양호. 카라콜의 혼입은 불문한다. 수프레모 타입과 엑스트라 타입이 섞인 품질, 수출 표준품

또한, 생산 중심지명을 다음과 같이 마켓명으로 등급과 조합해서 거래된다.

메데린 - M, 알메니아 - A, 마니자레스 - M, 세빌리아 - S. 이들의 머리글

자를 합해서 MAMS라고도 불리며, 뉴욕 거래소에서는 네 지역의 콩은 서로 교환과 수도(受渡)가 승인되어 있다.

4. 에티오피아는 결점 수와 생산 지역의 시장명, 정제법을 조합하여 분류한다.
   하라리 보르도그레인 Grade - No.5(수출표준품, 상), 시다모 G3, 레켐프티, 예가체프(수세식), 진마 G.No.3 등

5. 기타 수확연도에 따른 분류는 다음과 같다.
   • New Crop-신 수확품
   • Current Crop - 그 해의 생산품. 커피연도는 전년 10월부터 다음해 9월
   • Past Crop - 수년 전 수확품

통상적으로 수확연도가 최근일수록 비싸게 거래되는데, 에이징 커피 (숙성을 목적으로 한 커피)용은 특별한 방법으로 수년간 보관된 것이 원숙한 바디가 있는 풍미를 지니므로 프리미엄으로 거래되는 경우도 있다.(인도의 몬순 커피 등)

V. 감정사에 의한 평가에 대해

커피의 가치를 결정하는 것은 풍미, 즉 '맛'과 '향'이다. 따라서 생산국에서도 소비국에서도 정부 인정 또는 오랜 경험을 갖춘 자격자가 맛과 향의 종합 평가, 즉 풍미 감정사(포르투칼어로는 크라시휘카도르, 영어로는

컵 테이스터)가 규격, 등급을 결정하고 가격이나 배합의 지정도 한다. 감
정사에 의한 맛과 향에 대한 표현 용어를 일부 예를 들어보기로 한다.

- 단맛(Sweet) : 입안으로 퍼지는 자연스러운 단맛
- 쓴맛(Bitter) : 탄 향, 매운맛을 띤 쓴맛, 자극적이기도 하다. 너무 강
  하면 불쾌
- 바디(Body) : 미각 또는 입에서 느껴지는 점성 정도, 커피가 가진
  묵직한 성숙된 향미
- 신맛(Acidity) : 커피 고유의 고산지의 선호하는 산미. 날카롭고 상
  쾌하지만 자극적이지는 않다.
- 후미(After taste) - 보통 이상으로 오랫동안 입안에 남는 맛
- 시큼한 맛(Sour) - 날카로운 산을 동반한 불쾌한 향미, 혀를 자극하
  는 신맛으로 바람직하지 않음. 커피를 비등시켜 버리거나 다시 데
  웠을 경우 이러한 신맛이 나옴
- 흙냄새(Earthiness) - 곰팡이에서 비롯된다. 땅을 파서 뒤엎을 때의
  냄새와 비슷하며 바람직하지 않다.
- 중성적인 맛(Neutral) - 소프트한 풍미, 부드러운 풍미. 직역하면 중
  성이라는 의미
- 발효취(Fermented) - 생두에 포함된 당이나 단백에 이스트균이나
  효소가 작용하여 화학 변화를 일으키는 것. 정선 공정에서 발효된
  냄새, 불쾌한 것
- 하드(Hard) - 혀를 강하게 자극하는 맛
- 과실 향(Fruity) - 완숙된 체리로부터 맡을 수 있는 단맛을 동반한
  풍미

- 달콤한 맛(Mellow) - 충분한 향기가 있고 밸런스가 좋은 풍미
- 리오이(Rioy - 불쾌한 약품 냄새. 자극적이며 무거운 바람직하지 않은 냄새
- 풍부한 느낌(Rich) - 가장 방순(芳醇)한 풍미로 최상급 콩의 풍미
- 와인 풍미(Winey) - 통상 고지산 커피에 자주 있는 케이스로 와인 특유의 향기나 바디(Body, 입에 닿는 감촉)를 상기시키는 풍미
- 산화취(Stale) - 풍미가 있지만 불쾌한 향. 배전한 커피가 만들어낸 방향의 알데히드가 산화했을 때 나타난다.
- 사두(死豆, Quakery) - 피넛과 같은 향기. 배전했을 때 하얀색이 되는 콩
- 자극취(Pungent) - 따끔따끔한 자극취로 반드시 불쾌한 것은 아니다. 후추나 감귤계의 향(알데히드)와 같은 것을 상상하면 된다.

제3절
커피의 출하와 표시 :

정제 공정과 등급 설정이 끝난 콩은 산지별 · 타입 그룹별 · 컵 그레이드 별 등등으로 분류되어 마대(주트 백=콜롬비아에서는 70kg, 중미는 69kg, 기타는 대부분 60kg)에 넣어져 표시를 한 뒤 보관, 출하를 기다린다.

마대 외에 자메이카의 블루마운틴 커피, 하이마운틴 커피 등은 나무통에 담으며, 옛날 예맨의 모카게 커피는 앙페라라고 불리는 사탕수수와 비슷한 식물의 껍데기를 짜서 만든 바구니 형태의 용기에 담아서(10kg×6

개입), 포대에 넣어져 이것이 마대에 들어가 있는 경우도 있다.

이들 커피의 선적에 관한 관계 서류 중 원산지증명서에서는 생산지나 생산국 번호, 품질 등을 표시할 필요가 있다. 이것에 대해서는 다음과 같은 일정한 기준이 있다.

I. 생산국명의 표시

생산국명, 다음에 산지명을 나란히 적는다.
콜롬비아 메데린, 에티오피아 하라, 하와이 코나 등

II. 수출항명의 표시

브라질 산토스 등

III. 원종명의 표시

우간다 로부스타, 케냐 아라비카 등, 국명 뒤에 아라비카종, 로부스타종을 표시한다. 아라비카 종두의 생산지는 생략되는 경우가 있다.

IV. 등급과 설정

커피콩은 앞에서 설명한 바와 같은 조건에 의해 등급이 설정되기 때문에 다음과 같이 표시된다.
① 수세식 또는 비수세식
② 품질의 등급(No.2 - No.8)

③ 알갱이 크기(No.8 - No.19)

④ 표고 분류 표시(SHB, HB, EPW 등)

⑤ 풍미, 기타 분류(Strictly soft, soft 등)

제4절
커피의 경제와 국제 협정 : : : : : : : : : : : : : : : : : : :

Ⅰ. 커피 수입과 수출

현재 커피콩을 재배 생산하고 있는 나라는 70여 개국이다. 그리고 이들 국가의 대부분은 커피 무역 수출에 의한 외화 획득이 최대 수입원이다. 현실적으로 예를 들어, 에티오피아가 커피 무역을 통해 얻는 국가의 외화 수입은 무역 전체의 65% 이상, 기타 다른 나라에서도(브라질 제외) 30~50%의 외화 수입을 커피 무역 수출로 조달하고 있다.

따라서 커피 시세의 하락은 국가 존망에 관계된 큰 문제이다. 수입이 줄면 빈곤이 늘고 국가의 불안정 요소가 늘어난다. 이를 위해 소비국으로부터의 자금 원조, 장기 차입과 변제는 커피 무역에서 얻은 외화로 이루어진다. 가격 하락, 폭락으로 인한 수입 부족이 여기에 철퇴를 가한다. 이러한 반복의 채권 도산 국가가 커피 생산국의 압도적 다수를 차지한다.

커피 수출 무역의 시스템으로서 사회주의 국가(쿠바 등)에서는 농업협동조합 등이 농가에서 콩을 사들여 국가의 수출 대행기관을 통해 수출하고 있다. 자유주의 경제 국가에서도 현실에서는 정부기관, 생산자 단체, 농업

협동조합, 수출업자 등이 콩을 사들여 수출하는 것이 압도적인 수량을 차지하고 있지만 최근에는 생산자(대농원)가 직접, 소비국의 선물 트레이더나 대형 로스터에게 자사의 양질 커피를 파는 시스템도 개발되고 있다.

대표적 생산국의 유통 다이어그램은 다음과 같다.

■ **콜롬비아**

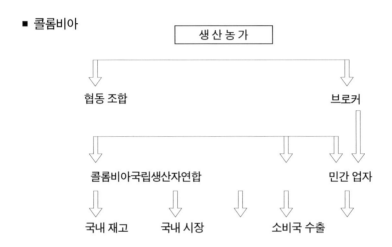

■ **브라질**

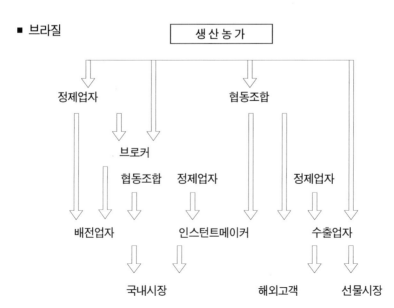

커피 생두는 일본의 경우 압도적 수량이 대형 수입상사를 통해 수입되고, 이것이 일본의 항만 도시에 도착하여 필요한 수입 통관 수속을 받은 뒤 도매상이나 커피 메이커를 통해 제품화되어 일반 소비자에게 전달된다.

소비국 일본의 유통 다이어그램은 다음과 같다.

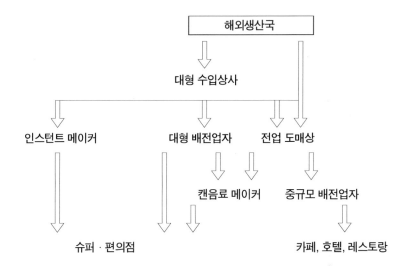

■ 커피의 물류조직(소비국, 생산국에서의 다이어그램)

(참조 : The Coffee Book, Anatomy of an Industry, Gregory Dicum&Nina Luttinger)

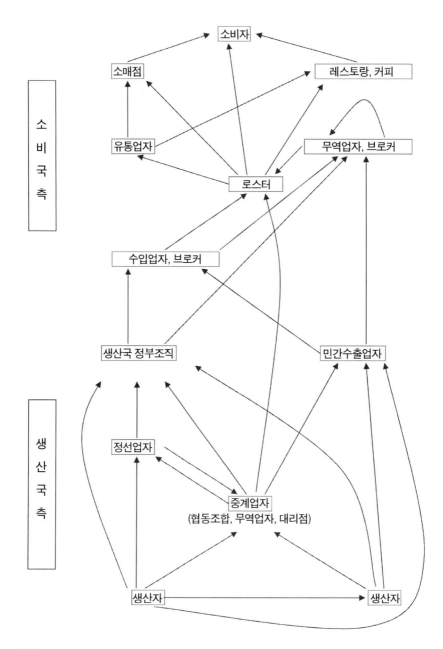

II. 커피의 공급 문제와 국제 협정

커피의 공급에 있어 전 세계의 생산국이 직면하고 있는 복잡한 여러 가지 문제가 있다.

첫째로, 과거에는 언제나 생산 과잉 탓에 생산국의 빈곤이 항상 직시되지 못한 채 이것이 경제적 불안에서 정치적 이데올로기 문제로 연결되어 폭동, 게릴라, 내전, 사회주의나 공산주의 국가의 탄생으로 이어졌다.

기본적으로 커피 콩의 가격 시세는 수요와 공급에 의한 자유경쟁 원리로 형성된다. 그러나 생산국의 날씨나 자연재해 피해, 내전, 병충해 피해 등의 대규모 사고가 일어나면 당연히 공급이 부족하여 가격은 급등하게 된다. 이렇게 되면 생산 농가는 윤택해진다. 생산 농가는 이익이 늘어나면 증산을 하고 이로 인해 수년 후에는 과잉 생산이 되어 커피콩의 가격은 폭락하게 된다. 이것이 언제나 반복되는데 근본적으로는 공급이 수요를 상회하고 있다. 따라서 생산국에 장기간 대량의 재고품이 쌓이게 된다.

총계에 의하면 1900년부터 10년마다 공급 과잉의 사이클이 반복되고 있다.

이후 생산국에서는 이 문제를 해결할 목적으로 생산 협정을 맺는 대책이 논의되어 1957년 최초로 라틴 아메리카 7개국(브라질 · 콜롬비아 · 코스타리카 · 엘살바도르 · 과테말라 · 니카라과 · 멕시코)의 협정이 성립되었다.

이듬해 1958년에는 라틴 아메리카 15개국에 의한 '라틴 아메리카 커피 협정'이 체결되어 커피 생산 관리, 소비 촉진, 계몽활동을 시행했다.

Ⅲ. 국제커피협정(ICA)과 국제커피기구(ICO)의 설립

이러한 움직임이 계기가 되어 생산국만이 아니라 소비국까지도 포함한 전 세계적인 협정이 1962년 '국제커피협정(ICA, International Coffee Agreement)'으로써 맺어지고 이 협정 운용 기관으로 영국 런던에 '국제커피기구(ICO, International Coffee Organization)'의 본부가 설립되었다.

Ⅳ. 협정의 목적 요지

1. 커피의 수급 균형 달성
2. 과도한 재고 변동, 가격 변동의 회피
3. 소비 진흥
4. 커피 문제에 관한 국제 협력

이들 목적을 달성하기 위해 수출 할당 제도의 도입, 원산지 증명 제도의 실시, 소비 진흥 활동의 시행 등을 규정하고 있다.

이 협정은 몇 번이나 개정되고 있지만 생산국, 소비국 각각의 이해가 얽혀 협정을 맺을 수 없는 어려운 문제도 안고 있다.

Ⅴ. 국제커피기구(ICO)의 역할

커피는 열대성 생산물로 식용으로 이용되는 상품에 한정되지 않고 세계적으로 생산국과 소비국 사이에 카르텔을 맺어 통제적 경제 시스템을 구축하여 자유화 경제와는 반대의 정책을 도입했다. 즉 생산량이 늘어 시세 가격이 하락하면 수출량의 총 범위를 줄이고 생산량이 감산 되어 가격

상승이 되면 총 범위 내에서 수출량을 늘리는 것이다. 이를 위해,

1. 국제커피기구은 국제커피이사회, 집행위원회. 재무위원회, 사무국 등에 의해 운영된다.

2. 국제커피이사회는 수출국·수입국을 포함한 모든 가맹국에 의해 구성되어 있는 최고 의사 결정 기관으로 연 2회의 통상회의를 개최한다.

3. 집행위원회는 이사회의 하부기관으로 가맹 수출국 8개국과 가맹 수입국 8개국의 대표에 의해 구성되며 대부분의 사항에 대해 실질적인 검토를 행한다.

4. 사무국은 사무국장 및 직원으로 구성되며 사무국장은 이사회에서 임명한다.

5. 기구 안에서 커피에 관한 생산, 소비, 가격, 무역 등에 관한 정보 센터 기능을 수행한다.

6. 기능 중 하나로 평상시 커피 가격을 4분류로 재정하여 발표하고 있다. 이것을 'ICO 지표 가격'이라고 한다. 또한, 이 가격을 조합한 복합 지표 가격과 이것들을 연속하여 평균한 평균 지표 가격 등도 발표한다. 이와 같은 IOC 지표 가격은 커피 매매 시의 가격 결정 기준으로 중요하며 적극적으로 활용된다.

VI. 생산국과 소비국의 카르텔에서 ICO 체제의 조항 변경이 몇 차례 있었지만, 현재 ICO 체제는 실질적으로 붕괴 중

이것은 1989년 베를린 장벽의 붕괴를 계기로 소련 연방의 해체, 공산주의 국가의 붕괴에 의해 미국이 두려워하고 있었던 중남미 제국의 공산주

의화(공산국 국가 탄생)의 위기가 사라져서 미국이 ICO에서 탈퇴했기 때문이다. 당연히 최대의 커피 생두 수입국인 미국의 탈퇴는 급격한 커피 시세의 하락을 가져왔고 생산국가에 큰 손해를 입혔다.

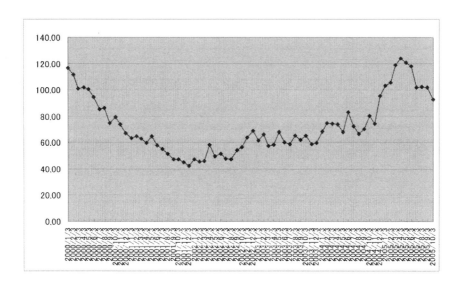

커피 가격은 ICO의 지표 가격, 뉴욕·런던의 선물지표에 의해 가격이 상하로 변동하는데, 미국의 탈퇴로 인해 NY, LDN의 선물거래소 개설 후 통계를 집계하기 시작한 이래 최저치(US ¢ 41.15 per Ib)로 떨어졌다.

그리고 이 커피 시세 하락은 다음과 같은 요인을 만들어 냈다.

■ 최저 가격 시기의 뉴욕 정기 선물 시장의 아라비카 종두 가격

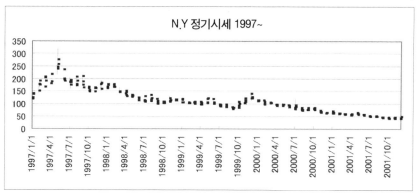

(세로축 : 파운드당 us¢, 가로축 : 연월)

1. 생산국에서 상승세와 하락세가 현저하게 되었다.
2. 상승세는 브라질과 베트남. 브라질은 국가 지원 아래 철저하게 대농원과 합리적 재배 방법을 실시, 베트남은 국가적으로 저품질 로부스타 종두에 집중하는 철저한 대량 증산 체제를 취했다.
3. 하락세는 거의 대부분의 전 세계 생산국.
4. 중미 제국의 생산 원가는 파운드당 평균 US¢ 70~80, 브라질에서도 US ¢ 42 전후.
5. 생산하면 할수록 상품 판매가가 생산비보다 낮아졌다.
6. 결과적으로 생산자는 차입금도 변제하지 못하고, 농원 관리(비료나 농약)도 못한 채 새로운 투자나 차입도 불가능. 대농원은 도산, 농원 포기, 야반 도주, 품질 저하, 재배량 수입 감수를 초래하였다.
7. 국가 경제의 마비, 정치적 불안, 내란, 게릴라화, 마약 재배 등이 다시 진행되었다.
8. 이러한 상태가 약 10년 가까이 계속된 결과 생산국, 소비국이 함께 미국의 ICO 복귀를 강력하게 지지하였고 그 결과 경제 조항은 빼고 미국의 복귀가 2005년에 재개되었다.

2000년~2005년의 생산국 커피 생산량 일람, 단위 1,000포대(1포대 60kg)
(참고자료 : ICO 생산국 총 생산량 데이터) (A) 아라비카종 (B) 로부스터종두

TOTAL PRODUCTION OF EXPORTING COUNTRIES
CROP YEARS 2000/01 TO 2005/06

(000 bags)

		Crop year	2000	2001	2002	2003	2004	2005
WORLD PRODUCTION			116 619	108 188	123 430	105 857	115 444	108 222
TOTAL			115 323	106 756	121 748	104 090	113 862	106 635
Angola	(R)	Apr-Mar	50	21	57	38	15	25
Benin @	(R)	Oct-Sep	0	0	0	0	0	1
Bolivia	(A)	Apr-Mar	173	118	149	125	161	115
Brazil	(A/R)	Apr-Mar	34 100	30 837	48 617	28 787	39 273	32 944
Burundi	(A/R)	Apr-Mar	446	261	342	470	350	384
Cameroon @	(R/A)	Oct-Sep	1 113	686	801	900	727	1 000
Central African Rep. @	(R)	Oct-Sep	122	75	92	43	61	100
Colombia	(A)	Oct-Sep	10 532	11 999	11 889	11 197	12 042	11 000
"Congo, Dem.Rep. of"	(R/A)	Oct-Sep	362	421	319	427	360	575
"Congo, Rep. of @"	(R)	Jul-Jun	3	3	3	3	3	3
Costa Rica	(A)	Oct-Sep	2 293	2 127	1 893	1 783	1 887	1 778
Côte d'Ivoire @	(R)	Oct-Sep	4 846	3 595	3 145	2 689	2 328	2 171
Cuba	(A)	Jul-Jun	313	285	239	224	242	229
Dominican Republic	(A)	Jul-Jun	466	387	455	361	481	471
Ecuador	(A/R)	Apr-Mar	872	893	732	766	938	1 125
El Salvador	(A)	Oct-Sep	1 752	1 686	1 438	1 477	1 438	1 372
Equatorial Guinea @	(R)	Oct-Sep	0	0	0	0	0	3
Ethiopia	(A)	Oct-Sep	2 768	3 756	3 693	3 874	5 000	4 500
Gabon @	(R)	Oct-Sep	0	1	1	0	0	2
Ghana	(R)	Oct-Sep	76	13	32	16	11	25
Guatemala	(A/R)	Oct-Sep	4 940	3 669	4 070	3 610	3 703	3 675
Guinea	(R)	Oct-Sep	368	254	272	407	245	310
Haiti	(A)	Jul-Jun	420	402	374	373	355	352
Honduras	(A)	Oct-Sep	2 667	3 036	2 497	2 968	2 575	2 990
India	(A/R)	Oct-Sep	4 516	4 970	4 683	4 495	3 844	4 630

Indonesia	(R/A)	Apr-Mar	6 978	6 833	6 785	6 571	7 536	8 340	1/
Jamaica	(A)	Oct-Sep	37	30	38	36	26	35	2/
Kenya	(A)	Oct-Sep	1 001	991	945	673	709	1 002	2/
Liberia	(R)	Oct-Sep	14	10	14	5	6	10	3/
Madagascar @	(R/A)	Apr-Mar	366	147	445	434	388	425	1/
Malawi	(A)	Apr-Mar	63	60	42	48	21	25	1/
Mexico	(A)	Oct-Sep	4 815	4 200	4 000	4 550	3 407	4 200	
Nicaragua	(A)	Oct-Sep	1 595	1 116	1 199	1 546	1 130	1 718	
Nigeria	(R)	Oct-Sep	48	43	51	45	42	45	2/
Panama	(A)	Oct-Sep	170	160	140	172	148	170	2/
Papua New Guinea	(A/R)	Apr-Mar	1 041	1 062	1 085	1 155	997	1 267	1/
Paraguay	(A)	Apr-Mar	46	20	26	52	26	51	1/
Peru	(A)	Apr-Mar	2 596	2 749	2 900	2 616	3 355	2 420	3/
Philippines	(R/A)	Jul-Jun	775	759	721	433	373	778	3/
Rwanda	(A)	Apr-Mar	273	296	319	265	450	300	1/
Sierra Leone	(R)	Oct-Sep	53	53	32	24	5	25	3/
Sri Lanka	(R/A)	Oct-Sep	43	32	35	36	32	35	3/
Tanzania	(A/R)	Jul-Jun	809	624	824	611	763	720	1/
Thailand	(R)	Oct-Sep	1 692	715	732	827	884	764	2/
Togo @	(R)	Oct-Sep	197	113	68	144	166	168	2/
Trinidad and Tobago	(R)	Oct-Sep	14	15	15	15	14	10	3/
Uganda	(R/A)	Oct-Sep	3 401	3 158	2 890	2 598	2 593	2 366	2/
Venezuela	(A)	Oct-Sep	956	721	869	786	701	820	2/
Vietnam	(R)	Oct-Sep	14 939	13 133	11 555	15 230	13 844	11 000	2/
Zambia	(A)	Jul-Jun	94	100	119	101	111	103	1/
Zimbabwe	(A)	Apr-Mar	109	121	106	84	96	58	1/
Other producing countries 4/			1 296	1 432	1 682	1 767	1 582	1 587	

1/ Derived on the basis of gross closing stocks at the end of crop year 2005/06. See Table I-4 for details

2/ Estimate to be confirmed by the Member

3/ Estimated

4/ Guyana, Laos, Malaysia, New Caledonia and Yemen

제5절
커피의 거래 :

　커피 거래는 주요 생산국의 재배가 연간 한 번뿐이며 대규모 생산국에서의 수확이 연중 3개월 정도이므로 소비국에서는 현물 및 선물 거래의 필요가 있다. 그러나 선물 거래상 계약을 해도 산지 사정이나 작황, 수확량에 의해 가격 변동이 크게 일어나기 때문에 위험 회피를 목적으로 아라비카 종두와 로부스타 종두의 선물거래소가 개설되어 세계의 커피 선물 거래에서 큰 매출액과 영향력을 갖고 있다.

　상품의 선물거래 시장으로는, 일본의 경우 에도 시대(1730년대)에 오사카 도지마에서 쌀 거래 시장이 개설된 적이 있다. 그러나 커피에 관한 상품 시장 상장은 1970년대 초에 요코하마 생사(生絲) 거래소가 상장 계획을 갖고 있었으나 ICO 문제인 할당 제도 상품이며 완전한 자유화 경제 체제화의 상품 선물이 전제가 되어야 하므로 당연히 중지되었다.

　현재의 거래소는 다음과 같다.

- 아라비카 종두 : NYBOT(뉴욕 · 커피 · 코코아 상품거래소)
　　　　　　　(거래 명칭 : 뉴욕 "C" 선물거래, 1964년 거래 개시)
- 로부스타 종두 : LiFFE(런던 국제금융 선물옵션)
　　　　　　　(거래 명칭 : 로부스타 커피 선물 거래,
　　　　　　　1958년 거래 개시)
- 아라비카, 로부스타 양종 : TGE(도쿄 곡물상품거래소) 양종 선물거래
　　　　　　　1988년 개시

상품시장이라는 것은 선물거래이며 선물거래는 다음의 3가지 형태로
분류된다.

① 실물(커피콩)의 인도로 결제되는 거래
② 가격 차에 의해 발생한 금전 차액의 수수로 결제되는 거래(환매 차
   액금 결제)
③ 지수차에 의해 발생한 금전 차액의 수수로 결제되는 거래

이러한 거래는, 거래소에서 인정한 대리점에 의해 사는 사람과 파는 사
람 사이에서 이루어진다.

거래 요강 : 상품(표준품), 단위, 거래 시간, 단위, 수도 기한, 납회일, 수
도일(受渡日), 통지 기간, 수도(受渡) 기간, 검사, 장소, 방법, 기타 상세
한 사항에 대해서는 룰이 정해져 있다.

제6절
커피 생산자 지원 운동의 탄생 : : : : : : : : : : : : : : : :

생산 농가, 생산 국가의 비극적인 상황은 생산자는 생산하기만 하고 소
비자는 터무니없이 싼 저가로 고품질의 콩을 수입해서 마시는 전형적인
남북 문제 상품시장 구조가 되었다.

여기에서 탄생한 것이 소비 대국 유럽을 중심으로 한 소비국 지원 단체
에 의한 생산자 지원 운동이다.

이들 운동은 뉴욕, 런던, 암스테르담 등에서 1990년대부터 각지에 본부

가 설립되었다. 대표적인 운동 단체는

① 환경 보호를 위한 'Rain Forest Alliance'(열대우림동맹)

② 아동 노동자 보호 운동을 위한 'Coffee Kids'

③ 환경, 재배 지원, 화학 농약, 합성 비료 대책을 위한 'Utz Kapeh'

④ 유기농 재배 농법 지원의 'Organic Coffee'

⑤ 그늘나무 식림·재배 운동을 위한 'Forest Shade Grown'

⑥ 공평하고 공정한 무역 지원을 위한 '페어 트레이드'의 각종 단체
   (Oxfam International, ATJ 등)

이들 운동은 열대성 농산물을 중심으로 소비국이 적정한 가격으로 구입을 하고, 더 나아가 재배지의 환경 보호, 농약이나 합성 비료의 적정한 살포, 무농약 재배, 재배 지도, 노동자 보호 운동을 시행함으로써 생산자의 생활을 지킴과 동시에 고품질 콩의 재배와 생존 의욕을 갖게 하려는데 목적이 있다.

일본에서도 2004년 전후부터 이들 단체가 계몽운동을 시작해 대형 판매점, 주요 중소 로스터에서도 이렇게 재배된 커피 수입을 시작했지만, 이 운동으로 거래되고 있는 수량은 전 세계에서 소비하는 커피의 2%에도 미치지 못하는 양이다. 유럽의 벨기에·네덜란드·룩셈부르크·영국 등의 지원 운동 선진국에 비해 일본은 전체 총수입량의 0.1%에도 미치지 못하는 숫자이다.

제7절
스페셜티 커피의 탄생 :

1990년대 들어 ICO(International Coffee Organization, 국제커피기구)의 실질적 붕괴에 의해 커피 생산국이 생산 의욕을 상실함과 동시에 커피 생산 현장에서의 농원 포기, 농원 관리 부족 등의 이유로 생산량이 감소하고 가격 폭락이 계속되었다. 세계에서 가장 많은 양의 원두를 수입하는 미국에서는 여전히 다국적 대기업이 가격 경쟁을 계속함으로써 필연적으로 사용 원료의 품질 저하가 일어나 소비자가 등을 돌리는 결과로 이어졌다.

1960년대에는 미국인 한 명당 연간 커피 소비량은 700컵이었는데 서서히 줄어들어 1990년대 말에는 330컵으로 절반 이하가 되었다. 소비자는 당연히 커피로부터 멀어져 다른 음료(과실음료, 탄산음료, 우유, 알코올 음료 등)로 소비를 바꿨다.

커피업계 중 특히 중소 규모의 업자가 이러한 쇠락 경향에 제동을 걸기 위해 일련의 운동을 시작했는데, 이것이 SCAA(Specialty Coffee Association of America, 아메리카 스페셜티 커피협회)이다.(이하 SC로 표기함)

스페셜티 커피=SC라는 커피 용어의 기원은 1978년 프랑스의 몽트뢰유(Montreuil)에서 개최된 국제커피회의(International Coffee Conference)의 대표 연설에서 미국의 크누첸 커피(Knutsen Coffee)사의 에르나 크누첸(Erna Knutsen)에 의해 최초로 표현된 뒤로 전 세계에서 SC의 용어가 사용되었고, 이것이 1982년 미국의 Specialty Coffee Association of

America(SCAA)의 탄생으로 이어졌다. 협회에서는 현재 그 정의와 취지를 다음과 같이 추구하고 있다.

SC 용어의 취지는,

1. "지리적으로 각각 다른 지역의 각각 다른 기후와 각각 다른 독특한 맛, 향기의 프로파일을 가진 커피를 만든다."라고 표현해 정의하고 있다. 이것은 특정의 생산지를 지정(토양, 기후, 위도, 고도 등), 품종 지정과 재배 관리(정확히는 재배, 정제 관리된 아라비카종의 티피카, 버번, 카투아이와 그 관계 품종)가 되는 것이 필요하다.

2. 제품으로 가공되는 단계에는 커피 원두가 항상 좋은 상태에서 선별되어 프레시 로스트(신선하고 최적인 배전)와 프레시 팩(신선한 상태에서의 포장)으로 관리되고 제대로 추출되며, 그리고 마실 때의 좋은 분위기를 빚어내기 위한 주변 환경을 조성하는 것이 중요하다고 말하고 있다.

3. 이것은 정제된 원두의 선별 관리, 수출 품질 관리, 배전 가공(과거의 전통적이면서 애매한 배전 정도의 네이밍이 아닌 과학적인 기구에 의한 컬러 클래러피케이션 시스템에 의해 배전 공정에서 원두가 자연스럽게 가지고 있는 프로파일을 올바르게 만들어 내는 일이 가능한 프로세스 관리기술, 이들에 의해 제대로 만들어진 좋은 커피, 훌륭한 커피의 아로마가 흩어지는 것을 방지하고 산화되지 않는 포장으로 시장에 제공하는 기술과 서비스 관리)이 필요하다.

4. 종합적인 맛, 관능 품질 평가 기준의 설정과 표준화(관능검사, 기기에 의한 각종 검사)에 의해 종래의 생산국 주도형 품질 기준이나 메이커 독자적인 품질 기준으로부터 '맛', '산미', 'Body', '아로마'에 독특한 특성, 특질이 있는 커피로 자리매김하고 있다.

5. 간단하게 정리하면 SC의 정의는,

"두드러진 훌륭한 풍미로 결점이 없는 커피이며 액체로 했을 경우 명확한 캐릭터가 그 콩에 있는 것. 맛이 나쁘지 않은 정도의 콩이 아닌, 맛이 빼어나게 좋은 콩"이다. 이것을 재배, 수입, 가공, 판매, 식용 모든 면에 있어 화학적 요소를 조합한 커피가 SC 커피로 자리매김하고 있다.

(인용 : 〈Specialty Coffee?〉, Specialty Coffee Association of America. Report by Don Holly.)

전 세계의 커피 생산국의 전 수출량에서 차지하는 미국의 수입 비율은 현재 20%대를 차지하고 있다. SC 운동 발족까지 미국 주도의 커피 가격은 미국에서 판매되고 있는 제품 가격이 기초가 되어 있으며, 그 가격 레인지(range)는 생산국 농민에 대한 생산량, 생산비용, 품질 기준에 대한 큰 장벽, 압박 재료가 되어 있던 것도 사실이다. 그 결과 필연적으로 생산국 농민의 재배 관리 부족, 생산 의욕의 감퇴, 빈곤화를 초래해 생산국의 품질이 저하되고 상품 판매가가 생산비보다 낮아짐에 따라 농촌 이농(離農)으로 이어졌다.

이들의 상승 작용의 결과로 미국에서는 커피 수입 감소, 소비 둔화, 감소를 초래해 시장 관계자에게 큰 반성과 위기감을 끼친 것을 통계를 통해 이해할 수 있다.

그리고 이러한 SC 운동은 착실하게 실적을 올려 갔다. 세계적인 조직으로는 새롭게 유럽 스페셜티 커피협회, 일본 스페셜티 커피협회가 탄생했다.

협회의 참가 멤버도 중소 커피 로스터, 생산자, 선박회사, 물류회사, 커피관련 기구·기계 메이커, 각종 관계 단체, 정부 관계 관청 등이다.

SC의 각 조직도 세분화되어 생산자에게는 재배 관리에서 농약, 비료 관리 지도, 수확 시까지의 옥션 경매에 의한 판매, 글로벌화된 품질 관리 기준의 설정, 품질 레벨 기준화 등의 각종 운동 시행을 통해 세계적인 소비 증가와 생산물 레벨 향상으로 연결되고 있다.

동시에 생산 각국(브라질 · 콜롬비아 · 과테말라 · 니카라과 등)에도 스페셜티 커피협회가 탄생하여 생산 면에서의 품질 향상에 크게 공헌하고 있다.

제7장

커피의 영양학과
건강학(의학)

: : : : : : : : : : : : : : : : : :

제1절
커피콩의 성분 :

I. 커피콩의 성분과 영양

커피 원두에 포함되어 있는 성분은 상세히 분류하면 700종류 이상이며 품질, 생산지, 재배법, 정제, 정선 품질, 보관 조건 등에 의해 달라진다. 또한, 연구자의 분석 방법이나 분석 조건에 의해서도 달라지는데 현재까지 발표된 자료에는 다음과 같이 게재되어 있다.

[표 7-1] 생두의 성분

(건조한 생두 기준)

유지(에테르 추출물)	13%
단백질(N×6.25)	13%
탄수화물(포도당+자당 7~8%, 나머지 50%는 전분, 섬유 등)	60%
회분(작열한 뒤에 남은 재: K, Mg, Ca, Na, P, CI 등)	4%
불휘발성산(클로로겐산 외)	8%
트리고넬린	1%
카페인	1%
합계	100%

(출처: Coffee Processing Technology)

실제로 우리들이 마시는 커피는 생두를 배전하여 추출한 것이기 때문에 배전한 경우에 그 성분이 어떻게 변화하는지, 그리고 어째서 커피 향이 나는지 등은 커피의 배전학과 화학과 과학의 문제이기 때문에 각각의 장에 서술했으나 커피 그 자체를 영양 식품으로 다룬 적은 없다. 단 커피와 건강이라는 면에서 이 장의 제2절에서 기록한 바와 같이 발견 당초부터 유럽에 전파되어 오랜 기간 음용되었을 무렵에는 커피는 의학적인 면에서 의약품으로 취급되었고 최근의 연구에서도 인간의 건강에 있어 플러스가 되는 식용물이라는 것이 증명되고 있다.

II. 커피콩 성분의 실제

현재 아직까지도 전모를 파악할 수 없는 커피의 화학 성분 중에 우리에게 있어 특히 관계가 있는 것은 수분, 카페인, 클로로겐산(탄닌산) 및 방향의 원인으로 추정되는 배전에 의한 성분 변화가 있다. 다음은 이들에 대해 살펴보기로 한다.

1) 수분

커피 생두의 수분은 수확 직후에 52~54%이지만 정제된 제품에서는 생산국에서도 보존 관계로 10~13%로 안정화시킨다. 그리고 콩을 배전한 뒤인 배전두의 잔존 수분은 2~3% 전후가 된다.

2) 카페인

카페인은 다소(茶素) 또는 테인(Thein)으로 불린다. 쓴맛을 가진 무색의 결정으로 찻잎, 커피콩, 카카오 등에 포함되어 있다.

약리 작용으로는 중추신경계, 심장횡문근, 신장에 작용하여 대뇌로의 흥분 작용을 나타내고 사고력을 증진시킨다. 또한, 작업 능률을 높여 적당량을 취하면 강심 작용을 나타내고 신장에 대한 이뇨 작용이 있다.

3) 탄닌산(클로로겐산)

탄닌산은 단순히 탄닌으로 불리는데 커피콩의 성분 중에 탄닌산의 주체는 클로로겐산이기 때문에 클로로겐산이라고 불리는 경우도 많다. 핥으면 떫은맛이 느껴진다.

커피의 산미는 이러한 클로로겐산을 주체로 그 외 기타의 산류(사과산, 구연산, 기타의 산)로부터 구성된다.

4) 배전에 의해 생기는 성분 변화

배전에 의해 커피콩의 성분이 변화하여 맛과 향기가 한층 두드러지는 것은 매우 괄목할 만한 사실이지만, 이러한 메커니즘이 모두 해명된 것은 아니다.

외관적으로 커피는 갈색에서 거무스름해지며 유지분에 의해 콩의 표면에 윤기가 난다. 배전에 의해 이산화탄소(탄산가스)가 형성되고 일부는 공기 중에 흩어지지만 일부는 콩의 내부에 존재한다.

[표 7-2] 커피콩의 성분

(% 무수물 중)

성분	생두	배전두
전다당류	50~55	24~39
소당류	6~8	0~3.5
지질	12~18	14.5~20
유리아미노산	2	0
단백질	11~13	13~15
전클로로겐산	5.5~8	1.2~2.3
카페인	0.9~1.2	~1.2
트리고넬린	1~1.2	0.5~1.5
지방족류	1.5~2	1~1.5
무기성분	3~4.2	3.5~4.5
부식류	-	16~17

(출처: 사단법인 전일본커피협회)

제2절
커피와 건강 ::::::::::::::::::::::::::::

Ⅰ. 문헌을 통해 본 커피와 건강

커피가 건강에 나쁘다는 설이 아직도 일부 의사를 포함해 말해지고 있는데 과연 사실은 어떠할까?

원래 커피는 음료로 이용되기 전에는 전신을 건강하게 하는 달인 차로써 이용되기 시작했다는 점에서 알 수 있듯이 해롭기보다는 유익한 점이 먼저 인정받아 왔다.

현재 밝혀져 있는 커피에 관한 기술 중 가장 오래된 페르시아의 의사 라제스(Rhazes, 850~922)년의 기록으로 다음과 같은 것이 있다.

"커피는 뜨겁고 입에 닿는 감촉이 좋은 음료로 위(胃)에 더할 나위 없이 좋다."

다음으로 오랜 이슬람의 과학자 아비센나(Avicenna, 980~1037년)의 기록에는, "신체 각 부위를 강하게 만들고 피부를 깨끗하게 하고 그 피부밑에 있는 습기를 제거하여 신체 구석구석에 좋은 향기가 난다."

런던에서는 1652년 이후 급속하게 커피 하우스가 생겨나는데 그 최초의 가게인 '파스카 로제의 가게'가 내놓은 전단지 광고 중 다음과 같은 것이 있다.

"……이 음료는, 담백하고 입에 닿는 감촉이 좋은 것이 특징으로 해열제로 효과가 좋으며, 결단코 밀크주(酒)만큼 뜨겁게 하지 않으며 염증을 일으키지 않는다. 위의 구멍을 막고 체열을 강화하여 소화를 돕는다. 따라서 오후 3시 또는 4시 및 오전 중에 음용하면 효과가 크다. 또한, 정신의 움직임을 촉진시켜 기분을 쾌활하게 한다. 짓무른 눈에 좋고, 얼굴 위에 놓고 그대로 양기를 흡수하면 더욱 좋다.

독기를 억제하는데 뛰어나고 두통에 잘 듣는다. 위 상부에서 생겨난 분비물의 누출을 막고, 소화를 도우며, 폐의 기침을 방지한다.

수종, 요산성 관절염, 괴혈병의 예방과 치료에 뛰어나다.

경험에 의해 안 사실로 나이가 많거나 어린 사람에게 있어 결핵성 경부림프절염 등 체액의 누출이 있는 자에게는 모든 고름을 멈추게 하는 음료이다.

임산부의 유산 예방에도 큰 효과가 있다.

비장, 우울증, 호흡 등에 특히 좋다.

졸음을 쫓고 집중해야 할 때 컨디션을 좋게 한다. 식후 등 집중력이 필요할 때 마시면 3~4시간 졸음을 쫓는 효과가 있다.

터키에서 널리 알려져 마시고 있는 음료로 이것을 마시는 사람은 결석, 부종, 괴혈병을 앓지 않고 피부도 매우 투명하게 하애진다.

이것은 변비약도 아니고 해열제도 아니다."

또한, 미국에서도 1922년에 출판된 커피의 바이블로 불리는 (William Ukers)의 《All About Coffee》 중에도 상세히 보고된 바와 같이 학술적으로도 커피는 무해하다는 것이 증명되어 있다.

이후에도 매년 많은 의학자와 연구자에 의한 논문이 나왔는데, 특히 최근에는 연간 1,600편에 달하는 〈커피와 건강〉에 관한 논문이 출판되고 있지만 그 대부분에는 커피가 건강에 유효한 음료로 기술되어 있다.

II. 일본의 최근 연구

일본에 있어서도 커피와 건강에 관한 것은 항상 화제에 오른다.

최근 연구되고 있는 의학자에 의한 〈커피와 건강〉에 대한 보고를 소개하면 다음과 같다.

1) 간기능 장애와 커피

커피를 마시는 사람은 알콜성 간장장애에 대해 간장의 부담을 경감하는 작용이 있다는 것이 규슈대학 의학부의 고노 스미노리 교수 그룹의 연구에서 지적되고 있다.

이 조사는 음주와 커피 섭취량에 관한 역학조사(특정 집단의 일상생활을 추적하여 병의 발생률을 통계적으로 조사한다)로 1995년 4월부터 1996년 3월까지 1년간 나가노 현 중부 공중의학연구소에서 실시되었다.

이것은 간 검사를 받은 40대부터 60대까지의 약 1만 3000명의 ɤ-GTP(간기능 장애의 유무를 나타내는 검사치)를 조사한 것이다.

이 조사에 의하면 순도 100%의 약용 알코올을 매일 30ml(사케 기준으로 약 1홉) 이상 마시고 있는 사람이 커피를 하루에 3~4잔 마시는 사람은 커피를 마시지 않는 사람에 비해 ɤ-GTP가 평균적으로 10 이상이나 낮아졌고 게다가 키피를 마시는 양이 많으면 많을수록 ɤ-GTP 수치는 낮아졌다.

조사를 한 고노 스미노리 교수는 "커피의 어떤 성분이 작용하는지, 그 메커니즘은 현재도 알 수가 없다. 그러나 같은 카페인이 함유된 녹차에는 나타나지 않는 현상이기 때문에 카페인 외의 성분이라는 것은 확실하다."라고 말하고 있다.

또한, 도아마의과대학의 난바 츠네오 명예교수 그룹은 커피가 B형 간염의 발병을 억제하는 작용이 있다는 것을 실험으로 확인하고 있다. B형 간염은 간경화와 간암으로 발전할 우려가 있는 무서운 병이다.

이것만으로 커피가 간기능 장애를 예방한다고는 볼 수 없지만, 커피를 마시면 간기능의 움직임이 좋아진다는 것은 확실하다.

2) 커피를 3잔 이상 마시는 사람은 위암에 잘 걸리지 않는다

요즘은 일본인 4명 중 한 명은 암으로 죽는다. 그리고 커피를 많이 마시면 암에 걸리지 않을까? 하고 생각하는 사람도 많은 것 같은데 실제로는 커피에는 발암을 억제하는 작용이 있다는 것이 밝혀졌다.

아이치현 암센터의 이와사키 토시로 전염병학 연구원은 1985년부터 나고야 시내에 살고 있는 남녀 2만 명(40~79세)을 대상으로 커피와 위암과의 상관관계를 조사하고 있다.

1996년까지 11년간의 통계에서는 하루 1잔 미만인 사람이 위암에 걸린 확률은 62명에 1명의 비율이며, 이것이 1~2잔이 되면 85명에 1명으로, 3잔 이상은 101명에 1명으로 나타났다.

흡연 습관 등 위암의 인자를 제외하고 계산하면 커피를 마시지 않는 사람에 비해 1일 3잔 이상 마시는 사람의 위암 방별률은 절반 정도로 감소하고 있다.

3) 대장암, 간암을 커피의 클로로겐산이 억제한다

기후대학 의학부의 모리 히데키 교수는 "커피는 대장암이나 간암의 발병을 억제하는 작용이 있다."라고 말한다. 모리 교수는 커피 안에 상당량 포함되어 있는 클로로겐산에 주목하여 장래에 암으로 이행할 가능성이 있는 어떤 병변(암의 전단계 병변)에의 대응을 조사한 것이다.

메틸아조키시탈이라는 발암 물질을 실험용 쥐에게 투여한 결과 발암 물질만 투여한 경우에는 40%의 확률로 대장암이 발생하는데 비해 커피에 포함되어 있는 클로로겐산을 포함한 먹이와 같이 준 경우 확률은 0이 되어 커피의 항암성이 확인되었다.

4) 커피가 동맥경화를 막는다

이전에 커피를 마시는 사람에게 동맥경화계의 병, 특히 심근경색 등의 관동맥경화성 질환의 발병이나 이에 의한 사망이 많다는 설이 의학계에서는 상식이 되어 있었는데 실은 이것은 전혀 근거가 없는 것이었다.

상식을 깨뜨린 것은 미국에서 시행된 '플래밍햄 조사'로, 보스턴 교외의 플래밍햄 지구에서 30~62세의 남녀 5,200명을 대상으로 1948년부터 장기간에 걸쳐 실시된 심질환에 관한 대규모 역학조사는 커피 음용과 혈압 상승과의 사이에 특별한 관계는 없다고 결론을 냈다.

전 방위의과대학의 이시카와 교수는 "커피를 많이 마시는 사람 중에는 일이 매우 바쁘고 스트레스를 많이 받으며 담배를 피우는 사람이 많다. 종래의 데이터로는 흡연 등의 영향이 무시된 결과 커피가 동맥경화를 촉진시키는 것이라고 단정한 것 같다."라고 말하고 있다.

이시카와 교수에 의하면 "커피는 혈압을 아주 적긴 하나 일시적으로는 상승시키는 방향으로 작용한다. 커피에 포함된 카페인에는 심장 근육의 수축을 강화하고 뇌나 심장의 혈류를 늘리는 작용이 있기 때문이다. 저혈압인 사람이 잠에서 깨어나 마시는 커피에 정신이 맑아지는 것은 이 때문이다. 그렇다고 해서 고혈압인 사람이 삼가는 편이 좋은가 하면 그렇지도 않다. 커피에 포함되어 있는 어떤 종류의 성분은 동맥의 안쪽 벽에 잉여 콜레스테롤이 침착되는 것을 막는 고밀도 단백, 즉 착한 콜레스테롤(HDL)이 늘어나게 한다. 게다가 나쁜 콜레스테롤(LDL)은 증가시키지 않는다."라고 말하고 있다.

이시카와 교수는 연구실의 젊은 남녀를 대상으로 실험을 시도했다. 1개월간 전혀 커피를 마시지 못하게 했다가 이후 필터 추출 커피를 매일 5잔씩 마시게 하고, 1주일마다 채혈해서 분석해 보았는데, 결과는 커피가 동맥경화를 억제하는 가능성이 있다는 것을 암시하는데 충분한 것이었다.

커피를 마시기 시작하자 착한 콜레스테롤은 점점 늘어나기 시작하고 4주 후에는 약 15%나 증가했다고 한다.

5) 커피는 노화의 원인이 되는 활성산소를 제거한다

최근 '활성산소'라는 말이 자주 사용되는데 체내에 들어온 산소는 에너지를 생산할 때 전체의 2% 정도의 활성산소로 변화한다고 한다. 이러한 활성산소는 피부나 혈관, 내장 등의 세포를 산화시켜 암의 발병이나 노화의 원인이 된다고 여겨지고 있다.

나이 들거나 병에 걸리거나 폭음 폭식을 하면 활성산소가 과잉으로 발생하기 쉬워지는데 일본여자대학의 구엔 반 추엔(Nguyen Van Chuyen) 교수는 "커피에는 활성산소를 제거하는 작용이 있기 때문에 노화를 막을 수 있는 가능성이 높다."라고 말하고 있다.

"커피에는 활성 산소를 발생시켜 유전자를 상처 입히는 성분과 역으로 활성산소를 억제하는 성분 양쪽이 포함되어 있다. 이제까지는 전자만이 강조되었기 때문에 커피가 자칫 나쁜 것으로만 여겨지는 결과를 초래했는데, 실험에 의해 말할 수 있는 것은 120ppm의 농도(뜨거운 물을 가득 따른 커피 컵에 몇 방울의 커피를 떨어뜨린 정도)에서 활성산소의 일종인 과산화수소의 발생이 거의 100% 제거된다는 것을 확인했다."라고 말하고 있다.

덧붙여 커피에는 발암성 물질인 니트로소아민의 발생을 억제하는 효과도 있다.

니트로소아민은 절임 반찬 등에 포함된 아질산과 생선 등에 포함된 아민류가 반응해서 생겨나는데 비타민 C가 니트로소아민의 발생 방지에 효과가 있다는 것은 알려져 있었지만 추엔 교수는 커피가 아질산을 분해한다는 것도 밝혀내고 있다.

이 외에도 최근 여러 연구 결과가 있다. 예를 들면,

"커피는 콜레스테롤 수치를 낮추는 작용이 있어 심장병을 방지한다."

- 다구치 히로시(미에대학 생물자원학부 교수)

"커피에는 체내 지방을 분해하고 다이어트를 촉진시키는 효과가 있다."- 스즈키 마사시게(츠쿠바대학 체육과학계 교수)

"커피의 향기를 맡는 것만으로 뇌의 혈류가 증가되어 뇌의 움직임을 활성화한다." – 고가 요시히코(교린대학 의학부 교수)

"자율신경의 움직임을 향상시켜 비만을 막는다."

"당뇨병 예방"(필란드 국립 공중위생연구소 조사)

"혈관을 젊은 상태로 유지한다." – 이토 토시미츠(방위의과대학 제1내과 의사)

"몸이 녹스는 것을 억제하고 암을 예방."

"계산 능력을 향상시킨다."- 가네코 슈지(도쿄대학 대학원 약학연구과 교수)

'커피의 릴랙스 효과' – 고가 요시히코(교린대학 의학부 정신신경과 교수) 등 커피와 건강에 관한 다수의 논문이 발표되었고 커피는 오히려 몸에 좋다는 사실을 다시 상기시키고 있다.

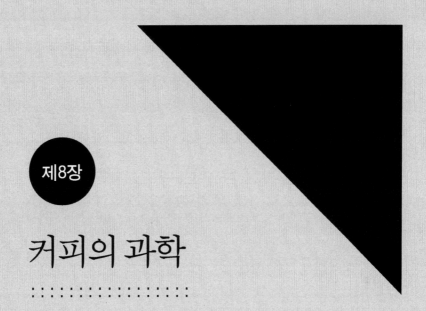

제8장

커피의 과학

: : : : : : : : : : : : : : : : : :

제1절
커피콩과 허니콤 구조 :

I. 허니콤 구조란?

생두를 배전하여 분쇄한 가루를 현미경으로 관찰하면 그림 8-1과 같이 한 변이 0.01mm 정도의 입방체인 공동(空洞)이 생겨났다는 것을 알 수 있다. 생두를 배전하면 수분이 빠져나가 조직이 벌집과 같은 스펀지 모양의 형상이 된다. 즉 공동과 그 공동벽, 그리고 섬유질 부분이 생긴다(그림 8-2).

공동의 크기를 한 변 0.01mm로 가정하면 한 변이 1mm인 입방체 안에는 100만 개, 한 변이 0.10mm인 입방체 안에는 1,000개의 공동이 존재하게 된다. 입자 크기가 작으면 포함된 공동의 수도 적고 역으로 입자 크기가 크면 클수록 포함된 공동의 수는 많다. 이것이 허니콤 구조이다.

공동의 크기는 배전이 깊어질수록 커지고 반대로 섬유질 부분은 작아진다. 공동 안에는 가스가 많이 포함되어 있다. 그곳에 뜨거운 물을 통과시키면 공동이 확하고 부푼다. 분쇄하고 나서 몇 개월이나 지난 원두는

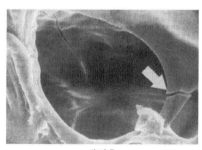
배전후

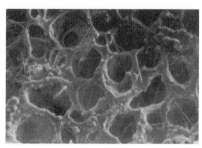
배전 · 분쇄후

[그림 8-1]

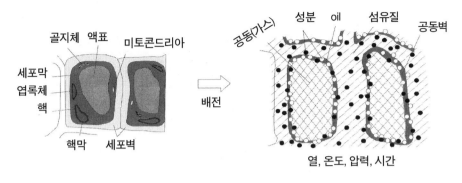

<생두>

골지체 액표 미토콘드리아

세포막
엽록체
핵

핵막   세포벽

배전

<배전두>

공동(가스)   성분 oil 섬유질   공동벽

열, 온도, 압력, 시간

[그림 8-2] 생두와 배전두

가스가 빠져나가서 부풀지 않게 된다.

　공동벽에는 커피 특유의 맛이나 산미, 쓴맛, 단맛을 만드는 성분과 동시에 맛없는 성분도 적게나마 붙어 있다. 이 공동벽에 붙어 있는 성분은 뜨거운 물이 통과함으로써 쉽게 녹는다. 공동과 공동 사이에 있는 섬유질 부분에는 커피의 맛을 생성해 내는 성분과 동시에 불쾌한 맛을 내는 성분도 포함되어 있다. 이 섬유질에 있는 불쾌한 맛을 내는 성분은 통상의 온도의 추출에서는 나오지 않지만 고온의 물로 추출했을 때, 어떤 온도에서 오랜 시간 유지되었을 때, 에스프레소와 같이 압력으로 억지로 우려낼 때 나온다. 따라서 분쇄 시에 허니콤 구조를 깨뜨리지 않는 편이 좋다. 또한, 미분까지 분쇄해 버리면 100℃ 정도까지의 마찰열이 발생하여 이 온도에 의해 불쾌한 쓴맛이나 알싸한 맛 등의 성분이 나오게 된다.

　뜨거운 물을 통과시킬 때 미분(한 변이 0.20mm인 입방체 이하의 크기의 입자)의 경우 뜨거운 물의 체류 기간이 길어져서 그만큼 성분도 많이 녹아나게 되므로 불쾌한 맛도 많아지기 쉽다.

　공동에는 미파괴 공동과 파괴 공동이 있는데(그림 8-3) 미파괴 공동은 입자의 크기가 큰 것에 많고 미분에는 파괴 공동이 많다. 파괴된 벽 부분은 산화되기 쉽고 산화로 인해 맛에도 무언가 영향을 주는 것으로 보인다. 이것은 미분이 맛에 영향을 주고 있는 것으로 생각된다.

배전할 때는 어떻게 공동벽과 섬유질 부분에 있는 맛있는 성분을 끌어낼지, 분쇄 시에는 어떻게 뜨거운 물이 구멍을 통과하기 쉬운 크기의 입자로 할지, 그리고 추출은 어떻게 하면 허니콤 구조에 낭비 없이 뜨거운 물을 통과시킴과 동시에 나머지 불쾌한 성분이 나오지 않도록 할지……, 이것이 커피를 맛있게 타는 비법이라고 해도 좋다.

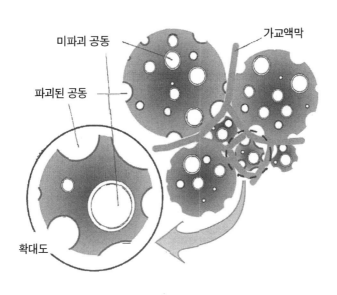

[그림 8-3] 추출시의 입자(모식도)

Ⅱ. 공동과 원두의 입자 크기와의 관계

콩을 분쇄해서 미분으로 만든다고 할 때 미분이라는 것은 0.20mm 정도의 크기이지만 그 안에는 작은 구멍, 즉 공동이 1,000개 들어가 있다는 계산이 된다. 이곳에 한층 더 큰 1mm의 알이 섞여 있다고 해 보자. 이쪽 공동벽은 100만 개. 이것을 한데 같이 해서 뜨거운 물을 부으면 1,000개의 구멍은 통과하기 쉬우나 100만 개의 구멍은 여기저기 지나가게 된다.

입자의 크기가 제각각이면 구멍에 의해 뜨거운 물이 통과하는 정도가 편중되어서 많은 물을 통과한 구멍으로부터는 이상한 맛이 나오게 된다. 또한, 미분의 경우 뜨거운 물의 체류 시간이 길어져 그만큼 이상한 맛이 많아지기 쉽다. 그러므로 입자의 크기를 균일하게 해서 맛있는 성분만을 허니콤 구조로부터 추출해 내는 것이 이상적이다.

실제로는 그렇게 잘되지는 않지만 이러한 사실을 이미지화하면서 추출하는 것과 그렇지 않은 것에는 이상적인 맛에 다가가는 정도가 전혀 다르다.

Ⅲ. 추출 원두의 부푼 정도와 허니콤 구조의 관계

공동 안에는 가스가 많이 포함되어 있다. 그러므로 뜨거운 물을 통과시키면 부푼다. 분쇄하고 몇 개월이나 지난 원두는 가스가 빠져나가 부풀지 않게 된다.

장사를 하는 사람은 가게 한쪽 구석에 현미경을 두고 매일 콩을 관찰해 보는 것이 좋다. 분쇄한 직후, 일주일 후, 1개월 후…… 이와 같이 관찰해 보면 공동의 모양이 바뀌어 가는 것을 알 수 있다. 그리고 여러 가지 것들을 이해할 수 있게 된다. 보통의 현미경으로 충분하다. 공동은 0.01mm이므로 그 100배는 1mm. 보통의 현미경은 300에서 400배이므로 4mm 정도의 구멍이 보일 것이다.

IV. 허니콤 구조와 경시(經時) 변화

허니콤 구조의 공동 크기는 시간이 경과해도 변하지 않지만 '이렇게 배전했을 때 이런 허니콤 구조가 된다'라든지 시간이 경과하면 공동벽이나 섬유질의 형상이 변화하는 등 관찰해 보면 알 수 있는 것들이 있다.

그리고 배전의 정도, 뜨거운 물의 온도, 뜨거운 물과 가루의 접촉 시간에 따라서도 추출되는 성분은 달라진다. 성분은 같은 수치라 해도 물의 온도에 따라 맛이나 향기도 달라지기 때문에 이러한 상태가 되면 맛은 어떻게 될까와 같은 것을 염두에 둔다. 사이펀, 플란넬 드립, 페이퍼 드립, 에스프레소 등 각각의 추출법에 따라 적절한 배전, 분쇄법, 추출 시간 모든 것이 달라진다. 이러한 것들을 허니콤 구조를 관찰하면서 하나씩 음미해 가면 좋을 것이다.

V. 분쇄와 허니콤 구조의 관계

원두의 입자를 0.007mm, 즉 7㎛이라는 담배 연기와 같은 정도의 미세한 알갱이로 민들어 추출하면 어떻게 되는지를 실험해 본 적이 있다. 이렇게까지 미세하게 하면 인스턴트 커피와 같은 것이 되지 않을까라는 생각에서였다. 그런데 결과는 실패였다. 실제로 뜨거운 물을 부어보니 깊은 맛이 없고 물같은 맛으로 맛이 없었다.

생각해 보면 허니콤 구조의 구멍 크기는 0.01mm이면서 입자 크기는

0.07mm 라는 것은 공동벽이 하나도 없는 상태였다. 공동벽의 허니콤 구조가 제대로 되어 있지 않으면 맛있는 성분이 추출되지 않는다는 것을 알 수 있었다.

제2절
배전 · 추출과 향의 관계 : : : : : : : : : : : : : : : : : :

I. 커피의 향 센서

커피는 마실 때의 맛뿐만 아니라 독자적인 향도 큰 즐거움 중의 하나이다. 또한, 우리들은 향에 의해 앞으로 마실 커피의 맛을 예측하는 경우도 있다. 즉 향에 의해 커피에 대한 최초의 평가를 내리게 되는 것이다.

그래서 수정진동자를 사용한 '향 측정 시스템'을 만들어 배전 중이나 배전 후의 향의 변화, 그리고 보존 방법이나 추출법의 차이에 의한 향의 변화를 정량적으로 조사해 보았다.

II. 향 측정 시스템의 개발

향의 자동 측정을 하기 위해서 합성 이분자막을 접촉시킨 수정진동자와 발진 회로를 조합한 장치를 개발했다(그림 8-4).

합성 이분자막은 인간이 냄새를 맡는 기관에 있는 수용막(지질 이분자막)과 비슷한 구조를 갖고 있으며 향 분자가 흡착되는 구조로 되어 있다.

향 분자가 흡착하는 것에 의해 분자막의 질량이 변화하면 이에 접촉하고 있는 수정진동자의 주파수도 약간 변화한다. 이 주파수의 변동에 의해 향의 양도 측정할 수 있는 것이다.

센서로부터 얻은 출력은 주파수 카운터를 통해 GP-IB 인터페이스에 의해 컴퓨터로 입력되고 베이직(BASIC)으로 자작한 프로그램을 이용하여 필요한 처리를 행한다(그림 8-5).

[그림 8-4] 수정 진동자와 발진 회로

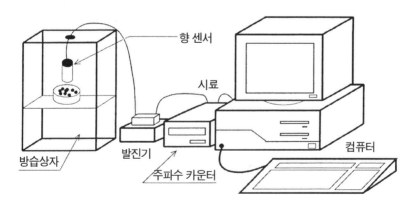

[그림 8-5] 향 측정 시스템 개념도

실험 개시 전에 분자막이 젖어있으면 흡착되어야 할 향 분자가 물에 녹아버려서 올바른 측정이 이루어지지 않기 때문에 사전에 건조제 등으로 센서를 말려둔다.

또한, 같은 이유로 추출액의 향을 측정하는 경우에는 액면에서 발생한 수증기가 직접 센서에 닿지 않도록 액을 넣은 용기의 바로 위에 센서를 놓지 않도록 주의했다.

[그림 8-6] 시중에서 판매하는 배전기

그리고 크랙에 의해 분자막에 흡착된 향 분자가 떨어져 주파수가 변동하는 것에도 주의가 필요하다.

III. 배전 효과와 향의 관계

시판의 배전기를 사용하여 콜롬비아 수프리모를 배전했다(그림 8-6).

또한, 이번에는 배전기에 예열을 하지 않고 내부가 실온일 때 생두를 투

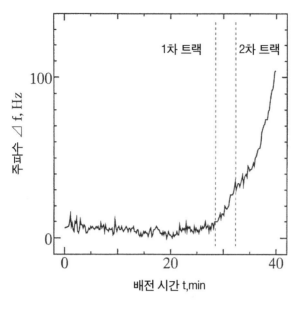

[그림 8-7] 배전 중의 향 변화

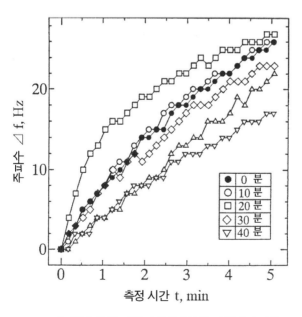

[그림 8-8] 각 배전단계에서의 향 발생량의 변화

입하고 점화해서 실험을 시작했다. 배전 정도는 RGB 휘도치의 측정에 의해 결정했다. 분쇄에는 전동 밀을 사용했다. 배전기를 큰 상자에 넣어 향이 달아나지 않도록 하고 이렇게 모은 향을 센서까지 유도시켜 그 배전 시점에서 향의 양적 변화를 측정했다(그림 8-7).

이 그림을 보면 28분경부터 주파수가 크게 변화하고 있다. 즉 이 시점부터 향 발생이 많아진다는 것을 알 수 있다.

또한, 연속 측정 외에 10분 간격으로 원두를 2g씩 꺼내서 밀폐 용기에 보관해 두었다가 나중에 각각의 콩에서 발생한 향을 시간의 경과와 함께 기록했다(그림 8-8).

RGB 휘도치도 함께 측정하여 원두 표면의 색 변화에도 주목했다(그림 8-9).

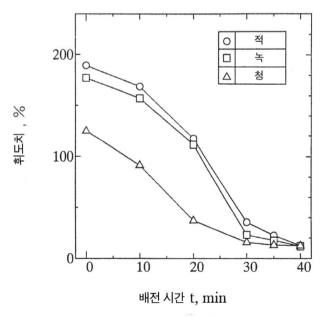

[그림 8-9] 배전시간과 희도취의 변화

그림 8-7에서 보이는 주파수의 변동이 커지기 시작한 시점은 1번째 크랙과 2번째 크랙 시점이라는 것을 알 수 있었다.

게다가 그림 8-8을 보면 20시점에 꺼낸 원두에서 향의 발생이 많았고 그림 8-9부터 RGB 휘도치의 변화를 감안하면 이 원두의 배전은 이 시점부터 배전 효과가 나타나고 있는 것으로 판단할 수 있다.

IV. 볶은 원두 가루와 향의 경시(經時) 변화

다음으로 같은 콩을 사용하여 풀시티로 배전한 원두 상태로 보관한 경우, 그 보존한 원두를 측정 직전에 분쇄한 가루와 배전 직후에 분쇄해서 보관해 놓은 가루, 각각의 향의 시간에 따른 변화를 조사했다.

또한, 원두와 가루는 밀폐 케이스 안에서 상온 보존했다. 그리고 분쇄는 전동 밀로 했고 향 측정은 분쇄로부터 3분 이내에 실시했다. 측정에 사용한 시료는 모두 1g이다.

측정 개시 직후 향이 올라오는 강도와 보존 일수와의 관계를 나타냈다.(그림 8-10).

이 그림에서 알 수 있듯이 분말 상태로 보존한 것(a)은 향이 나는 정도가 일수(日數)의 경과에 따라 감소하고 있다.

한편, 원두 상태로 보관하여 그 상태에서 측정한 것(b)과 분쇄해서 측정한 것(c)은 1~2일째에 한 번, 향의 양이 극소점을 나타냈으나 이후 일수의 경과에 따라 상승하는 경향을 나타냈다.

또한, 원두 상태로 보관하는 것보다 측정 직전에 분쇄한 쪽이 향의 강도가 높아진다. 즉 커피콩은 원두 상태로 보존하는 것이 가장 좋다는 사실을 알 수 있다.

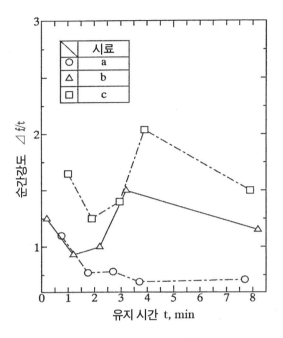

[그림 8-10] 볶은 원두의 보존 효과

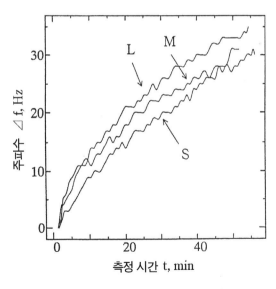

[그림 8-11] 입자별 향 측정

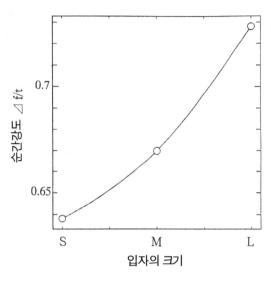

[그림 8-12] 입자별 향이 나는 강도

다음 그림은 분도(粉度)와 향의 양, 향의 강도의 관계를 나타냈다(그림 8-11)(그림 8-12).

원두는 배전으로부터 3일 경과한 것을 이용했다. 가루의 분도(粉度)는 분쇄한 원두를 체로 쳐서 결정했다. 가루의 직경에 따라 L: 1mm 이상, M: 0.5~1mm, S: 0.5mm 미만으로 했다.

그림 8-12와 같이 분도가 큰 쪽이 향의 강도가 크다는 것을 알 수 있었다.

V. 추출에 의한 향 효과

다음으로 추출액의 향을 측정해 보았다. 일정한 추출 상태를 얻기 위해 페이퍼 드립식의 시판되는 커피 메이커를 사용했다.

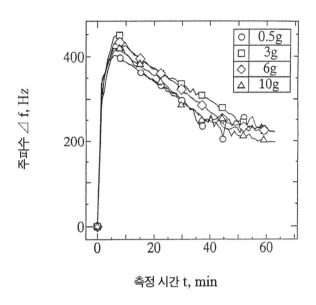

[그림 8-13] 농도와 향의 경시변화

단 커피의 농도를 바꾸기 위해 물 100cc당 가루 양을 0.5g, 3g, 6g, 10g 으로 각각 다른 양을 준비했다. 추출 시의 온도는 92℃이며 측정은 추출 액이 65℃가 된 뒤부터 실시했다. 가루의 양과 향의 양의 관계를 나타냈 다.(그림 8-13).

이 그림으로부터 가루의 양이 많아질수록 향의 변화가 커진다는 것을 알 수 있다.

또한, 이 그래프의 후반부의 기울기로부터 향이 사라지는 정도를 구할 수 있다. 향기가 사라지는 정도와 가루의 양과의 관계를 그림 8-14로 나타 냈다.

이 그림으로부터 커피는 가루의 양, 즉 커피가 진해질수록 향이 없어진 다는 것을 알 수 있다.

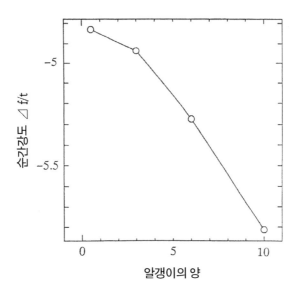

[그림 8-14] 농도에 따른 향의 변화

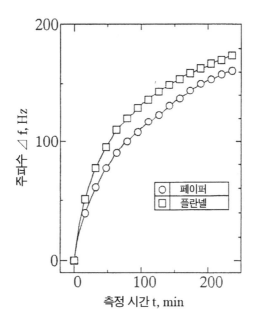

[그림 8-15] 필터에 의한 향의 변화

다음으로 추출 시 필터의 차이에 따른 추출액의 향의 양 비교를 나타냈다(그림 8-15).

이 그림을 보면 페이퍼 필터보다도 플란넬을 이용해 추출한 쪽이 향기가 강하다는 것을 알 수 있다.

제3절
배전의 과학 :

Ⅰ. 커피 원두는 어디부터 배전되는 걸까

배전은 커피의 맛과 향을 좌우하는 중요한 프로세스다. 배전 과정에 있어 조직 내부의 변화를 탐색함으로써 향이나 맛의 차에 대한 지식을 얻을 수 있을 것이다. 따라서 배전 과정의 커피 원두의 변화를 주목하여 실험을 시행했다.

Ⅱ. 실험 방법

이용한 생두는 과테말라 SHB 안티구아이며, 이 콩을 '깃사반'(가나자와시 민마에 있는 자가배전 전문점)의 마스터 하야시 히데유키의 협력으로 가스를 열원으로 한 배전기(럭키 3500g 직화식 로스터)에 약 1300g 투입하여 약 15분간 배전했다.

배전 중 표 8-1에 나타낸 시간에 콩을 소량씩 꺼내어 매크로(접사) 사진과 SEM(주사형 전자현미경)을 이용하여 관찰했다.

주목한 것은 원두의 표면과 센터컷을 가로지르는 방향(이하 횡단면으로 함), 그리고 센터컷을 따라 절단한 단면(이하 종단면으로 함)의 총 세 면이다. 관찰한 부위를 그림 8-16에 나타냈다.

시간(min)	상태
0	배전두(생두)
11	크랙 없음
12	1차 크랙 개시
13	---
13.5	---
14	---
15	배전 종료

[표 8-1] 배전두의 채취 시간과 상태

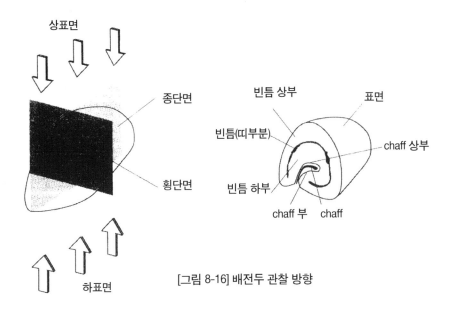

[그림 8-16] 배전두 관찰 방향

Ⅲ. 표면과 단면의 익는 방법

표 8-2는 배전 도중에 꺼낸 원두의 매크로 사진이다. 표면, 단면 둘 다 시간의 경과에 따라 짙은 갈색을 띠고 있다.

배전시간	상표면	하표면	횡단면	종단면
0분				
11분	(A)		(B)	(A)
12분			(C)	(C)
13분				
13.5분				
14분				
15분				

1cm

[표 8-2] 배전과정 중, 원두의 익은 정도

특히 그림 중앙의 화살표(A)가 가리키는 살짝 탄 부분을 중심으로 익히기가 진행된다. 이 장소는 곡률 반경이 작은 '모퉁이'이며 열이 집중되기 쉬운 부분이다. 이곳에서부터 익기 시작해서 전체적으로 퍼져 나간다고 볼 수 있다.

또한, 원두의 단면을 보면 크랙이 일어나는 12분경을 경계로 원두 내부의 익는 방식이 변화하고 있다는 것을 알 수 있다.

즉 배전을 개시하고부터 12분경까지는 화살표(A)에서 나타내는 점을 기점으로 배전이 진행되지만, 그 이후에는 화살표(B)가 가리키는 부분에서 발생한 작은 구멍이 화살표(C)가 나타내는 것처럼 커다란 구멍으로 성장하여 이후 원두 내부로부터 외부를 향해 익기가 진행되는 것이다.

IV. SEM 관찰에 의한 단면의 조직 관찰

다음으로 생두, 크랙이 일어날 때 쯤(12분경), 배전 종료 시의 각 단계의 원두의 단면을 SEM으로 관찰했다.

그 관찰 결과를 그림 8-17로 나타냈다.

(a) 생두

(b) 배전 12분 후

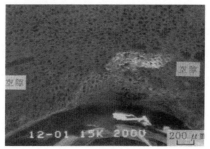
(c) 배전 종료 후

[그림 8-17] 각 배전 과정 시의 커피원두의 SEM 사진

이것을 보면 배전이 진행됨에 따라 단면에 작은 구멍이나 공간을 발생시킨다는 것을 알 수 있다.

이 공간은 크랙이 일어나는 12분경부터 발생하고 있으며 표 8-2(전항)의 화살표(C)가 가리키는 구멍과 같은 것으로 생각된다.

또한, 그림 8-17(b)을 보면 공간 주변에 무수한 구멍이 밀집해 있다는 것을 확인할 수 있었다. 한편, 표면이나 채프(Chaff) 방향에는 구멍의 밀집이 감소하고 있다.

그림 8-17(b)에서는 공간 부근 이외에는 구멍이 발생하지 않았는데 그림 8-17(c)의 중앙부에는 구멍이 발생하고 있다.

표 8-2의 관찰 결과와 조합해 보면 배전이 진행되면 우선 생두 단계에서 녹색으로 보이는 '띠 부분'에 작은 구멍이 생기기 시작하고 크랙이 일어날 때쯤 커다랗게 공간이 벌어진다. 그리고 그 공간 부근으로부터 원두 표면이나 채프(Chaff) 방향을 향해 배전이 진행된다고 볼 수 있다.

그림 8-17(b)에 보이는 공간 부근을 배전 후 15분 경과한 것을 확대해서 관찰한 것이 그림 8-1(142페이지)이다.

그림 8-1을 보면 조직은 이미 공동화하고 있으며 다른 부분에 비해 팽

창되어 있었다. 또한 화살표로 나타낸 부분에서 세포벽 파괴를 일으키고 있었다.

V. 질량 변화

다음으로 배전의 진행에 따라 발생하는 구멍이나 공간의 발생에 의해 생기는 원두의 질량 변화에 주목해 보자. 그림 8-18은 이러한 측정 결과다.

이 그림으로부터 12분경까지의 질량은 완만히 감소해 가지만 크랙이 일어날 때 쯤 감소 정도가 급격해지고 있다는 사실을 알 수 있다.

이 질량 감소는 콩에 원래 포함되어 있는 수성(水性)의 액체 성분이 열기에 의해 휘발되기 때문에 발생하는 것이다. 크랙에 의해 일어난 대규모 조직 파괴에 의해 성분의 발산이 큰 폭으로 증가하기 때문이라고 생각해 볼 수 있다. 따라서 배전이 진행됨에 따라 원두 표면에 배어 나오는 것은 휘발되기 어려운 유지 성분이다.

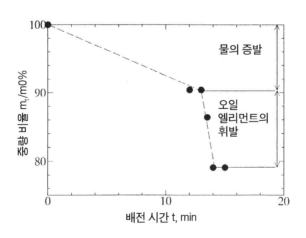

[그림 8-18] 커피 원두의 배전시간과 질량 변화

VI. 유지(油脂) 성분은 어떻게 나타나는가

배전 시간의 경과에 따라 원두 내부에 구멍이 많아진다(그림 8-17 참조).

앞에서도 이야기했지만 세포 내부에는 유지를 포함한 많은 성분이 존재하고 있고, 구멍의 발생에 따라 용출된 성분도 증가하게 된다.

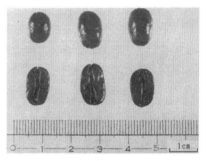

(a) 표면

배전 과정 중에 원두는 외부로부터 항상 열을 받기 때문에 각 성분은 용해·휘발되면서 서서히 표면으로 이동해 간다. 그러나 이들 성분이 과연 표면에만 존재하느냐는 의문이 떠오른다.

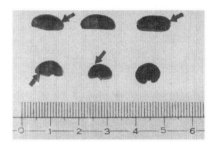

(b) 단면

그래서 실제로 배전 시간을 연장하여 유지 성분이 원두 표면에 나타나는 강배전 직전까지 배전을 시행하여 표면 및 단면을 관찰했다. 그림 8-19는 그 관찰 결과이다.

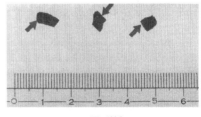

(c) 틈 내부

[그림 8-19] 강배전 직전까지 배전한 원두의 표면·절단면 관찰사진

우선 그림 8-19(a)의 표면을 살펴보면 유지 성분이 용출되어 있

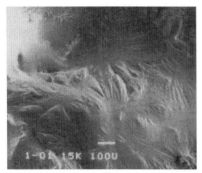

(a) 생두

(b) 배전 12분 경과 후

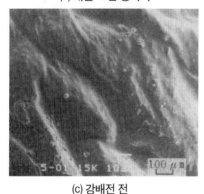

(c) 강배전 전

[그림 8-20] 채프의 조직변화

는 것을 알 수 있다. 다음으로 그림 8-19(b)의 단면을 보면 화살표로 표시된 공간 부근에서부터 유지 성분이 나타나 있다. 그리고 그림 8-19(c)의 공간 내부를 관찰해 보면 공간 내부에서는 화살표가 가리키는 부분에 유지 성분이 나타나 있었다(화살표 끝의 하얀 점).

VII. 유지 성분과 채프(Chaff)

통상 배전두 내부에는 채프가 존재하므로 배전 과정 중 채프의 조직에 대해서도 관찰해 보았다. 그림 8-20은 생두, 크랙이 일어날 때쯤(12분), 강배전 직전까지의 원두 내부에 존재하는 채프의 SEM 사진이다.

이것을 보면 크랙이 일어날 때쯤이면 그림 8-20(b)에 나타내는 것처럼 섬유상의 조직이 되어 있지만 강배전 전까지는 그림 8-20(c)에 나타내는 바와 같이 매끈매끈한 조직이 되어 있다.

이것은 배전 과정 중에 채프가 외부로부터의 열에 의해 익기 때문에 포함되어 있던 수분이 증발하여 일단 섬유상의 조직이 되지만, 원두 내부의 유지 성분이 휘발되면 채프에 이 성분이 물들어 그림 8-20(c)에 나타난 것처럼 매끈매끈한 조직이 된 것으로 보인다. 즉 세포 내부에 존재하는 유지 성분은 배전 시간의 경과에 따라 용출·휘발되어 표면에 나타나지만 '반응'이 끝나기 전에 배전을 중지하면 표면에 도달하지 못한 성분이 냉각되면서 액체로 원두 내부 및 채프에 잔존하는 것이다.

Ⅷ. 배전의 진행 과정

배전의 과정 방법을 정리하면 그림 8-21, 그림 8-22와 같이 된다.

우선 생두의 세포벽이 열을 받아 서서히 수성(水性) 성분이 증발되고 조직이 수축한다. 배전 시간이 경과함에 따라 열은 세포 내부에 도달하여 유지 성분이 용해되고 이윽고 기화하기 시작한다. 그 결과 세포는 일시적으로 팽창하고 세포벽의 수축과의 상승 효과로 조직 파괴가 일어난다.

이 현상은 열이 집중되기 쉬운 부분을 중심으로 일어나며 이윽고 매크로 사진에서도 관찰할 수 있을 정도로 공간이 생긴다. 이 공간에는 더욱 열이 집중되기 때문에 배전은 이 부분을 기점으로 원두 전체로 진행되며 조직도 팽창하게 된다.

이윽고 원두의 세포 대부분이 거의 동시에 파괴를 일으킨다. 이때 들리는 것이 기세 좋은 크랙 소리인 것이다.

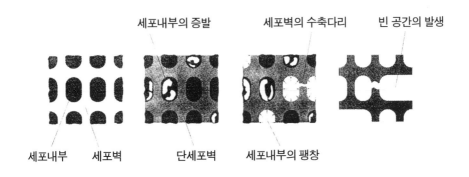

세포내부의 증발   세포벽의 수축다리   빈 공간의 발생

세포내부   세포벽   단세포벽   세포내부의 팽창

[그림 8-21] 틈 발생 원인

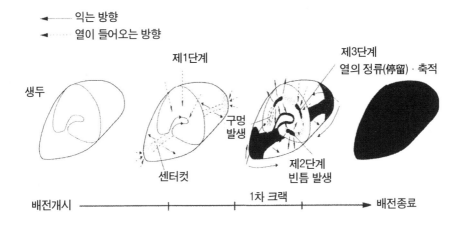

← 익는 방향
◄···· 열이 들어오는 방향

생두   제1단계   제3단계
열의 정류(停留)·축적

구멍
발생

센터컷   제2단계
빈틈 발생

배전개시 ———————————— 1차 크랙 ———————→ 배전종료

[그림 8-22] 커피 배전 과정 시 원두가 익는 방법

제4절
분쇄의 과학 :

Ⅰ. 밀(mill)과 커피가루의 형상 관계

도쿄 긴자에 있는 '카페 드 랑블'(CAFE DE L'MBRE')의 세키구치 이치로는 "자신의 오랜 경험으로 보면 밀의 형식 또는 분쇄법에 따라 커피의 맛이 확 바뀐다."라고 말하고 있다. 그리고 "HOBART의 날을 사용한 그래뉼레이터(granulator)를 이용하여 커피 원두를 분쇄하면 원두를 갈아 으깨는 것이 아닌 커트(cut)하는 것이기 때문에 미분도 거의 나오지 않고 증발도 마찰에 비해 적기 때문에 원두의 질도 변하지 않는다. 따라서 가장 맛있는 본래의 맛이 난다."라고 말하고 있다. 그리고 "일본에서도 이것에 가까운 분쇄법이 가능한 밀이 존재하는데 나가노 현 치노시의 이노우에 타다노부가 개발한 '리드밀'이 바로 그것이다."라고 한다.

바로 이노우에의 '리드밀'을 사용하여 원두를 분쇄해 그 가루를 전자현미경 등을 사용해서 관찰했다. 배전에는 이노우에가 개발한 직화식 배전기(원적외선 히터 포함)와 열풍식 배전기 2대를 이용했다(그림 8-23).

우선 직화식 배전기로 150℃ 이하에서 4분간 로스트했다. 이후 원두를 식히지 않고 연속해서 열풍식 배전기로 170~200℃에서 4분간 로스트했다. 이때 사용한 원두는 '모카 마타리'이며 배전도는 미디엄 로스트였다.

이노우에가 개발한 그래뉼레이터(그림 8-24)는 그림 8-25에서처럼 2단계 방식으로 되어 있다. 칼날은 2개가 한 세트인 롤(그림 8-26) 위에 각각 리드를 가진 나선형으로 형성되어 있으며, 그 사이로 원두가 들어오면 칼

[그림 8-23] 이노우에 씨가 개발한 배전기
(좌 : 열풍식, 우 : 직화식)

[그림 8-24] 이노우에 씨가 개발한
그래뉼레이터(granulator)

날이 각각 반대 방향으로 돌아가며 커트를 하는 구조이다.

또한, 채프 등은 송풍에 의해 제거되며 제2단계의 롤의 간격을 바꾸는 것만으로 입자 크기를 조절할 수 있다.

배전한 원두는 다음과 같이 분쇄하여 관찰했다.

① 제1단 커트 후의 가루(롤의 간격 2mm)

② 제2단 커트 후의 가루(1mm의 입자 크기가 목표)

③ 제2단 커트 후의 가루를 시판되는 커피밀(그림 8-27)에서 에스프 레소용으로 분쇄한 가루(0.3mm 입자 크기가 목표)

우선 직시 관찰에 의한 거시적 차이에 대해 살펴보자. 그림 8-28 a, b, c는 접사 렌즈를 이용해서 촬영한 사진으로 스케일의 최소 눈금은 1mm이다.

① 제1단 커트 후의 가루(그림 8-28a)에는 채프가 많이 혼입되어 있다. 또한, 작은 알갱이와 큰 알갱이가 혼재되어 있으며 큰 알갱이 중에는 지름이 약 5mm에 달하는 것도 있다.

② 제2단 커트 후의 가루(그림 8-28b)는 지름이 약 1mm에서 균일하게 분쇄되어 있었다. 또한, 제1단 커트 시에 생긴 미분은 가볍기 때문에 채프와 똑같이 송풍기에 의해 제거된다. 그 결과 알갱이만 다시 한 번 분쇄되는데 큰 알갱이를 약 1mm까지 커트해서 동일한 입자 형태의 질 좋은 커팅을 확인할 수 있다.

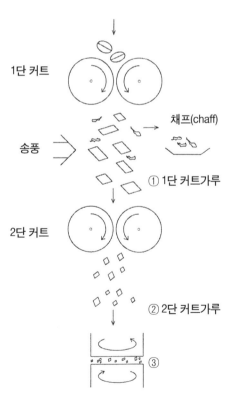

[그림 8-25] 그래뉼레이터의 구조

[그림 8-26] 2개 1세트인 롤

[그림 8-27] 시판되고 있는 커피밀

③ 에스프레소용의 가루(그림 8-28c)는 ①, ②에 비해 입자가 작다. 가장 큰 것도 0.3mm에 달하는 것은 없고 매우 미세하게 분쇄되어 크기가 제각각인 것 또한 적다. 게다가 0.1mm 이하의 초미분도 비교적 적고 에스프레소용의 알갱이 크기로 잘 컨트롤되어 있다.

a

b

c

[그림 8-28] 접사렌즈에 의한 매크로 사진

다음으로 가루의 파단면(파괴를 입어 노출된 면)의 주사형 전자현미경 사진(그림 8-29 a, b, c, 그림 8-30 a, b, c)를 살펴보자.

①의 가루(그림 8-29 a, 그림 8-30 a)는 많은 세포벽을 관찰할 수 있고 그 대부분은 타원형을 띠고 있다. 이들 세포벽에는 부착물이 없고 표면은 깨끗하다. 그러나 그중에 소성 변형(원래대로 되돌아가지 않는 변형)을 수반해서 형성되어 있는 표면도 찾아볼 수 있다.

이것은 제1단 커트가 강제적인 연성 파괴(고무 형태의 것을 늘려서 잘게 찢는 것 같은 파괴 형태)에 의한 커팅 구조라는 것

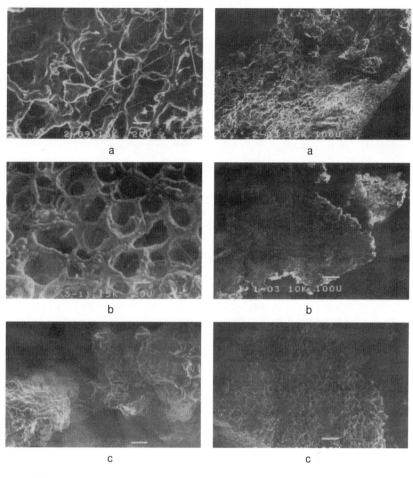

[그림 8-29] 주사형 전자현미경 사진(1)　　[그림 8-30] 주사형 전자현미경 사진(2)

을 시사하고 있다. 제1단 커트를 하는 경우 원두가 양측의 롤 사이에 끼인 상태로 반대 방향으로 힘이 작용하게 된다. 즉 원두는 센터컷 등의 부서지기 쉬운 부분에서 균열이 일어나기도 하지만 대부분의 균열은 힘이 가해지는 장소에서 발생한다고 볼 수 있다.(그림 8-31 참조)

여기에서 세포를 금속 등의 결정으로 치환해 보면 이러한 파괴 형태는 연성 파괴를 동반한 '입내(粒內) 파괴형'(균열이 결정 안으로 뻗어 있는 파괴 형태)이라는 것을 알 수 있다.

　②의 가루에서도(그림 8-29 b, 그림 8-30 b) 명확한 세포벽이 관찰되며 파단면은 비교적 요철이 크고 공동의 형태로 남아 있는 것이 다수 있었다. 환원하면 매우 작은 오목한 형태의 성상 표면을 가진 입방체에 가까운 가루라고 할 수 있다. 게다가 ②의 가루를 관찰해 보면 파단면에서는 세포벽 형상이 원형에 가깝고 그다지 변형되어 있지 않았다. 즉 이들 파괴 형태는 연성 변형을 동반하지 않은 채 세포벽을 따라 균열이 뻗어 있는 취성(脆性) 파괴(유리와 같은 깨지기 쉬운 것의 파괴 형태)로 보인다. 또한, 이 형태는 균열이 결정의 '가장자리'즉 결정립계(粒界)를 따라 진전되는 '입계(粒界) 파괴형'으로 볼 수 있다.

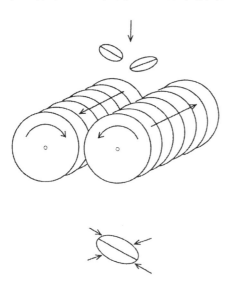

　또한, 파단부에서 많은 부착물이 관찰되었다. 이것은 제2단 커트 시에 형성된 초미세 가루가 부착된 것으로 볼 수 있다. 제1단 커트 시에도 같은 가루가 부착되어 있었지만 송풍에 의해 제거된 것으로 생각된다.

　제2단 커트 시에는 제1단 커트에서 한 번 분쇄되

[그림 8-31] 원두에 가해지는 힘

었기 때문에 칼날의 피치 사이에 들어가도 억지로 커트되는 것이 아니라 적당한 자유도가 있어 알갱이는 다소 회전이 가능하다. 따라서 강제적인 파괴뿐만 아니라 가장 부서지기 쉬운 부분부터 파단하기 시작한다는 사실도 간과할 수 없다.

또한, 제2단 커트에서는 미세한 결함이나 약해진 부분부터 파괴가 일어나기 때문에 작은 힘이라도 결함을 찾아가면서 파괴하는 '선행 균열 파괴형'의 유사 입자 파괴로 생각된다.

③의 에스프레소용의 가루는(그림 8-29 c, 그림 8-30 c) 매우 미세하게 분쇄되어 있다. 그중에서도 작은 100μm에도 미치지 못하는 알갱이를 관찰한 결과 거시적으로 관찰한 것과 거의 동일하게 다수의 부착물이 응집되어 튀어나온 형태의 다각추(多角錐)로 되어 있다는 것을 알 수 있었다. 이 물질은 ①과 ②에서는 찾아 볼 수 없기 때문에 분쇄 과정에서 형성된 것이 분명하다.

제5절
커피의 추출과학 :

맛있는 커피를 타기 위한 추출의 기본 요소로는 ① 배전 정도 ② 커피 가루의 분량 ③ 분쇄법/알갱이의 굵은 정도 ④ 수질 ⑤ 급탕량 ⑥ 추출 온도 ⑦ 추출 시간(a : 뜸들이는 시간, b : 급탕 시간) 등과 같은 기본 조건이 있다.

또한, 추출 시의 좋은 성분과 좋지않은 성분의 문제, 농도와 카페인 · 클로로겐산 · 산도의 문제, 농도와 농후감 · 쓴맛 · 떫은맛 · 신맛 등의 관련 문제를 생각해 볼 수 있다. 이러한 기본 요소의 고찰 외에 이번에는 특히 분쇄한 커피가루의 구조와 가루에 대한 뜨거운 물의 침투, 그리고 추출 시의 산화 문제, 플란넬과 페이퍼 필터에 의한 추출 차이에 대해 실험해 보았다.

Ⅰ. 실험에 있어서

사용한 생두는 콜롬비아 수프레모이며 배전은 자가배전점 '반'의 마스터 하야시 히데유키에게 부탁했다. 배전 정도에 따라 시나몬, 시티, 풀시티의 세 종류 배전을 해 주었다.

분쇄는 전동밀로 실시했다.

추출은 드립법으로 플란넬, 페이퍼 필터(카리타식), 금도금 필터로 실시했다.

사용한 가루의 양은 10g, 끓인 물의 주입량은 100cc로 통일했다.

액체의 성분을 분석하는 데 사용한 것은 고속 액체 크로마토그래피 (Chromatography)(시마다 제작소 제작 'LC-10' 시리즈)로 커피의 대표적인 미각 성분인 카페인, 클로로겐산, 커피산의 성분이 각각 어느 정도 포함되어 있는 지를 구했다.

색 분석으로는 휘도치의 측정을 실시했다. 휘도치는 추출액을 샤레(실험용 유리접시)에 넣어 바로 위에서 사진을 찍고 그 사진을 화상처리장치 (PIAS 제작 PISA-Ⅲ)로 분석을 실시해 구했다.

분쇄된 커피가루에 대해서는 추출 전과 추출 후의 상태를 전자현미경으로 관찰했다.

Ⅱ. 배전의 정도와 함유 성분량의 관계

배전 정도가 깊어질수록 카페인, 클로로겐산의 양이 증가하고 커피산은 감소한다.(그림 8-32)

Ⅲ. 침지 온도 및 침지 시간과 성분 추출량

침지 온도 및 침지 시간과 성분 추출량의 관계는 침지 온도가 높을수록 또한 침지 시간이 길수록 카페인, 클로로겐산의 추출량은 많아진다. 그러나 커피산은 침치 온도, 시간에 그다지 영향을 받지 않는다.(그림 8-33)

Ⅳ. 각종 필터의 주입 속도에 의한 성분 추출량의 차이

시티 로스트로 배전한 가루를 사용하여 페이퍼, 플란넬, 금도금과 같이 필터의 종류를 바꿔가며 주입 속도에 의해 어떻게 성분 함유량이 달라지는지를 측정해 보았다.

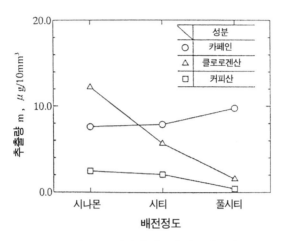

[그림 8-32] 배전의 정도와 함유성분량

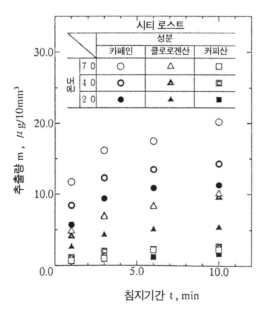

[그림 8-33] 침지온도 및 침지시간과 추출량

[표 8-3] 필터, 주입 속도에 따른 추출 차이

성분	추출 속도 (cc/sec)	필터		
		페이퍼	플란넬	금도금
카페인	0.5	7.4	10.3	5.0
	1.0	8.7	9.2	6.4
	5.0	1.8	3.0	4.7
	10.0	1.8	2.5	5.2
클로로겐산	0.5	2.8	3.7	1.8
	1.0	3.3	3.2	2.3
	5.0	0.7	1.1	1.7
	10.0	0.7	0.9	1.9
커피산	0.5	0.7	1.1	0.5
	1.0	0.9	0.9	0.6
	5.0	0.2	0.3	0.5
	10.0	0.2	0.3	0.5

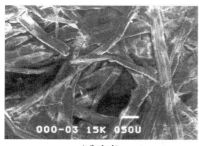
〈페이퍼〉

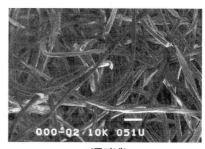
〈플란넬〉

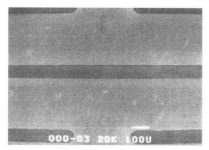
〈금도금〉

[그림 8-34] 전자현미경 사진

실험에서는 첫 번째 추출한 한 방울을 포함해서 30cc를 채집을 했을 때 성분 함유량을 측정했다(표 8-3).

그 결과는 플란넬 쪽이 페이퍼 필터, 금도금 필터에 비해 모든 성분 함유량이 많은 것으로 나타났다.

또한, 페이퍼 필터, 플란넬은 추출 속도를 늦추면 둘 다 성분 함유량에 변화를 보이지만 금도금 필터의 경우 추출 속도에 좌우되지 않고 거의 일정한 성분 함유량을 나타냈다.

각각의 필터를 전자현미경으로 보면 플란넬 쪽이 페이퍼 필터보다 단(短)섬유가 복잡하게 얽혀 있어서 빈틈이 적다. 또한, 금도금 필터에서는 100μm 간격의 관통 구멍이 규칙적으로 배열되어 있다(그림 8-34).

플란넬과 페이퍼 필터를 비교해 보면 플란넬 쪽이 입자가 큰 것까지 통과시켰고 기모를 안쪽으로 하는 것이 입자를 통과시키기 어렵다.

또한, 플란넬은 나쁜 성분을 흡착시키고 좋은 성분만을 통과시켜 깊이 있는 커피를 추출하는 커피 액과의 친화성(선택 흡착)이 강하다.

V. 추출 조건과 추출액의 휘도치(밝기)

'휘도치'라는 것은 추출액의 색을 빛의 3원색인 R(적), G(녹), B(청)으로 나눈 밝기이며 휘도치가 많은 곳을 백색에 가깝고 적은 곳은 흑색에 가깝다.

1) 가루 분량과 휘도치의 관계

시티 로스트로 배전한 커피 가루의 분량을 2g, 10g, 40g으로 바꿔가며 70℃에서 침지 시간과 휘도치와의 관계를 조사해 보았다(그림 8-35).

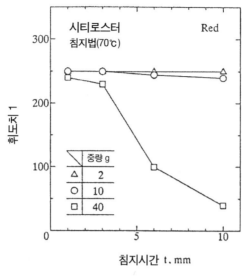

[그림 8-35] 침지시간과 휘도지

가루 분량이 많으면 3분 경과한 시점을 경계로 휘도치가 저하되고(어두운 색이 되어), 가루 분량이 적은 경우 휘도치는 시간 변화에 따른 변화가 거의 없었다.

2) 추출 조건과 성분의 변화

커피 액의 대표적 미각 성분인 카페인, 클로로겐산, 커피산의 성분이 추출 조건(뜸들이는 시간, 추출 속도, 가루의 굵기=가는 분쇄 · 중간 분쇄 · 굵은 분쇄, 배전 정도=라이트, 미디움, 풀시티)에서 어떻게 변화하는지 실험해 보았으나 이번에는 다루지 않겠다(그림 8-36).

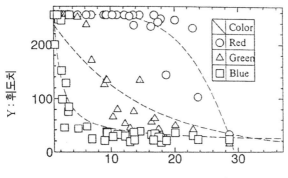

R 휘도치 : $Y = (-4.1 \times 10^{-4}) X^4 \times (2.6 \times 10^{-5}) X^3$
$\qquad + (7 \times 10^{-2}) X^2 - 0.3X + 255$
G 휘도치 : $Y = EXP(5.5 \text{-} 7X)$
B 휘도치 : $Y = 258^{-X} + 17.5$ $\qquad (0 < X < 36)$

[그림 8-36] 휘도치와 카페인 추출량

VI. 커피가루의 고찰

밀로 분쇄한 커피가루의 내부가 어떻게 되어 있는지 전자현미경으로 관찰해 보았다.

커피가루의 세포 표면에서는 몇 개의 작은 돌기물을 찾아볼 수 있다. 세포 내부를 확대해 보면 공동(空洞)과 육(肉, 세포)이 있는데 이 육을 확대해 보면 다시 공동과 육이 있는 것을 확인할 수 있다. 이를테면 허니콤 구조이다.

커피 성분은 이 공동의 벽과 육(세포)에 있으며 공동의 내부는 대부분을 CO_2(=산소탄소=탄산가스)가 차지하고 있다.

커피가루의 크기와 공동의 수

공동의 크기를 한 변 0.2mm로 가정하면 한 변이 1mm인 입방체 안에는 12,500개, 한 변이 0.25mm인 입방체 안에는 1,953개, 한 변이 0.05mm인 입방체 안에는 16개가 있는 것이 된다.

가루의 굵기가 작으면 공동의 수는 적고, 굵기가 크면 공동이 많다. 그리고 공동의 벽에 여러 양질 성분이 붙어 있는데 이것이 추출에 의해 용출 된다.

또한, 공동에는 미파괴 공동과 파괴 공동이 있는데 파괴 공동은 산화되기 쉽다.

Ⅶ. 추출 시의 가루와 뜨거운 물의 침투

추출할 때 뜸들이기의 필요성이 거론되는데 이것은 뜸을 들이는 것에 의해 가교액막이 생겨 성분이 달라붙기 쉽기 때문이다. 그리고 뜨거운 물을 주입하여 추출하는 것에 의해 커피 성분을 끌어내는 것이다.

추출 시 뜨거운 물 주입에 있어 뜨거운 물줄기의 굵기가 가늘면 뜨거운 물은 가루 내부로 침투한다. 반대로 물줄기가 굵으면 가루 표면에만 흘러 가루를 회전시켜 내부로의 침투가 적어진다. 게다가 가루를 분해해서 공동의 수를 적게 만들어 버린다.

주입 시 물줄기가 가늘면 공동 안에 침투할 뿐만 아니라 공동벽 성분을 끄집어내고 육(세포)의 부분에도 침투하여 세포 내 성분을 추출해낸다.

가루 표면 부분은 외기와의 접촉으로 산화한 부분이기 때문에 이 부분의 성분을 많이 추출하게 되는 굵은 물줄기는 좋지 않고 맛이 없는 성분을 많이 추출하게 함으로써 맛에 영향을 준다. 즉 추출 시 주입하는 물줄기의 굵기가 가늘면 가늘수록 좋은 성분을 추출하고 물줄기가 굵으면 좋지 않다.

Ⅷ. 배전과 그라인드와 산화의 문제

"커피는 배전 직후가 좋다.", "커피 가루는 막 분쇄한 것이 좋다."라고들 말하는데 양쪽 다 시간이 지나면 원두나 가루가 산화되므로 맛에 영향을 주기 때문이다.

다만, 배전의 경우 막 배전한 직후가 좋다는 것은 열풍식 로스터로 배전한 것으로 이것은 바로 가루로 해서 마셔도 좋지만, 직화식 로스터로 배전했을 때는 1~2일 그대로 두었다가 가루로 만들어 마시는 편이 좋다는 의미이다. 직화식에서는 원두의 공동 부분이나 세포에 연기가 스며들어 있기 때문에 이것을 충분히 뺀 다음에 가루로 만들어 마시는 편이 좋기 때문이다.

앞서 말한 대로 가루 내부에 파괴 공동이 많으면 산화되기 쉽고, 육(세포)의 공기 접촉 부분 또한 산화되기 쉬우므로 맛에 영향을 끼치게 된다.

이외에도 주입 시 물 온도, 물줄기의 굵기, 액의 양(가루의 양), 물줄기 높이, 낙하 속도, 압력을 가해서 주입하는 추출법 등 이와 같은 사항들이 공동벽과 육(세포)의 성분 추출 시에 어떤 관계가 있는지 실험·고찰해 보고 싶은 문제가 남아 있다.

이 책에서는 ① 가루의 세포 내부 구조와 성분이 어떻게 추출되는지 ② 뜨거운 물이 가루로 어떻게 침투되는지(뜸들이기와 추출, 물줄기 굵기와의 관계) ③ 원두와 가루의 산화 문제 ④ 필터(플란넬과 페이퍼 필터)와 커피와의 친화성에 대해 이제까지 실험·고찰되지 않은 것을 다루어 보았다.

제6절
엑기스 커피의 성분 분석 : : : : : : : : : : : : : : : : :

엑기스 커피란 커피 추출 시 최초의 진한 몇 방울을 말한다.

실험에 의하면 500g의 가루에서는 약 20cc가 추출된다. 이것을 커피 컵 1잔 분의 가루(12g)로 따져 보면 0.48cc가 되는데, 아주 적은 양만 얻을 수 있다는 것을 실감할 수 있다.

엑기스 커피는 농후함과 동시에 향기가 좋은 커피 액으로 입에 머금으면 걸쭉하지만, 끝 맛이 좋으며 깨끗이 사라진다. 이 엑기스의 매력을 최대한 끌어낸 커피야말로 '궁극의 커피'로 부르는 데 합당할 것이다.

향기, 맛 모두 최고로 불리는 커피 액의 정체는 아쉽게도 현재까지는 밝혀지지 않았다. 콩의 종류, 배전, 분쇄 등의 조건 모두가 '엑기스' 추출에 중요한 의미를 가지며, 이들 중 하나라도 소홀히 하면 '엑기스' 커피는 만들어낼 수 없다. 그만큼 섬세하고 풍부한 커피인 것이다.

그래서 고속 액체 크로마토그래피 분석을 통해 이 몇 방울밖에 채취할 수 없는 중요한 액의 정체를 조사해 보았다. 또한, 이 커피 액을 확실히 추출할 수 있는 방법을 제안도 해 보고 싶다.

I. 엑기스 커피의 성분

1) 실험 내용

그림 8-37과 같이 작게 파인 곳이 있는 아크릴 판을 드리퍼 아래로 평행
이동시켜서 추출된 커피 액을 극미량 채취한다. 성분 분석은 채취한 커피
액의 온도가 20℃가 되었을 때 실시했다. 이것은 액체의 온도 차이에 따
른 각 성분량 변화를 고찰했기 때문이다.

사용한 생두는 콜롬비아 수프레모이며 배전은 자가배전점 '반'의 마스
터 하야시 히데유키에게 부탁하여 3가지로 배전한 원두를 준비했다.

분쇄는 시판되는 전동밀을 이용하였고 커피 액의 추출에는 페이퍼 필
터를 이용했다. 가루 분량 12g에 대해 96℃ 이상의 물을 150cc 따르고 미
량씩 단속적(斷續的)으로 커피 액을 채취했다.

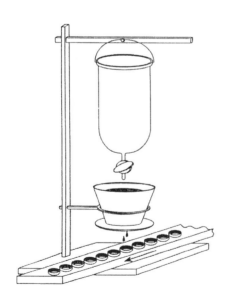

추출액의 성분 분석은 고속
액체 크로마토그래피(시마즈
제작소 'LC-10AD' 이하 동일)
장치를 이용하여 커피 액의 대
표적인 미각 성분인 카페인, 클
로로겐산, 커피산의 성분이 추
출액 안에 얼마나 포함되어 있
는 지를 조사했다.

실험은 뜸들이기 시간, 물의
온도, 가루의 굵기, 배전 정도
가 각각 추출량에 끼치는 영향
에 주목해서 실시했다.

[그림 8-37] 커피액 채취에 이용한 기구

2) 뜸들이기 시간과 성분의 변화

그림 8-38에 뜸들이기 시간이 추출된 성분에 끼치는 영향을 나타냈다. 뜸들이기 시간은 0, 30, 40, 50초간이며 배전 정도는 풀시티 로스트이다. 주입 속도는 1cc/sec로 10cc 주입한 뒤 위에서 설정한 '뜸들이기 시간'이 경과하면 추출용 뜨거운 물을 50cc 주입했다. 가루 내부에 물이 유지되는 시간을 일정하게 하기 위해 물이 통과한 뒤 40초간 기다렸다가 다음 주입을 행하는 것을 반복했다. 추출 조건은 표 8-4에 나타냈다(주입 속도, 가루의 굵기, 배전의 영향 실험 모두 표 8-4에 나타낸 추출 조건을 이용하고 있다).

그림 8-38(a~d)로부터 뜸들이기 시간에 '최적 시간'이 있다는 것을 알

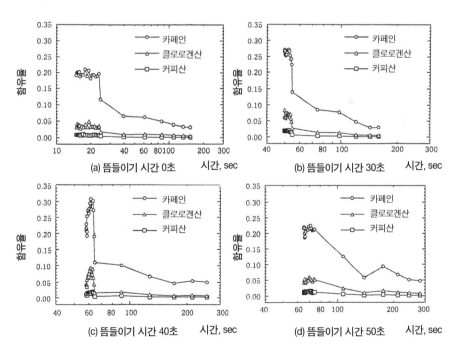

[그림 8-38] 뜸들이기 시간과 추출 성분 함유율

구분	경과 시간	주입량
추출 개시	0초	10cc 주입
	40초	50cc 주입
추출 종료	80초	50cc 주입
	120초	10cc 주입

[표 8-4] 커피액의 추출 조건

수 있다. 뜸들이기 시간이 30~40초간인 것이 이번에 주목하고 있는 성분이 비교적 잘 추출되어 있다. 즉 엑기스 커피 추출에 적합한 뜸들이기 시간은 30~40초간이라고 할 수 있다.

3) 주입 속도와 추출 성분의 변화

그림 8-39(a~c)에 주입 속도가 추출 성분에 끼치는 영향을 나타냈다. 주입 속도는 4, 2, 1cc/sec이다(중간 분쇄).

이에 의하면 1cc/sec가 어떤 성분이든지 잘 추출되어 있다는 것을 알 수 있다. 또한, 어떤 추출 속도라고 하더라도 최초의 한 방울의 성분 함유량이 가장 높고 이후 함유량이 일단 저하되고 다시 높아지는 경향을 보였다.

4) 가루의 입도와 추출 성분의 변화

그림 8-40(a~c)에 커피가루의 굵기와 추출 성분의 영향에 대해서 나타냈다. 풀시티의 배전두는 분쇄 후 채에 걸러서 0.5mm 미만을 가는 분쇄, 0.5~1.0mm를 중간 분쇄, 1.0mm가 넘는 것을 굵은 분쇄로 취급했다. 추출 초기에 주목해 보면 중간 분쇄의 것이 어떤 성분 함유량이든지 높다는 것을 알 수 있다.

5) 배전 정도와 추출 성분의 변화

그림 8-41(a~c)에 배전 정도의 영향을 나타냈다. 가루는 중간 분쇄를 했다. 카페인양은 풀시티, 미디엄, 라이트의 순서, 클로로겐산, 커피산은 라이트, 미디엄, 풀시티의 순서로 함유량이 높았다.

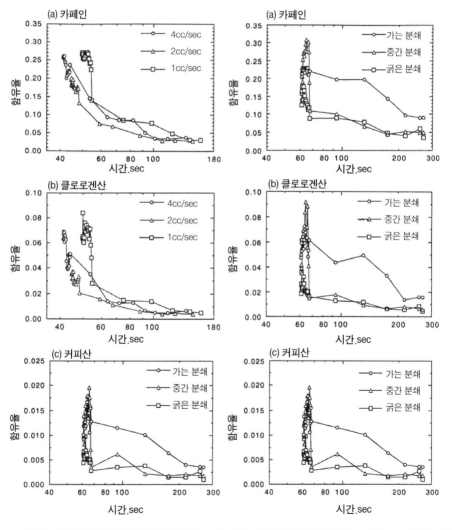

[그림 8-39] 주입속도와 추출성분 함유율   [그림 8-40] 커피가루의 알맹이 크기와 추출성분 함유율

참고를 위해 그림 8-42(a, b)에 추출 전후의 커피가루의 SEM(주사형 전자현미경) 사진을 나타냈다. 추출 전의 사진에서는 세포 표면에 몇 개의 작은 돌기물을 찾아 볼 수 있으나 추출 후의 사진에서는 세포 표면에 돌기물은 보이지 않고 높낮이 또한 완만해 지고 있다. 이는 뜨거운 물 주입에 의해 세포에 포함된 성분이 녹았다는 것을 증명하고 있다.

여기에서 그림 8-38~그림 8-41에 있어서의 추출 초기의 각 성분의 최고치에 주목해서 판단해 보면

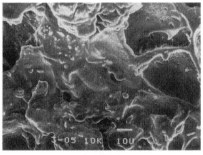

a. 추출 전

b. 추출 후

[그림 8-41] 배전정도와 추출성분 함유율

[그림 8-42] 커피 가루의 주사형 전자현미경 사진

카페인 0.25%, 클로로겐산 0.05%, 커피산 0.01% 이상의 함유율을 가진 커피가 '엑기스 커피'라고 정의할 수 있다.

II. 엑기스 커피 추출기의 제작

도쿄 긴자의 '카페 드 랑블'의 주인 세키구치 이치로로부터 본인이 개발한 기구로 엑기스 커피를 얻을 수 있다는 이야기를 들었다.

그때의 이야기를 참고로 엑기스 커피 추출기를 제작하여 바로 추출 실험을 해보았다. 그림 8-43에는 개략도를 나타냈다. 보는 바와 같이 시판되는 에스프레소 커피 메이커를 개조한 것이다. 하부 포트에 가압구를 설치하여 강제적으로 천천히 성분이 추출되도록 관상어용 컴프레서로 가압된 공기를 보낸다. 하부 포트는 워터 배스(bath)에 담궈서 내부의 액체 온도가 일정하게 유지될 수 있도록 고려하고 있다.

그림 8-44(a~f)에 이 추출기로부터 얻은 액체의 분석 결과를 나타냈다. 그림 중의 물결선은 앞에서 정의한 '엑기스 커피'라고 부를 수 있는 성분

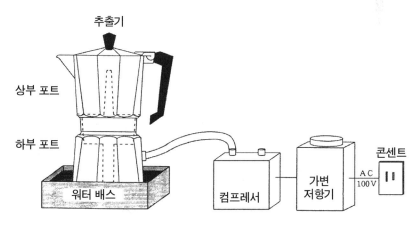

[그림 8-43] 엑기스 커피 추출기

함유율의 한계치이다.

이용한 생두는 콜롬비아 수프레모이며 배전 정도는 풀시티, 굵기는 가

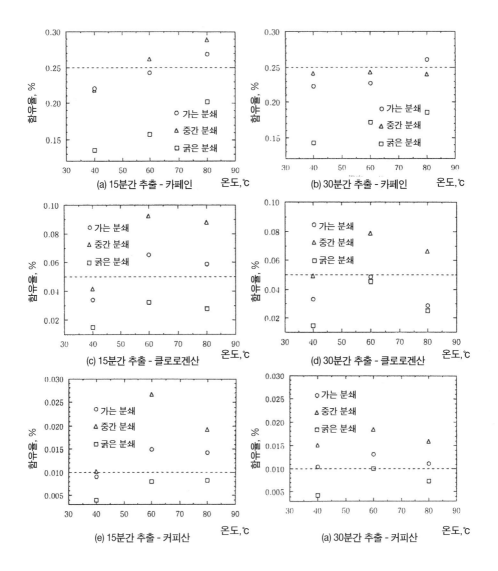

[그림 8-44] 추출온도와 각 성분 함유율

는 분쇄, 중간 분쇄, 굵은 분쇄의 3종류를 각 12g 준비해서 각각 40, 60, 80℃에서 약 30cc의 커피 액을 추출했다. 이때 하부 포트에는 150cc의 '뜨거운 물'이 주입되어 있었다. 또한, 성분 분석은 전회와 동일하게 커피 액의 온도가 20℃가 되었을 때 시행했다.

이 추출기에서 얻은 커피가 '엑기스 커피'라고 가정한다면 추출 온도 60℃, 추출 시간 15분에, 중간 분쇄가 가장 좋다고 판단할 수 있다.

이렇게 얻은 '엑기스 커피'를 시음해 보았다. 매우 농후하고 향이 좋은 커피 액으로 입에 머금으면 걸쭉하고 끝 맛이 좋으며 깨끗하게 사라졌다.

제7절
드립 커피와 사이펀 커피의 과학 ::::::::

I. 드립 커피의 과학

현재 다수 존재하는 커피 액 추출법에 있어 드립 커피 추출 방식(여과법)이 추출 기술의 기본이라는 것은 명백한 사실이다. 추출은 커피 생두를 배전함으로써 볶은 원두 안에 형성된 허니콤 구조로부터 능숙하게 커피 엑기스 성분을 뜨거운 물의 힘에 의해 녹여서 추출하는 것이다.

게다가 가능한 한 맛있는 성분만을 용출하고 불쾌한 맛으로 느껴지는 아린맛, 잡미같은 성분은 가루 안에 봉쇄한 채로 추출을 끝내는 것이다. 조금 더 깊이 생각해 보면 드립의 특색은 '뜸들이기'에 있다고 할 수 있다. 이 '뜸들이기'가 커피 맛을 좌우하는 중요한 요소라는 것에 주목하고 싶다.

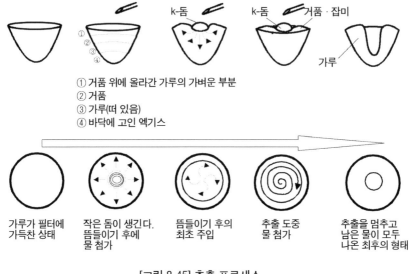

① 거품 위에 올라간 가루의 가벼운 부분
② 거품
③ 가루(떠 있음)
④ 바닥에 고인 엑기스

가루가 필터에 가득찬 상태

작은 돔이 생긴다.
뜸들이기 후에 물 첨가

뜸들이기 후의 최초 주입

추출 도중 물 첨가

추출을 멈추고 남은 물이 모두 나온 최후의 형태

[그림 8-45] 추출 프로세스

　핸드 드립에는 주로 페이퍼 필터와 플란넬 필터가 있는데, 둘 다 우선 필터에 커피가루를 담는다. 뜨거운 물을 부으면 가루가 뜸이 들면서 부풀어 오른다. 이때의 필터를 세로로 자른 단면도가 그림 8-45의 윗부분으로 대체로 4층으로 나뉜다. 바닥에 엑기스가 고이고 그 위에 가루 층이 떠 있다. 가루 위를 거품이 덮고 있으며 또 그 위를 가루의 가벼운 가스 같은 것이 덮고 있다. 이것을 위에서 보면 그림 8-45의 아래쪽 그림이 되는데 공기를 잎어놓은 것 같은 형태(돔)가 되거나 그 꼭대기나 중앙부에 작은 돔을 만들어 그 돔의 외측에서 외측으로 작은 원에서 큰 원을 그려가며 물을 주입하는 것으로 잡미(雜味)적인 부분을 위나 밖으로 밀어내는 작업이 가능하다.(그림 8-46) 또한, 이 거품은 커피를 맛없게 만드는 부분을 감싸주기 때문에 중심의 거품이 없어져서 가루가 보이기 시작할 때는 추

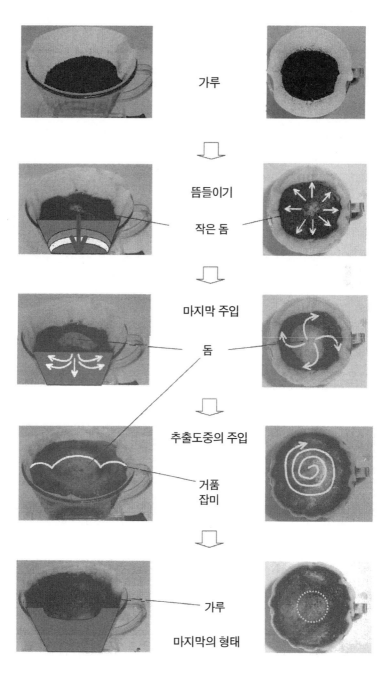

가루

뜸들이기

작은 돔

마지막 주입

돔

추출도중의 주입

거품
잡미

가루

마지막의 형태

[그림 8-46] 추출 프로세스

출 과잉이라고 볼 수 있다.(그림 8-47)

그럼 이 '뜸들이기'할 때 가루 안에서는 어떤 변화가 일어나는 걸까. 가루는 뜨거운 물에 의해 뜸이 들어서 부풀고 가루가 가진 허니콤 구조도 커진다. 허니콤 구조의 공동에는 가스가 있으며 뜨거운 물이 들어오면 가스는 밖으로 나와 풍만한 향이 나게 된다. 뜨거운 물은 공동의 벽에 부착되어 있던 성분을 녹이고, 공동의 형태를 만들고 있는 섬유질 부분 또한 부드럽게 풀어지며 섬유질 안에 포함되어 있는 성분도 녹아서 커피 엑기스로서 아래로 떨어지게 되는 것이다.(그림 8-48)

뜨거운 물의 주입 방법에 따라 성분이 나오는 정도가 달라 이에 따라 맛이 좌우된다. 그러므로 물의 온도나 주입 방법에 있어 각각의 명인들은 일가견이 있는 것이다. 뜸들이기에서 추출로 이행하는 타이밍은 뜸들이기 중인 커피로부터 달콤한 향이 피어오르는 때이며 이때가 물을 더하는 찬스라고 볼 수 있다.

드립에 이용되는 필터는 페이퍼와 플란넬이 대표적이다. 양자의 차이는 허니콤 구조의 공동이 뜨거운 물을 얼마만큼 흡수해서 확장하는 지의 여부이다. 양자의 보수력 차이라고도 볼 수 있다. 보수력(保水力)은 플란넬 쪽이 크다. 따라서 그림 8-49처럼 플란넬은 보수력이 있기 때문에 엑기스가 측면에서 나오는 경우가 적고 아랫부분에 고이는 양이 많아진다. 이에 비해 페이퍼의 경우 플란넬에 비해 뜨거운 물이 통과하기 쉽기 때문에 뜨거운 물은 상부에서도 페이퍼 밖으로 나오게 되므로 뜸이 플란넬에 비해 적어지는 것이다. 이것을 맛이라는 측면에서 보자면 플란넬은 깊이 있는 맛이 나고 페이퍼는 깔끔한 맛이 난다고 볼 수 있다.

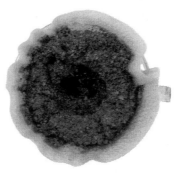

[그림 8-47] 추출 과잉

식물이 가지고 있는 식물섬유　　　기타 성분 잡미 향

커피 엑기스

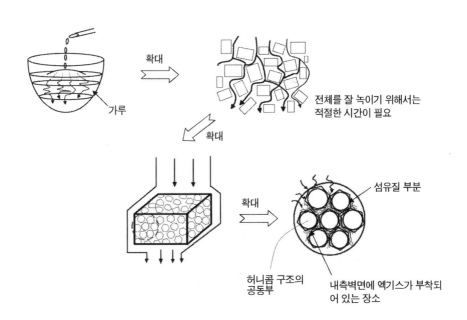

확대

전체를 잘 녹이기 위해서는
적절한 시간이 필요

가루

확대

확대

섬유질 부분

허니콤 구조의
공동부

내측벽면에 엑기스가 부착되
어 있는 장소

[그림 8-48] 추출과 허니콤 구조

페이퍼 드립은 페이퍼 필터와 드리퍼의 조합에 따라 달라지는데 드리퍼의 형태는 뜨거운 물이 떨어지는 속도, 즉 보수력과 관계가 있다. 바닥의 구멍이 1개든, 3개든 보수력과는 대부분 관계가 없고 드리퍼 내부에 부착된 '리브'라고 불리는 요철의 높이가 우선적으로 관여하는데 리브의 높이에 의해 생기는 페이퍼 필터와 드리퍼 간의 공간이 보수력을 결정한다(그림 8-50).

천 드립은 한 면이 플란넬, 한 면이 캔버스인 것을 본인의 취향에 맞는 크기의 원을 만든 뒤 선호하는 깊이의 플란넬 자루를 꿰매 붙인다. 크고 바닥이 얕으며 거친 것은 아메리칸 스타일에 적합하다. 작고 깊은 것은 생각 이상으로 쓴맛이 강한 진한 커피가 된다.(그림 8-51) 좀 더 자세히 말하자면 바깥 부분이 되는 기모 부분을 확대하면(그림 8-52) 커피 추출 전에는 기모 부분이 늘어나 있고 추출 시에 커피 액이 밖으로 나오면 잡미를 담아두려고 부풀게 된다.

새로운 하리오의 드리퍼는 그림 8-53과 같이 리브가 나선형으로 되어

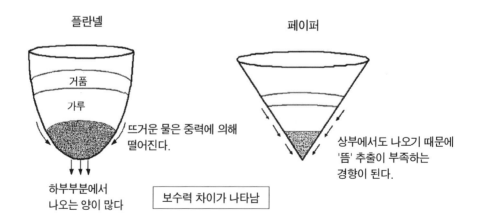

[그림 8-49] 플란넬 드립과 페이퍼 드립의 차이

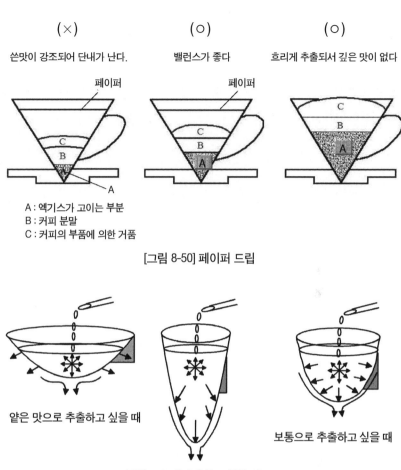

(×)	(○)	(○)
쓴맛이 강조되어 단내가 난다.	밸런스가 좋다	흐리게 추출되서 깊은 맛이 없다

페이퍼

페이퍼

A : 엑기스가 고이는 부분
B : 커피 분말
C : 커피의 부품에 의한 거품

[그림 8-50] 페이퍼 드립

얕은 맛으로 추출하고 싶을 때

보통으로 추출하고 싶을 때

진하고 쓰게 추출하고 싶을 때

각도에 따라 맛이 바뀐다.

[그림 8-51] 플란넬 드립

있다. 이 나선형의 리브가 페이퍼를 단단히 잡아 준다. 게다가 리브는 하부로 갈수록 굵고 높아져서 보수력을 높이고 플란넬의 이점에 가까워진다. 기존의 리브의 경우 페이퍼 상부에 그림 8-54와 같이 드리퍼와 페이퍼 사이에 공간이 생긴다. 나는 하리오의 신 드리퍼에서도 이 리브의 상부는

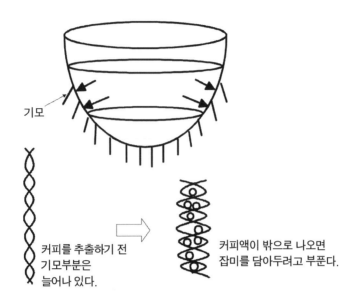

기모

커피를 추출하기 전
기모부분은
늘어나 있다.

커피액이 밖으로 나오면
잡미를 담아두려고 부푼다.

[그림 8-52] 플란넬의 기모

스파이럴은 장식이 아니라 페이퍼를 꽉 붙잡아 준다. 또한 하부로 갈 수
록 굵고 높아져서 엑기스 부분만을 추출하기 쉽다.

[그림 8-53] 스파이럴 드리퍼

오히려 필요하지 않다고 생각하지만, 어쨌든 이 드리퍼는 나로서는 특허 가치가 있다고 본다.

추출 엑기스 성분이 어느 정도 나오는지를 살펴보면 그림 8-39에서처럼 커피 맛을 정하는 성분이 처음의 1/2 지점에서 대부분 나와 있다. 이것을 '톱노트'라고 한다. 추출액을 머들러로 휘젓는 것은 이 때문이며 톱노트를 사치스럽게 시험해 보는 것도 추천하고 싶다.

마지막에 허니콤 구조와 톱노트를 머릿속에 새겨 넣고 의식하는 것으로 인해 추출 속도의 제어(콘트롤)와 외부로의 엑기스 유출을 제어(콘트롤)하는 기술을 몸에 익힐 수 있으며 재미있는 자신만의 맛있는 커피를 만들어 낼 수 있다. 커피 연구, 실험, 해명에도 드립법은 빼놓을 수 없는 것이다.

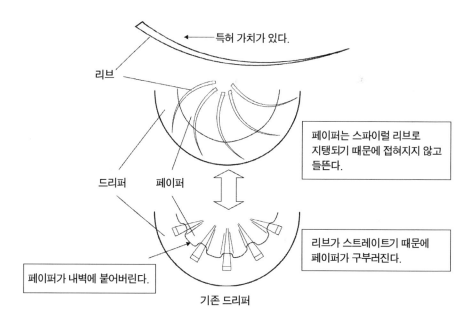

특허 가치가 있다.

리브

페이퍼는 스파이럴 리브로 지탱되기 때문에 접혀지지 않고 들뜬다.

드리퍼   페이퍼

리브가 스트레이트기 때문에 페이퍼가 구부러진다.

페이퍼가 내벽에 붙어버린다.

기존 드리퍼

[그림 8-54] 스파이럴 드리퍼와 기존 드리퍼

II. 사이펀 커피의 과학

사이펀 커피의 구조를 그림 8-55에 나타냈다.

버너를 점화하면 데워진 물이 커피가루가 담긴 플로트로 올라간다. 이 것을 10초간 대나무 스틱으로 뒤섞는 것이 추출의 시작이다. 이때 상부 플로트의 상태를 그림 8-56으로 나타냈다. 위에서부터 거품, 가루, 액체, 여과기의 순서가 된다. 이 거품 부분에 잡미, 아린맛, 불쾌한 맛 등의 성 분이 포함되어 있다. 커피를 여과할 때에 이들 성분을 아래로 떨어뜨리지 않도록 하는 것이 포인트다.

커피 맛을 충분히 추출하기 위해서는 상부 플로트 부분에서 대나무 스 틱을 이용하여 휘저은 뒤 1분(그림 8-57) 정도 둬서 가루에서 성분이 녹 아나온 뒤에 가능한 천천히 하단 플라스크로 떨어지도록 한다. 이런 경우

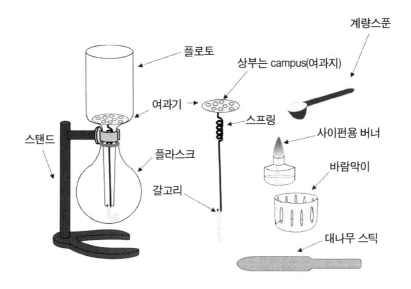

[그림 8-55]

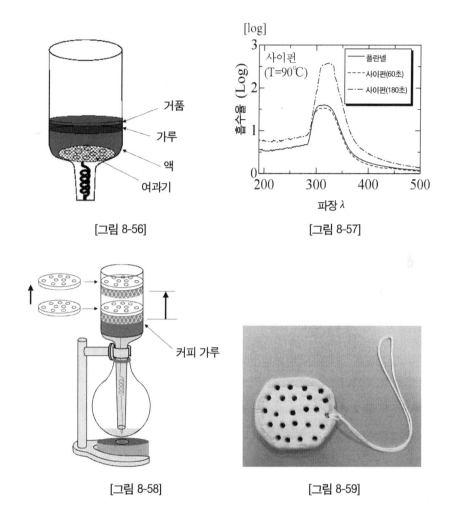

거품
가루
액
여과기

[그림 8-56]

[log]
사이펀
(T=90℃)

흡수율 (Log)

── 플란넬
---- 사이펀(60초)
-·-· 사이펀(180초)

파장 λ

[그림 8-57]

커피 가루

[그림 8-58]

[그림 8-59]

그림 8-58에 나타낸 커피 사이펀 용품을 이용하면 좋다.

플로트에 뜨거운 물이 올라갔을 때 커피가루가 가볍기 때문에 가루인 상태로 올라가 버리거나, 거품이 올라가서 뜨거운 물에 섞이기 때문에 대나무 스틱이 휘저어주기를 기다리게 되는데 이것은 좋은 방법은 아니다. 뜨거운 물이 올라왔을 때 가루가 뜸이 들면서 뜨거운 물과 만날 수는 없는지를 생각해서 나무를 이용하여 가루 위에 덮는 뚜껑처럼 놓을 수 있는 것을 생각했다.(그림 8-59) 그리고 이 나무에는 구멍을 뚫어서 거품이 위에 있을 수 있도록 고안했다. 이때 뜨거운 물의 온도가 중요하기 때문에 온도를 조절할 수 있는 제품을 사용하면 좋다. 열원은 하단 플라스크 바닥의 한 지점에 불꽃이 닿는 일점 집중방식이 가능한 것을 추천하고 싶다. 알코올 램프를 사용하면 불꽃이 하단 플라스크의 측면까지 골고루 퍼져 물 온도가 올라가기 전에 그대로 상부 플로트로 물이 올라간다(그림 8-60). 또한, 그림과 같이 상단의 플로트 안에서는 물이 부글부글 끓고 있는 것처럼 보이지만 실은 하단 플라스크의 팽창한 공기가 빠져나가고 있을 뿐으로 물 온도를 올리고 있는 것은 아니다. 그림 8-61은 최근의 웜히터를 나타냈지만 기존의 버너에도 좋은 것이 있다.

갑자기 열원을 제거하면 아래로 빠지는 압력이 너무 강해서 불쾌한 성분도 빠져나올 수 있다. 이것은 거품에 떫은맛이 포함되어 있기 때문에 이 거품을 도중에 여과기로 걸러내고 있는데 거품을 터뜨리는 힘이 가해

[그림 8-60]

온도 조절 가변 다이얼

[그림 8-61]

가루가 스크램블 됨으로써 가루에 원심력
이 작용해 성분이 밖으로 나온다.

[그림 8-62]

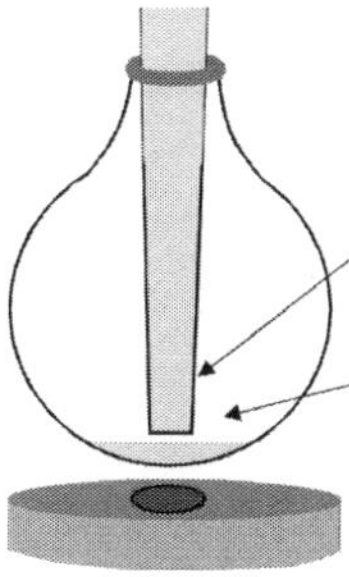

틈이 발생하고 있음

올라가지 못한 물

[그림 8-63]

지면 그 안에 포함되어 있는 떫은맛도 아래쪽의 플라스크로 떨어지기 쉽기 때문이다.

위로 올라온 뜨거운 물에서 가루를 가능한 스크램블 시키지 않는 것도 중요하다. 이것은 허니콤 구조의 섬유질 안에 포함되어 있는 불쾌한 맛을 나타내는 성분이 스크램블에 의해 가루에 원심력이 작용하여 이로 인해 불쾌한 맛 등의 성분이 커피 액 안에서 나오기 때문이다(그림 8-62).

사이펀으로 추출하는 데에는 약배전은 그다지 상성(相性)이 좋지 않다. 약배전은 배전 후의 부푼 정도가 어중간하기 때문에 허니콤 구조의 공동의 크기도 작고, 용해되는 성분도 맛까지 변화시키지는 못한다. 또한, 온도가 낮을 때는 성분이 용해되기 어렵다. 그러나 한편으로 추출 과다가 되면 불쾌한 맛 또한 많이 나온다.

강배전의 경우 허니콤 구조의 공동의 크기가 커져서 용해가 잘 이루어진다. 그러나 이 경우에도 조금만 추출이 과다하게 되면 불쾌한 맛이 나온다.

사이펀 커피에 깊은 맛을 느끼지 못하는 사람도 있다. 사이펀 커피의 약점은 맛이 연한 것이라고 볼 수 있다. 이것은 '뜸들이기'가 없다는 것과 그림 8-63과 같이 하단의 플라스크와 상단의 플로트의 흡입구에 틈이 생겨서 위로 올라가지 못한 뜨거운 물의 조금 남게 되고 이 투명한 물이 밑으로 내려온 커피를 흐리게 만든다.

가루의 입자에 대해서는 물론 미분은 좋지 않지만 거친 분쇄 또한 좋지 않다. 중간 분쇄 정도가 좋다.

각종 추출 기구에서 콜롬비아를 베이스로 한 블랜드를 사용하여 실험했을 때의 드립 및 사이펀에 의한 데이터는 아래의 표와 같다.

구분	가루 분쇄 정도	상성이 좋은 배전 정도	소요 시간	추출 시 온도	추출이 잘 이루어질 때의 특징	주의사항 기타
사이펀	중간 가는 분쇄	중배전 강배전 Full-city ~ French	상부 로트에 물이 올라오고 나서 1.5분 이내	80℃ ~ 90℃	부드럽고 둥근 불쾌한 맛이 없는 커피가 된다.	상부 플로트 내에서 가루를 지나치게 스크램블 시키지 않는다. 물이 통과하는 것을 제대로 관리·조절할 것
에스프레소	아주 가는 분쇄	강배전 French Italian	1잔 추출이 베스트 15~20초	95℃ ~ 98℃	맛이 확실하고 설탕·밀크에 뒤지지 않는 아린 맛이 없는 진한 엑기스을 추출할 수 있어서 어레인지 커피에 적합하다.	제대로 가루를 비스켓에 채운다. 엑기스 파트만을 추출했다면 즉시 그만둔다.

핸드 드립 (페이퍼)	중간 분쇄	중배전 ~강배전 all-round (기술이 필요)	2분~3분 30초	80℃ ~ 90℃	향이 좋고 질 높은 커 피를 추출할 수 있다. 온도 · 시간을 자유자 재로 조절할 수 있어 서 자신만의 맛있는 커피를 만들 수 있다.	잔수에 따라 드리퍼, 페이퍼를 준비한다. 비등한 포트와 드립 포트를 준비한다.
커피 메이커 (머신)	굵은 분쇄	약배전 Medium roast ~ City roast	1잔 분량 에 걸린 시간×잔 수=시간	90℃~ 95℃ 비등하지 않으면 상부로 물이 가지 않는다	약배전으로 향, 바디, 맛을 낼 수 있다.	6~10잔이 되면 시간이 너무 많이 걸리기 때문에 1~4잔용을 몇 대 준비하는 것이 편리

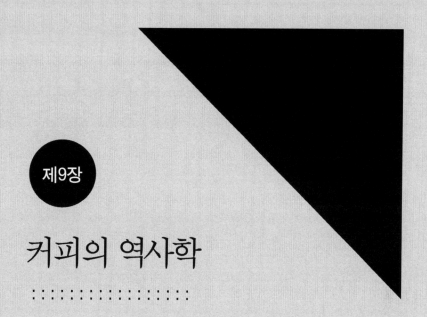

제9장

커피의 역사학

: : : : : : : : : : : : : : : : : :

제1절
세계의 커피 역사 :

Ⅰ. 터키 커피의 확립

1454년 셰이크 게마레딘이 성직자 이외의 일반 이슬람교도에게도 커피의 음용을 허락하자 눈 깜짝할 사이에 모카와 메카에 전해졌다. 이집트의 카이로, 시리아의 다마스쿠스에 1530년, 알레포에 1532년, 그리고 터키로 전달되어 1554년에는 콘스탄티노플(현재의 이스탄불)에 세계 최초로 노점이 아닌 본격적인 커피점 '카페 카네스'가 세워졌다.

터키에서 '카와'는 '카페'로 불리게 되었고 결국 유럽으로 전파되던 중에 현재의 카페나 커피라는 말의 어원이 되었다.

터키에서는 '체즈베(cezve)'로 불리는 긴 손잡이가 달린 국자 형태의 포트(냄비)로 시간을 들여 물로 끓여 우려낸 뒤 커피 찌꺼기도 같이 도기로 된 작은 그릇에 옮겨 가루가 바닥에 가라앉기를 기다린 다음 윗부분의 맑은 액체를 마시는 독특한 풍습을 만들어 냈다.

어떤 시기부터는 용연향이나 정향, 계수나무 등의 향료를 첨가해서 마시는 습관도 시작되었다. 설탕은 있었지만 이 무렵에는 커피에 이용하지 않았다. "1625년경부터 카이로의 커피점에서 설탕을 첨가한 커피가 있었다."라는 1639년에 저술된 독일의 식물학자 베슬링의 《견문록》이 설탕이 커피에 이용된 최초의 기록인데, 설탕이 일반적으로 이용된 것은 커피가 유럽에 전달된 훨씬 뒤의 일이다.

메카나 카이로에서는 커피에 정신을 잃도록 빠지는 것은 신앙을 모독

하는 것이라든가, 건강에 좋지 않다든가, 커피점에 사람들이 모이는 것은 풍속에 좋지 않으며 위험하다는 등의 이유로 커피 음용과 커피점에 대한 탄압도 있었으나 커피를 사랑하는 사람들로 인해 철회할 수밖에 없었다.

1587년 이슬람교의 지도자 아브달 카디가 쓴 《커피 사본》은 라제스나 아비센나 이후 아라비아에 전해진 커피의 내력, 효용, 그리고 메카의 커피 소동에 대한 전말도 수록하여 커피가 탄압받아야 할 이유가 없다는 근거를 제시하였으며, 현존하는 최고(最古)의 커피 책으로 현재 파리국립도서관에 수장되어 있다.

II. 서양으로의 전파와 진화

커피나무는 아라비아 밖으로 반출하는 것이 금지되어 있었으나, 1600년경 교단의 감시를 피해 인도에서 온 '바바부단'이라는 성지 순례자에 의해 반출되어 인도의 마이솔 부근에 심어졌으며, 이것이 세계로 생산국이 확대되는 계기가 되었다.

바바부단이 이식한 커피나무를 예전부터 커피 무역으로 돈을 벌려고 생각하고 있던 네덜란드가 알게 되면서 주목하게 되었다.

그 결과 네덜란드의 노력으로 커피는 1699년에 자바 일대에서 재배가 시작되었고, 이후 네덜란드는 전 세계 커피 무역 분야에서 한 걸음 앞서게 되었다.

자바의 커피나무는 곧 1706년 네덜란드 암스테르담의 식물원에 이식되었고, 1714년에는 친선 목적으로 프랑스의 루이 14세에게 헌정되어 파리 근교의 식물원 온실에서 엄중한 관리하에 재배 연구되었다. 이 파리의 커피나무가 이윽고 프랑스령인 버번 섬(현재 레위니옹 섬)과 서인도제도에 있는 마르티니크 섬에 전파되어 중남미 제국과 브라질로 퍼져 나갔다.

그 사이에 커피나무의 전파와 관련된 '가브리엘 드 크류'와 '프란시스코 드 메로 파리에타' 소령 등의 커피 로망스나 에피소드도 생겨났다.

한편, 유럽에 최초로 커피에 관한 것을 전한 것은 동방의 터키와 아라비아, 에티오피아 등을 여행한 유럽인들이 저술한 《견문록》이었다.

III. 서양의 커피 지식

최초에 커피에 대한 것을 서양에 전한 것은 1573년부터 시리아의 알레포에 체재하고 있던 '라우볼프'라는 독일 의사이다. 그는 처음 보는 커피에 흥미를 나타내 실제로 마셔보고 즐기게 되었고, 커피의 내력에 대해서도 조사하여 귀국 후인 1582년에 저술한 《시리아 여행기》에서 "터키 사람은 카붸라고 불리는 검고 뜨거운 음료를 도기 잔에 넣어 마신다."라고 적고 있다.

한편, 음료로서의 커피는 실제로는 갈색이나 호박색인데 검은색이라고 표현되는 경우가 많아 고개를 갸우뚱하게 하는데, 검은색이라는 표현 쪽이 보다 강한 인상을 남기기 때문일지도 모른다. 라우볼프뿐만 아니라 다른 견문록의 경우도 같다.

1592년에는 이집트를 방문하고 있었던 이탈리아인 의사 아르피니(1553~1617년)가 약용으로 커피 열매를 가지고 돌아가 《이집트의 식물》을 통해 커피나무 및 열매에 대해 소개하였고, 1598년에는 네덜란드인 파르다누스가 《린슈텐의 여행》을 통해 "이집트에서 '분'이나 '반'으로 불리는 열매가 맺히는 나무를 카이로에서도 볼 수 있다. 아라비아인이나 이집트인은 이 열매로 일종의 음료를 만드는데 우리들이 마시는 포도

주처럼 길가에서 이것을 판매하는 가게가 있다. …… 오리엔트에서는 그 음료는 마치 유럽인이 이용하는 것처럼 이용되고 효용 또한 믿고 있다." 라고 말하고 있다.

파루다누스는 터키 커피에 대해서도 기록했는데 "터키인은 그들이 '카 봐'라고 부르는 좋은 음료를 가지고 있는데 1.5파운드(1파운드는 453.6g) 의 그 열매를 불에 익힌 뒤 20파운드의 물에 넣어 절반이 될 때까지 맛을 우려냈는데 무척이나 뜨거웠다. 이 음료는 심신을 강하게 하고 판단력을 키워주는 위력이 있다고 그들은 믿고 있었다."라고 소개했다.

그 외 대표적인 견문록을 들어 보겠다.

1607년에는 여행자 사무엘 바체스(1527~1625년)가 인도양 위의 소코 라섬에서의 커피 음용에 대해 "그곳 최상의 환대는 도자기 잔에 담겨진 '코호(coho)'라는 검고 쓴 고온의 음료로 이것은 메카에서 가져 온 나무 의 열매로 만들어져 두뇌와 위에 좋은 것이다."라고 적고 있다.

1616년에는 여행가 에드워드 테리(1590~1660년)가 엄정한 종교를 받 들고 전혀 술을 마시지 않는 인도의 상류계급이 마시고 있는 커피에 대해 "그들이 커피라고 부르는 건전하고 기분 좋은 음료는 검은콩을 같은 색 이 될 때까지 우려낸 것으로 소화를 돕고 정신력을 높이며 피를 맑게 하 는 데에 매우 좋다."라고 적고 있다.

1627년에는 철학자 프랜시스 베이컨(1561~1626년)은 《숲의 수목》에 서 "터키인은 코파(coffa)라고 부르는 음료를 가지고 있는데 우리들의 술 집과 유사한 코파 하우스에서 마신다. 이 음료는 두뇌와 심장을 강하게 하고 소화를 돕는다……."라고 적고 있다.

1632년에는 해학가인 로버트 번즈(1577~1640년)가 터키인의 커피에 대해 "이 음료가 소화를 돕는 것뿐만 아니라 매우 효과가 빠른 최음제로 이용되기 때문이다……. (중략) 영국을 위시한 유럽은 음주에서 비롯된 우울증이나 알코올 중독이 문제라는 술집의 악폐를 열거하면서 터키의 커피 하우스는 훨씬 안전하다."라고 적었다.

1640년에는 식물학자인 존 파킨슨(1567~1650년)이 "이 음료는 많은 양약(良藥) 성질을 가지고 있기 때문에 위를 튼튼히 하고 소화와 함께 종기나 간장, 비장이 아플때 효능이 있으며 때로는 술과 함께 마시면 한층 더 좋다."라고 적고 있다.

IV. 유럽으로의 전파

1) 유럽 각국의 전파 연대

이상과 같은 견문록의 시대를 지나 17세기 중반에 드디어 커피 실물이 네덜란드 상인에 의해 운반되어 커피점도 생겨났다. 이것을 연대순으로 나열하면,

① 1640년 네덜란드 암스테르담
② 1645년 이탈리아 베네치아
③ 1650년 영국의 옥스퍼드, 런던에는 1652년
④ 1660년 프랑스 마르세유, 파리에는 1672년
⑤ 1679년 독일의 함부르크
⑥ 1694년 미국 뉴욕

이와 같이 커피는 유럽에 전파되었는데 여기에서 재미있는 일화가 있다.

그것은 커피가 로마에 전파된 지 얼마 지나지 않아 몇 명의 신부가 "커피는 이교도인 이슬람교도의 악마가 고안해 낸 음료이며 그리스도교인이 커피를 마신다는 것은 악마가 그리스도교인의 영혼을 빼앗기 위해 설치해둔 덫에 빠지는 것이다. 즉시 마시는 것을 금지해야만 한다."고 로마 교황 클레멘스 8세(1535~1605년)에게 호소했다.

그러나 호기심이 강한 교황은 악마의 음료에 흥미를 갖게 되어 조사하기 위해 가져오게 했는데 향기가 매우 기분 좋게 식욕을 돋게 했기 때문에 직접 커피를 마시고 싶어졌다. 그리고 커피를 마셔본 교황은 소리쳤다. "악마가 마시는 것이라고는 하나, 참으로 맛이 있도다. 이런 것을 이교도들에게만 독점시켜서는 아니 될 것이다. 이 음료에 세례를 주어 진정한 그리스도교인의 음료로 만들어 악마의 콧대를 꺾어주겠노라."

이것이 1605년 클레멘스 8세의 '커피 세례'라고 부르는 것으로 그때부터 그리스도 교도도 공공연히 커피를 마실 수 있게 되는 근거가 되었다.

한편, 유럽에 전파된 커피는 아라비아의 모카항에서 출하된 원두이며 기구나 마시는 방법도 터키식 커피였는데, 이것은 유럽인들에게도 바로 받아들여져 애음되었다. 그렇다고는 해도 당초에는 커피가 가지고 있는 약으로서의 효과가 받아들여진 것이었다.

2) 만병통치약으로 커피 판매

1652년에 파스카 로제가 런던에 낸 세계에서 가장 오래된 커피 선전 전단지 앞 부분에 "커피 음용의 효능"이라는 타이틀을 크게 달아서 커피가 얼마나 만병에 잘 듣는지를 강조하고 있다. 전단지의 마지막에는 "콘힐의 세인트 미카엘 사원 광장에서, 조정 판매를 하는 파스카 로제로부터.

경의를 표하며 이상"이라고 적혀 있다.

3) 런던의 커피

1660년경의 런던에서는 약재상에서 예맨산 모카커피 열매 1파운드가 3실링 정도에 팔리고 있었다. 프라이팬을 숯불 위에서 굴리면서 볶은 뒤에 절구로 빻은 가루를 촘촘한 한랭사로 된 체로 걸러 떨어진 것을 사용했다.

추출 방법은 약 1온스(28.35g)의 가루를 1쿼트(1135cc)의 물에 넣어 물의 양이 3분의 1이 될 때까지 끓인 것을 마시고 있었다.

이렇게 추출된 커피는 1잔당 10g의 가루를 가지고 90~100cc로 완성하는 현재 커피에 비해 약 절반 정도 연한 커피였다.

4) 술의 부작용을 방지하는 커피

커피가 약의 효용 외에 한 가지 더 주목받은 이유가 있었다. 유럽의 각국에서는 어느 나라든지 술로 말미암은 부작용이 심각했기 때문에 그 대체품으로 커피가 주목을 받게 되었다.

영국에서 발행된 전단에는 "이전 하인이나 사무원 등은 아침에 음료로 맥주나 와인을 마셨기 때문에 머리가 멍해져서 일을 할 수 없는 경우가 많았는데 최근에는 커피라고 하는 머리가 상쾌해지는 음료를 마시면서 좋은 동료들과 어울리게 되었기 때문에 상태는 완전히 개선되었다."라고 쓰여 있었다.

이상과 같이 유럽에서의 커피는 검고, 뜨겁고, 쓴 유례없는 이교도의 음료로써 흥미와 신경이나 순환기계에 좋다는 약효, 그리고 와인이나 맥주를 대체할 좋은 음료로 받아들여졌다.

5) 유럽 커피의 확립

터키 커피를 컵으로 옮길 때 커피가루가 혼입되는 것을 방지하기 위한 방법이나 액체를 탁하지 않게 하는 방법 등이 네덜란드·영국·프랑스 등에서 고안되어 이 방법들과 함께 포트나 컵 등의 그릇에 대한 고안도 1800년경까지 서서히 진행되었다.

1760년경에는 이제까지의 터키식 침지법과는 달리, 가루에 뜨거운 물을 부어 여과하는 투과법이 시도되었으며, 이것이 현재 일반적으로 사용되고 있는 드립 커피의 기초가 되었다.

이러한 개량이 각각의 국가에서 행해진 끝에 사이펀, 퍼컬레이터, 에스프레소, 드립 등의 각종 추출 방법과 국민성과 기후 풍토의 차이에 따른 커피콩의 배전 정도가 확립되었다.

영국은 서유럽 중에서는 역사적으로 약배전 경향에 가까운데 이것은 한때 홍차가 중시되어 연한 맛을 선호했기 때문으로 생각되며(무엇보다 최근에는 에스프레소 붐에 의해 강배전 커피점도 늘고 있다), 미국은 영국에서 독립했기 때문에 그 영향으로 수입되는 커피콩도 한정되어 있어 커피량을 줄이지 않기 위해 약배전으로 마시는 습관이 중시되어 일반적으로 연한 커피를 큰 컵으로 마시게 되었다고 한다.

미국에서 처음 음용된 커피는 현재의 1/3~1/4 정도 연한 색의 커피였던 것 같다(너무나도 연한 맛과 향기 없는 커피에 대한 반동인지 스타벅스를 위시한 강배전 커피점이 늘어났고, 한편 이탈리아계 등 유럽으로부터의 이민이 많은 지역에서는 처음부터 강배전이었던 것 같다).

프랑스에서는 원두의 배전도가 강하고 아프리카산 로부스타 종두를 대량으로 사용해서 강하게 배전하기 때문에 맛이 진하고 쓴맛이 강한 커피를 주로 마시고 있다. 배전이 조금 약한 북유럽 제국을 제외한 기타 유럽의 커피 또한 프랑스나 이탈리아의 영향으로 대체로 진하고 쓴 커피가 주류를 이룬다.

이탈리아에서는 온난한 풍토와 쾌활한 국민성 때문인지 순간적인 증기압으로 추출하는 에스프레소라고 불리는 커피를 쭉 한 잔 마시고 외출하는 습관이 널리 퍼졌다.

현재에는 커피의 맛이 보다 세련되어져 전 세계에서 음용되고 있다.

제2절
일본의 커피 역사 :

I. 커피 전래와 쇄국 정책

일본에 커피가 전래된 것은 나가사키의 데지마에 네덜란드인이 가져와서 식용했던 것이 최초로 1700년 전후의 에도 시대 무렵이다.

그러나 이후 150년간, 즉 1854년에 외국과의 개국이 이루어져 문명개화가 시작되기 전까지 커피를 마신 일본인은 데지마의 출입이 허락된 통역관, 유녀, 관리, 상인 등 극히 일부로 그중에서도 데지마의 네덜란드인의 사생활에 깊숙이 들어가 평소 생활을 함께했던 유녀들만이 일상적으로 커피를 마신 것으로 추정된다.

문헌에 기록된 것을 보면 처음에는 커피라는 문자는 없었고 비슷한 것으로 추정되는 것은 1684년의 《환산염문(丸山艶文)》 중에 〈고로(皐蘆)〉와 1724년의 《화란문답(和蘭問答)》 중에 〈당차(唐茶)〉인데 커피에 해당할지도 모른다는 정도이며, 커피 그 자체를 다룬 것은 1782년 나가사키의 난학자 시즈키 타다오가 《만국관규(万国管窺)》에서 "네덜란드에서 항상 마시는 커피라고 부르는 것은 콩과 형태는 비슷하지만 실은 나무 열매이다."라고 적은 것이 최초이다.

유럽의 경우 커피가 들어와서 2~3년, 늦어도 10년 안에 커피점(찻집)이 생겼다. 이에 비해 일본은 크게 사정이 달랐다.

왜 그런지 생각해 보면 크게 세 가지 이유를 들 수 있다.

첫 번째는 커피의 맛이나 향에 일본인의 미각과 후각이 익숙하지 않았던 것이다. 에도 시대 후기의 극작가로서 유명한 오타 난뽀(호 쇼쿠산진)는 1804년 나가사키 부교쇼에서 근무했던 시절 일지를 통해 "서양선에서 '카뷔'라고 부르는 것을 권한다. 콩을 검게 볶아서 가루로 만든 뒤 설탕을 넣은 것으로 단내가 나고 맛이 없다."라고 적혀 있다.

최초에 네덜란드인이 가져온 커피는 터키 커피였지만 이미 그 당시의 것은 서양식으로 개량된 추출액이 탁하지 않은 맑은 액체였기 때문에 그다지 맛이 없었다고는 볼 수 없다. 그러나 이전 네덜란드 선교사가 저서 《일본지》에 "아무튼 일본인과 서양인의 의식 습관이 완전히 반대인 것은 믿을 수 없을 정도이다. 후각의 경우 우리들이 향기롭다고 느끼는 것을 그들은 악취라고 생각하고, 미각의 경우 맛이 좋고 진귀한 것도 구역질하며 뱉어버리는 경우도 있다."라고 기록하고 있으므로 당시의 문화인인 쇼쿠산진이 이상하게 느낀 것도 수긍이 간다.

덧붙여 쇼쿠산진이 기록한 문장이 일본인으로서 최초로 커피 맛에 대해 기록한 것이다. 간단히 말하면,

첫째, 육식 중심인 아라비아나 유럽인의 커피는 쌀과 생선, 채소 중심인 일본인에게는 맞지 않았을 것이다.

둘째, 쇄국정책의 영향으로 커피가 들어오기 이전인 16세기 후반까지 포르투칼인과 스페인인이 통상으로 와 있을 무렵 그들이 남방에서 가져온 담배나 비스킷, 카스텔라 등은 처음에는 일본인의 입에 맞지 않았으나 이후 도입되어 소비하고 있다. 그러나 이와 달리 커피는 마시지 않았다. 이것은 커피 자체가 일본인에게 판매하려는 물품이 아닌데다가 네덜란드인 거주지가 나가사키 데지마에 한정되어 있었기 때문에 일본인들과 자유롭게 접촉할 수 없어서 커피를 선보일 기회도 적었고 커피 맛을 알게 된 일본인이 적었기 때문이 아닐까 생각한다.

셋째, 일본에는 이미 비슷한 기호음료로 녹차가 있었고 일상적으로 마시고 있었기 때문에 구태여 커피를 마실 필요가 없었다.

한편, 음용에 비해 커피에 대한 지식은 난학자가 번역한 책이나 기록한 책 등을 보면 실로 상세하고 정확한 지식을 가지고 있었던 것을 알 수 있다. 이는 8대 장군 요시무네가 1720년에 실용에 도움이 되는 학문을 장려하여 산업 진흥과 생산 증강을 꾀하기 위해 그리스도교 관계 이외의 양서 수입을 허가했기 때문으로 네덜란드인을 통해서 얻은 지식과 기술, 문헌 등이 일본에 큰 영향을 주었다.

커피에 대해 기록한 책을 예로 들어보면, 1783년의 《홍모본초(赤毛本草)》(하야시 란엔 지음), 1788년의 《난설변감(蘭説弁憾)》(오즈키 겐타쿠 지음), 1797년의 《나가사키 견문록》(히로카와 가이 지음) 등이 있

다. 특히 1811년의 《후생신편(厚生新編)》(오즈키 겐타쿠 외 편역)에는 자세히 적혀 있다. 이 책은 프랑스인 노엘 초멜이 지은 《가정백과사전》(1743년 발행)의 네덜란드어 번역본을 일본어로 번역한 전 70권의 크고 두꺼운 책으로 천문·지리·물리·화학·박물학·의학·약학에서 농공에에 달하는 377 항목이 수록되어 있는데, 그 중 '커피' 항목이 있어 커피의 개요·역사·제조법·음용법을 1만 단어 이상 기술하고 있다. 이것을 읽어보면 현재의 지식과 거의 차이가 없다는 것을 알 수 있다.

II. 문명개화와 커피

일본인이 커피를 마시게 된 것은 1854년 개국이 이루어져 외국인과의 교류가 일상화되고 서양의 식생활에도 익숙해졌기 때문이다.

오랜 기간의 쇄국정책도 개국을 요구하는 외국의 요구로 풀려, 나가사키·고베·요코하마·하코다테 등에 외국인 거류지가 만들어졌다. 그리고 거류자가 많아짐에 따라 그들을 위한 외국인 상인(상사)을 통해 커피 콩도 반입되었고, 그들과 접촉할 기회가 늘어난 사람들이 그들의 접대로 양식을 같이 먹으면서 커피를 마시는 것에 대한 저항이 적어졌다.

메이지 초기에는 외국인을 대상으로 하는 호텔이 쓰키지나 요코하마에 세워졌고, 이 호텔의 커피는 미국식 대량 추출법인 커피 언(coffee urn)으로 만들어진 것으로 점차 이 커피를 일본인들이 마시게 되는 기회가 늘어났다.

이 무렵 커피 맛에 대해 기술한 것으로 시부사와 에이이치의 기록이 있다. 1867년에 나폴레옹 3세가 파리에서 만국박람회를 개최했을 때 도쿠가와 15대 장군 요시노부도 초대를 받았는데, 요시노부의 남동생 아키타

케가 형을 대신해서 파리에 갔다. 에이이치도 '육군 부조역'의 자격으로 수행하여 1867년 2월 15일의 '항해일지'에 "식후 카헤라는 콩을 볶은 탕이 나왔다. 설탕, 우유를 넣어서 마신다. 꽤 가슴이 상쾌하다."라고 적고 있다.

여기에서는 이미 '단내가 나고 맛이 없다'는 거부 반응이 아닌 서양인과 교제해야만 하는 입장과 필요에서 커피를 마시는 것을 받아들이려고 하는 자세가 보이며, 커피에 익숙해 짐에 따라 마신 뒤의 산뜻한 맛을 느끼는 일부 사람들이 생겨났다는 것을 가리키고 있다.

이러한 사절과 시찰, 유학 목적으로 유럽이나 미국 등으로 나가서 그 나라의 식생활 가운데 커피 음용 습관을 몸에 익힌 사람도 늘었지만 일반 사람들은 아주 천천히 커피를 받아들이게 되었다. 이것은 일본의 생활 중에 조금씩 외국의 식생활이 들어오고 그에 따라 커피도 마셔볼까라는 기운이 나타났기 때문으로 이렇게 되기까지는 19세기 초까지 시간이 걸렸다.

이것은 커피 원두의 수입량 추이를 봐도 확실히 알 수 있다. 수입 금액으로 보면 1870년경 수입량은 40~45톤이었지만 1890년에도 같은 정도이며 1900~1910년대에는 80톤 전후로 2배가 되지는 못하고 있다. 수입 커피명으로는 모카, 자바, 하와이 등의 이름을 찾아볼 수 있다.

이러한 점에서 메이지 시대의 맛에 관한 기술은 거의 존재하지 않는다. 오히려 일반인이 마시고 있던 것은 1870년에 우마회사가 쇠고기나 우유, 버터의 보급 선전을 목적으로 만든 《육식의 설說》(후쿠자와 유키치의 저작이라고 함)에 "우유(서양명 밀크)는 소젖을 짜서 그 상태 그대로 마신다. 익숙하지 않은 사람은 차, 커피(차의 종류)를 끓여서 혼합해서 마시면 맛이 좋고 향기가 좋은……"과 같이 우유에 커피를 넣어서 마시는 것이었을지도 모른다. 이 방법은 일본의 독자적인 방법으로 이러한 착상 덕분에 이제까지 전혀 마시지 않던 우유도 보급되었고 커피의 향이나 맛에도 어느새 익숙해지게 되었다.

물리학자이며 명수필가인 데라다 토라히코는 《커피 철학 서설》에서 "처음 마신 우유는 역시 마시기 쉽지 않은 '약'과 같았다. 따라서 먹기 쉽게 하기 위해 의사는 이것에 소량의 커피를 배합하는 것을 잊지 않았다. 가루로 만든 커피를 희게 바랜 무명 주머니에 한 줌도 채 안 되게 넣은 것을 뜨거운 우유 속에 넣어서 한방 감기약처럼 달여 낸다. 어쨌거나 태어나서 처음으로 마셔본 커피의 향미는 시골 소년인 나의 마음을 매혹시켰다. 모든 이국적인 것에 동경을 가지고 있던 어린이의 마음에 이 남양적·서양적인 향기는 미지의 극락 향으로부터 먼바다를 건너온 한 줄기 훈풍처럼 느껴졌다."라고 1880년 무렵의 추억을 적고 있다.

한 가지 더 일반 사람들이 커피 맛에 접하게 된 것으로 '커피당'이 있는데 메이지 문학 및 문화 연구를 했던 기무라 키(木村毅)는 "지금도 잊을 수 없는 것은 커피당이다. 집게손가락과 엄지손가락 끝을 모아서 동그랗게 한 정도의 크기로 새하얀 설탕을 둥글게 굳힌 것으로 뜨거운 물에 넣고 저으면 한 잔의 커피가 된다. 어느 날 뜨거운 물을 넣지 않고 바로 베어 먹어 보니 안에서 갈색 가루가 나왔다. 어린 마음에도 그 향기가 일본의 것이 아니라는 것이 느껴졌다."라고 적었다.

'신제커피당'(1880년), '커피용 각설탕'(1889년), '커피당'(1898년)과 같은 신문광고가 있었고, 커피 그 자체보다 오히려 이런 것으로 커피 맛을 먼저 접하게 된 것이다.

이와 같은 상황에서 문명개화에 박차를 가한 것은 1883년부터 '로쿠메이칸'을 중심으로 한 외교 시대로, 정부는 외국 고관을 초청하여 무도회를 연일 개최하는 등 유럽화 정책을 폈다. 이로 인해 메이지 시대의 유행가인 '옷뻬케뻬부시'에서 '진지한 얼굴로 커피를 마셔, 웃기네'하고 비웃음을 당하기도 했지만, 그 영향으로 소고기 전골집이나 양식집이 번화가에 세워져 서양풍 음식을 맛보는 사람도 많아졌다.

일본에서 본격적으로 커피점이 생긴 것은 1888년 4월 13일로, 도쿄 우에노에 일본인 테이 에이케가 오픈한 '가히차칸(可否茶館)'이었다. 그는 미국의 예일대학에 유학했고 커피점에도 들어가 커피 역사도 연구한 것 같다. 귀국 후 공무원, 교육자를 거친 뒤 특히 프랑스 문학 카페(문학자나 화가들이 모여 담화를 나눴던 커피 하우스)와 같은 문화 추진 역할의 장소로 커피점을 개점했는데 장사로는 시기상조여서 1893년에 도산했다. 그는 개점에 맞춰 16페이지의 《가히차칸 광고》를 만들면서 세계 각국의 커피점 역사와 개요도 소개했다.

III. 문인들와 커피점 문화

이후 밀크홀이나 작은 가게도 생겨났으나 1910년이 되자 프랑스 유학을 통해 몸소 카페 문화를 체험한 문인들이나 화가들을 중심으로 결정된 '빵의 모임'의 사람들이 모이는 장소가 일본에도 필요하다는 기운을 받아 니혼바시 츠나마치에 '메종 고우노스'가 생겼다. 프랑스 요리와 양주에 본격적인 커피가 나왔으며 모인 사람들은 '스바루', '미타문학', '신사조'의 동인과 이와 관련 있는 요사노 텟칸, 칸바라 아리아케, 오사나이 가오루, 나가이 가후, 기노시타 모쿠타로, 쿠보타 만타로, 요시이 이사무, 기타

하라 하쿠슈, 나가타 미키히코, 오카모토 잇페이 등이었다. 이어서 1911년 화가 마츠야마 쇼조의 '카페 프랑탕'과 브라질 이민의 아버지 미즈노료의 '카페 파울리스타'가 세워졌다.

히나츠 고우노스케는 "커피점이 처음 생기고 양주 술집이 처음 열린 것은 요즘(1910년)이다. 메종 고우노스는 문인들의 소굴이며 카페 프랑탕에는 화가와 문인들만 모였으며, 카페 파울리스타의 경우 최초에는 문인 아니면 문학을 좋아하는 회사원이 단골 손님이었다."라고 《메이지 다이쇼 시사(詩史)》에 적고 있다.

이들 가게의 커피를 마시면서 "조금 전에 마시던 모카(mokka)의 향기가 아직도 어딘가에 남아 있어 서글프다. …… 커피, 커피, 쓴 커피"(기노시카 모쿠타로), "커피의 향기에 숨이 막혔던 어젯밤보다 꿈에서 보았던 사람이 옆에 비치누나", "진한 보랏빛 커피 한잔을 마시고 나서 우리, 어쩐지 고요하구나"(요시이 이사무)라는 커피에 관한 시를 만들 정도로 모카의 맛과 향을 즐기면서 교류가 깊어졌다.

'메종 고우노스'의 커피는 프랑스식 강배전의 진한 것이었고, '프랑탕'의 경우에는 요코하마에 있는 이탈리아인이 경영하는 커피 원두 가게에서 모카와 브라질을 사와서 믹스해서 낸 것이라 한다.

그러나 이들 가게에 온 사람들은 일부 문화인들뿐이며 일반인이 가볍게 들릴 수 있는 가게는 아니었다. 무엇보다 커피의 맛을 일반인들에게 보급한 것은 '카페 파울리스타'였다. 프랑탕의 커피가 15전(錢)일 때 5전(錢)이라는 마을의 애송이들도 들를 수 있는 가격으로 브라질 원두를 사용하여 농도도 향기도 있는 본격적인 커피를 내놓았다. 브라질 원두는 특징이 없어 쉽게 마실 수 있는 중성적인 것이었고 설탕이나 밀크도 충분히 넣을 수 있어서 사람들의 입에 잘 맞았고 이것이 호평을 불러왔다.

이 가게는 다이쇼 시대 전성기에는 전국에 21개의 지점이 있었다.

무엇보다 파울리스타의 초기 1914년에 생긴 산노미야의 고베 지점에 커피를 마시러 온 것은 대부분 외국인이고 다른 커피점은 하나도 없었던 점으로 미루어볼 때 커피를 알리는 영업 노력이 쉽지 않았음을 알 수 있다.

이와 같이 일본에 커피가 들어와서 메이지 말기에 보급될 때까지의 흐름에서 알 수 있는 것은 에도 시대에는 커피는 전혀 받아들여지지 않았으나 개국과 동시에 서양인과 교제를 나누게 된 사람들을 통해 조금씩 받아들여졌다는 것, 그리고 유럽식과 미국식이 동시에 전해졌다는 것, 유럽이나 미국에서 유학해서 카페 문화를 알고 귀국한 문화인이 늘어난 메이지 말에 이르러서야 문인과 화가 등의 문화인이 모이는 장소로서 커피점이 세워져 나중에는 일반 사람들에게까지 퍼졌다는 사실이다.

이후 다이쇼(1912~1926년)와 쇼와(1926~1989년) 시대를 거침에 따라 전쟁으로 의한 일시적인 중단은 있었으나 해마다 커피를 마시는 사람들은 많아졌고 커피점 수도 늘어났다. 이러한 흐름 속에 커피 맛에 집착하는 사람들에 의해 기구의 개량이나 커피 타는 방법에 대해서도 깊은 연구가 이루어졌는데, 섬세한 미각을 가지고 있고 손재주가 있으며 근면한 일본인의 특징으로 인해 지금 일본만큼 맛좋은 커피를 마실 수 있는 나라는 없다고 일컬어질 정도가 되었다.

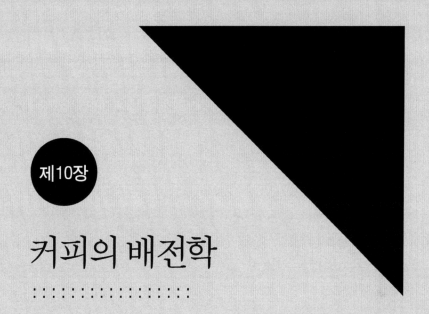

제10장

커피의 배전학

::::::::::::::::::::

제1절
배전의 시작과 기구의 변천 : : : : : : : : : : : : : : : :

커피가 발견된 당초에는 식용으로 과실이 이용되었으며, 열매를 으깨어 기름으로 반죽해서 경단 형태로 만들어 먹거나 스프로 마시곤 했다. 현재에도 식용(고기 경단 등)으로 커피를 이용하고 있는 예로는 북아프리카의 유목민족인 베두인족이나 에티오피아의 오지의 소수 민족이 있으며 브라질 등의 생산국에서는 과실을 잼으로 만드는 나라도 있다. 그러나 식용으로는 널리 일반적으로 이용될 정도로 보급되지는 않았다.

식용과 동시에 커피를 술로 이용하려는 시도도 있었다. 과실을 발효하여 술로 만든 것인데 이 또한 보급에는 이르지 못했다.

가장 많이 이용되고 또한 보급된 것이 약용으로서의 커피의 효용이다. 라제스나 아비센나 등에 의한 최초의 커피 음용 기록에도 커피의 약리 작용이 있고 이를 위해 마셨다는 것이 명기되어 있다. 약으로서의 효능은 유럽에 커피가 전파되었을 때도 대두되어 선전 효과로도 충분히 통용되었고 커피 보급의 역할을 담당했다.

그러나 무엇보다 사람들이 커피를 마시게 된 주목적은 커피를 마시고 싶다는 기호품으로서의 음용물로, 특히 1300년대 커피 열매가 배전되기 시작하고부터이다.

약으로서 생두에서 우려낸 커피는 생두를 배전하는 것에 의해 그 맛과 향이 이제까지의 커피와는 전혀 다른 신세계를 열었고 사람들이 경쟁하며 마실 정도가 되었다.

초기의 배전 방법은 설구이한 토기를 직화불로 쬐서 볶는 것이었다.

1400년 이후 금속 냄비나 뒤섞는 스틱, 볶는 냄비 등도 만들어졌고, 1600년경에는 프라이팬 형태에 다리가 달려서 그대로 불 위에 놓을 수 있는 배전 도구가 고안되었다.

1670년에 네덜란드인이 철판으로 통 형태의 밀봉된 소형 배전 도구를 만들었다. 불 위에 올려놓고 돌리는 형태로 이 배전기는 19세기 중반까지 네덜란드·프랑스·영국·미국에서 보급되었는데 배전이라기보다는 bake(굽다)라는 용어에 가까웠다.

당시의 연료는 석탄, 코크스, 목재 등을 적당히 분량 배합해서 연소로에서 태웠는데 배전두는 이 생산기술의 부족으로 완성되어도 신맛이 부족하고 맛의 미묘한 뉘앙스가 결여되어 있었다. 특히 브라질 등의 건조식 아라비카 종두에서는 그 맛과 향이 전혀 나오지 못한 채 단순한 쓴맛만이 남는 커피였다.

20세기 초부터 제1차 세계대전 말까지는 생두에 드럼 실린더의 불이 직접 닿는 배전 또는 스틸 드럼 사이에 열원이 통과하는 배전이 이루어졌다. 그러나 이 열원은 섭씨 760도~1000도라는 맹렬한 온도에서 배전 시간 또한 30분으로 열효율이 나쁘고 매우 위험했기 때문에 미묘한 맛과 향과는 아직 거리가 먼 기계였다.

20세기 후반에는 현대로 이어질 배전기가 만들어졌는데 그것이 바로 미국의 반즈 배전기(1920년 전반)와 독일의 에메릿히 기계제조의 개량 배전기인 것이다. 그리고 배전기는 이후 구조적으로는 개량이 계속되었지만 원리적인 부분은 이때 확립되었다.

이것은 저온(원두의 온도가 220~230도 전후)에서 단시간 배전(10~12

분)이 가능하고, 배기가스도 적고, 열효율도 좋아졌으며(가스 순환식으로 33% 효율화), 미묘한 원두의 맛과 향의 변화를 끌어내는 데 성공하였다. 하이테크 기능을 겸비하여 안전하고 확실한 배전이 가능하게 되었다.

배전기라는 것은 생두 커피를 열원을 이용하여 볶는 기계를 말한다. 배전이라는 것은 그 가공 공정을 말한다.

배전은 생두에 대해 가열과 수분 제거(생두에 포함되어 있는 약 12~13%의 수분)의 상대적 밸런스를 취하고 있는데 이것은 매우 중요한 일이다. 본래 배전의 한자는 '배초(焙炒)'가 적당하지만, 본래 'ROAST'라는 영어 단어를 최초로 일본어 한자로 바꾼 사람이 사용한 것이 '배전(焙煎)'이었다.

'초(炒, 볶다)'의 본래 의미는 '물기를 없앤다. 불에 쬐어 태우다'이며, '전(煎)'은 달이다(차의 잎, 약초 등을 익혀서 그 성분이 나오게 하다)는 뜻이기 때문에 '배초(焙炒)'가 본래 맞는 표현으로 생각된다.

배전이 완료되어 분쇄 가공 후에 추출한 액체의 독특한 색, 향, 맛은 원료인 생두의 화학 성분의 열변화에 의해 형성된다. 커피의 맛과 향의 좋고 나쁨을 판단하는 최대 요인의 하나가 생두의 배전에 의한 화학 성분이다. 물론 재배 품종, 재배, 정제, 정선도 중요한 요인인 것은 사실이다.

배전 처리에는 통상 3단계의 공정이 있다.

1. 수분 제거(온도 상승에 따른 수분의 유리).
2. 열분해 반응(단백질, 자당, 클로로겐산 등의 내부 성분의 열분해 및 화학 변화).
3. 배전 완료 후에 냉각이 시작되고 실온으로 내려간 뒤에 열분해 반응이 완료된다.

배전 중에 발생하는 화학 변화라는 것은

① 세부를 검증하면 복잡하기 그지없는 이화학적 반응이 일어난다.

② 그것은 단백질, 아미노산, 다당류, 클로로겐산, 유기산류, 카페인 등

③ 원래 생두에 포함되어 있던 성분의 화학 변화

④ 이들 성분이 배전에 의해 화학 변화를 일으킨 것

⑤ 배전에 의해 생겨난 성분이 배전 중에 반응해서 생긴 것

⑥ 배전이 진행되면서 한 번 성숙된 성분이 더욱 변화해서 작은 분자로 분해된다.

자세히 분석해 보면 수분이 증발해서 당이 캐러멜화되고, 클로로겐산은 가수분해되어 갈색화되고, 불투명한 것은 증발하여 조직 팽창으로 파열되고, 수분 제거에 의해 중량 현상에 더해 콩에 부착된 실버스킨, 먼지, 티끌의 연소로 중량 감소(슈팅 케이지)가 16~20% 발생하고, 세포 확장에 의해 원두 내부가 조직 확장을 일으켜 부피가 늘고(약 1.5배), 마지막으로 화학 변화(열분해 반응)로 커피의 향과 미각 성분과 탄산가스가 형성된다.

또한, 동시에 이 반응은 발열과 함께 세포 내부의 가스압이 높아져 세포를 확장시켜 외부로 나온다. 이것이 배전 과정에서의 크랙이다.

200도에서 아로마를 발생시키고 240도에서 단내가 강해지며 원두는 탄화한다. 배전 실패라는 것은 이 상대적 밸런스가 전체적으로 어긋나 버리는 것을 의미한다. 즉 균등한 온도 가열의 배전이 필요하다고 할 수 있다.

배전 기종으로는 연료에 의한 배전 기종과 구조상에 따른 배전 기종이 있다.

연료에서는 도시가스, 천연가스, 석유, 중유, 숯, 원적외선, 기타를 열원

으로 하는 배전기, 구조상으로는 직화식, 반열풍식, 열풍식, 열풍순환식 핵드럼, 기타 가압식 배전기 등 다양한 기종이 있다.

구조상으로 배전기의 실례를 들어보면,

1. 직화식과 반열풍식의 배전기는 가스버너가 드럼(솥) 실린더의 바로 하부에 위치하는 것에 비해,
2. 완전 열풍식은 가스버너가 드럼 실린더의 옆에 위치한다. 직화식은 드럼 실린더에 다수의 구멍(다공 드럼)이 있으며 가스 불이 드럼 실린더에 직접 닿고 구멍으로 내부에도 들어가서 배전 중에 생두에 직접 닿기 때문에 '직화'라고 불린다.

반열풍식은 직화와는 달리 드럼 실린더에 구멍이 없고 가스 불은 드럼 실린더의 바로 아래에 있어 드럼 실린더에 불이 직접 닿지만 구멍(다공반)이 없기 때문에 생두에는 닿지 않고 드럼 실린더의 안에 있는 구멍으로 들어온 열풍에 의해 생두가 볶아진다.

따라서 드럼 실린더에 불이 직접 닿는 것과 열풍이 안쪽에서 들어오는 것 반반씩이므로 '반열풍'으로 불린다.

열풍식은 가스 불이 직접 생두에 닿지 않고 열풍만이 닿기 때문에 이와 같이 불린다. 이들 기종의 드럼 용량 3kg부터 15kg까지의 소형 배전기는 직화 아니면 반열풍식이며, 대량 배전(30~250kg의 드럼 용량으로 1시간에 5~10 batch)하는 경우에는 직화 배전은 어렵고(볶은 얼룩이 생기거나 대량의 생두가 익지 않아 무리) 열풍식이 이용된다. 또한, 연속식 드럼 배전기의 경우 1시간에 5톤 이상의 생두 배전이 가능한 기종도 있다.

제2절
배전의 실제 :

I. 수망 배전

커피의 맛과 향은 생두를 배전(ROAST)하는 것에 의해 처음으로 나오게 된다. 영업용 배전기는 현재에는 대부분 자동 조작이 가능하게 되어 있고 열원으로 도시가스, 천연가스, 등유 등을 사용한다. 가정에서 배전하기 위해 최근에는 소형 배전기도 판매되고 있지만 뚜껑이 부착된 수망으로 직접 배전해 보는 것도 재미있다.

생두는 한 면이 평평하며 다른 한쪽은 둥글게 되어 있기 때문에 끊임없이 회전시키면서 볶지 않으면 심(芯)까지 열이 통하지 않거나 얼룩이 생기기 때문에 주의가 필요하다.

1회에 볶는 양은 150g 내지 200g이 좋다. 너무 양이 적으면 균일하게 볶을 수가 없다. 사전 준비로 다 볶은 원두를 옮길 소쿠리와 콩을 냉각시키기 위한 부채도 미리 준비해 둔다. 우선 생두에서 결점두를 제거하고 무게는 150g 또는 200g를 재서 이것을 수망에 넣고 중간 정도의 가스 불에서 10~15cm 정도 떨어져서 망을 흔들면서 볶는다. 잠시 후에 생두에서 연기가 나기 시작하고 생두가 익어서 색이 변하기 시작해 갈색을 띨 때까지 8분 정도 걸린다.

딱딱한 느낌의 생두 표면이 점차 팽창되고 실버스킨이라는 땅콩의 껍질과 같은 얇은 껍질이 대체 어디에 붙어 있었나 할 정도로 대량으로 콩에서 떨어져 나와 팔랑팔랑 날아오른다(실버스킨은 콩의 표면에 부착되어 있는 얇은 껍질을 말한다).

'딱, 딱' 하고 여기저기에서 소리가 나기 시작한다. 수분이 빠져서 콩이 팽창할 때의 소리로 '1차 크랙'으로 불린다. 색은 라이트 로스트로 불리는 연갈색으로 계속해서 볶으면 갈색이 짙어져서 소위 말하는 커피 브라운이 되어 간다. 이 단계부터는 조금 열원을 멀리 두고 볶는 것이 좋다. 계속해서 격심한 파열음이 계속되고(크랙), 미디엄(중배전) 정도에서 풋내가 향기로운 달콤한 향기로 변한다. 13~15분 정도 계속 볶으면 갈색에 더해 흑갈색을 띠기 시작하고 원두의 곳곳에서 기름이 베어 나오기 시작한다. 이 단계부터 하이시티(High City)라는 단계로 급속하게 진행된다.

소쿠리나 쟁반 또는 큰 접시에 콩을 펼쳐놓고 부채로 식힌다. 배전한 원두는 손끝으로도 간단히 부서진다. 익숙해지기 전에는 전체적으로 밸런스 좋게 볶아진 콩도 있지만 심이 조금 옅은 색으로 되어 있는 것도 있다. 이것은 화력이 너무 강해서 표면만 익고 심까지 충분히 익지 않은 것이다. 익숙해지면 원두의 특징을 알고 볶아진 색과 부푼 정도, 소리, 냄새 등으로부터 어느 단계에서 배전을 그만둬야 할지를 알게 된다. 이를 위해 매번 배전 기록을 적는 것도 좋다.

약배전은 신맛이 남고 강배전은 쓴맛이 강해진다.

다 볶은 원두의 양을 측정해 보면 수분이 증발했기 때문에 가벼워졌는데 강배전으로는 약 20% 가벼워진다. 그렇다는 것은 약배전은 신맛이 강하지만 커피량의 감소가 적다는 의미가 된다.

얼룩이나 탄 콩을 제거하고 10~12g의 원두를 분쇄하여 100cc 정도의 들어가는 컵에 추출해서 맛을 본다. 보존용기에 넣어 하루 놔두는 편이 맛이 안정된다.

유통기한은 가루 상태로 7일 정도, 콩 상태로는 2주간 정도, 그 이상 두면 산화되어 떫은맛이 나오거나 향이 없어지기 때문에 마시지 않는 편이 좋다. 자신이 직접 배전해서 추출한 커피는 무엇보다 맛이 있고 원두의 특징도 알 수 있으므로 꼭 시험해 보길 바란다.

II. 배전도

생두를 배전하는 것에 의해 커피는 신맛·떫은맛·쓴맛과 향기 등 복잡하게 성분 변화가 일어난다.

배전도라는 용어는 매우 애매하다. 공업적으로 배전 가공을 하고 있는 기업이나 공장에서는 색차계의 명도(L값)에 의해 측정한다. 미국의 SCAA(Specialty Coffee Association of America)에서는 글로벌 스탠더드(세계적 기준)로 에그트론(Agtron)사의 타일 번호로 배전두의 색차 측정을 하는 방법을 채택하였다. 또한, 그 색차에 의한 개별 명칭도 존재한다.

배전도라는 것은 커피 원두의 배전 진행 정도를 말한다. 또한, 배전 가열 온도 시간에 따라 배전된 원두는 액체로 추출하는 기구에 맞춰서 배전이 이루어지도록 하는 공정이다.

배전도 명은 국가나 지명의 이름을 따거나(이탈리안, 져먼, 프렌치, 아메리칸 등), 개인적인 감성이나 감각으로 부르기 때문에 소비자로서는 매우 혼란한 경우가 많다.

일본에서는 배전도를 나타낼 때 '약배전', '중배전', '강배전'이라는 용어가 사용된다. 생두를 볶기 시작하면 수분이 빠지고 풋내가 나온 뒤에 원두의 착색이 시작되고 서서히 좋은 향기가 나오며 콩이 팽창되고 이윽고 크랙이 시작된다. 이 단계가 '약배전'의 시작이고 배전 시간은 짧다.

즉 콩을 볶는 시간이 짧기 때문에 '약배전'으로 불린다. 그리고 중간을 '중배전', 탄화하기 직전까지 오래(=깊게) 볶는 것을 '강배전'이라 한다.

배전 시간이 짧은 '약배전'에서는 신맛과 떫은맛이 나고 '중배전', '약배전'으로 배전이 진행됨에 따라 생두는 캐러멜화되어 탄화 현상이 진행되고 동시에 쓴맛이 증가한다.

이것을 알게 되면 신맛을 살리고 싶은 경우에는 '약배전'에서 '중배전', 신맛·단맛·쓴맛의 밸런스를 내고 싶을 때는 '중배전', 신맛보다 쓴맛을 살리고 싶은 경우에는 '강배전에 가까운 중배전'에서 '강배전'으로 볶으면 된다.

현제에는 일반적으로 배전도 호칭은 다음의 8가지 정도로 나뉘어서 표현된다.

1. 라이트 로스트 : 가장 약한 배전으로 색은 라이트 브라운. 향은 적고 떫은맛과 신맛이 강하고 쓴맛은 느껴지지 않는다. 음료로서는 적합하지 않다.

2. 시나몬 로스트 : 약배전. 분쇄한 가루의 색이 시나몬 파우더를 닮아서 붙여졌다. 떫은맛이 사라지고 신맛이 증가한다. '아메리카 커피'의 배전이 이 정도

3. 미디엄 로스트 : 부드러운 신맛이 있으며 살짝 쓴맛도 나온다. 중배전 정도로 블랜드 배전에 잘 이용된다.

4. 하이 로스트 : 신맛, 쓴맛, 단맛의 밸런스가 좋고 블랙으로 마시는 것이 최적이다. 물론 설탕이나 커피크림을 넣어도 상관없다. 블루마운틴이나 킬리만자로를 단품으로 배전하는데 적합하다. 현재 세

계 블랜드 기준은 하이 로스트인 경우가 많다. 중배전보다 조금 더 강한 것이다.

5. 시티 로스트 : 신맛보다는 쓴맛이 강하다. 브라질, 콜롬비아 등에 사용되는 배전도로 중배전보다 강한 배전이다.

6. 풀시티 로스트 : 약간의 강배전으로 신맛은 없어지고 쓴맛이 강해 진다. 아이스커피에 이용되는 배전으로 이탈리아 밀라노의 에스 프레소에는 이 타입이 사용된다. '에스프레소=이탈리안' 로스트인 것은 아니다.

7. 프렌치 로스트 : 쓴맛이 한층 강해지는 프랑스식 배전. 원두의 색 은 다크 브라운이며 비엔나 커피나 카페오레에 적합한 강배전

8. 이탈리안 로스트 : 이탈리아 나폴리를 중심으로 선호되고 있는 가 장 강한 배전. 에스프레소에 사용된다.

이상의 배전도에 대해 이외에도 5단계 방식의 구분이 있다.

1. 시나몬 로스트 : 밝은 시나몬의 갈색

2. 시티 로스트 : 균일한 밤색

3. 풀시티 로스트 : 배전두의 표면에 아직 기름이 나오지 않은 갈색

4. 비엔나 컨티넨탈 커피 : 배전두의 표면에 어슴푸레 기름이 나온 암 갈색

5. 프렌치 뉴올리언스 로스트 : 배전두 표면 전체에 기름이 밴 암갈색

일본에서는 최근에는 더욱 상세히 분류하여 8단계 방식의 구분이 많이 사용되지만, 앞으로 이 구분도 바뀔 가능성이 있다.

배전이라는 것은 바꾸어 말하면 생두에 화학 변화를 일으켜 향이나 맛

성분을 끌어내는 작업 공정을 말한다. 생두를 볶으면 수분이 날아가고 표면이 갈색으로 바뀌며 윤이 난다. 콩이 부풀어 손톱으로 깨질 정도가 된다. 동시에 생두가 본래 가지고 있는 신맛과 쓴맛 성분을 필요한 양으로 제어할 수 있는 작업 공정이기도 하다.

따라서 커피에 숙련된 사람들은 배전에는 일가견을 가지고 있다. 그리고 그 기술을 발전시키기 위해 색, 형태, 윤기, 온도, 시간, 향기, 크랙음, 연기가 나오는 패턴이나 양까지 자세히 분석하고 있다.

Ⅲ. 배전 완료

'배전 완료'는 배전기의 버너 불을 끈 다음 신속하게 원두를 냉각하여 원두 내부의 열 발생을 멈추게 하는 것을 말한다. 배전 완료 타이밍은 원두의 색과 형태, 윤기, 향기, 크랙음 등으로 판단한다.

자가 배전을 하고 있는 커피점이나 원두 판매점의 마스터들은 각각 자신의 타이밍을 가지고 있는데, 이것은 배전 경험을 되풀이하면서 감과 관찰력을 길러 왔기 때문이다. 수망 배전도 동일하다고 볼 수 있다.

원두의 냉각이 왜 중요한 지는 버너 불을 끄고 그대로 두면 여열로 인해 계속해서 배전이 진행되기 때문이며 중국요리와 같은 경우라고 보면 된다. 여열로 익히고 싶을 때는 불을 끄고 나서도 중화냄비 안에 그대로 놔두지만 소재가 가지고 있는 원래의 맛을 그대로 살린 요리를 할 때에도 똑같이 놔두게 되면 맛이 엉망이 되는 것과 같은 원리이다.

상업용 배전기에는 통풍에 의한 강력한 냉각 장치와 Water Quench라고 하는 드럼 내에서 배전이 완료됨과 동시에 냉각수를 순간적으로 방수하는 장치가 달려 있는데 수망 배전 등의 경우에는 접시나 소쿠리 등에 펼쳐서 부채 등으로 식히거나 열이 없어진 뒤에 냉장고에 넣어서 식히는 것이 좋다. 냉각이 끝나면 보존 용기에 넣어 하루 정도 두었다가 추출하면 안정된(맛이 안정된) 커피가 만들어진다.

Ⅳ. 배전 등급

생두를 생산국 측과 구입 계약하는 경우 생산국에 의해 배전 등급을 설정하는 경우가 있다.

1. Fine Roast (결점두가 없고 균일한 완성)
2. Good Roast (결점두가 다소 혼입되어 있지만 균일한 완성)
3. Poor Roast (결점두의 혼입이 눈에 띄며 색에도 편차가 있다.)
4. Bad Roast (결점두의 혼입이 눈에 띄며 색도 불균일한 완성)

제2절
스트레이트와 블렌드 :

Ⅰ. 스트레이트 커피

'스트레이트 커피'는 '싱글 오리진 커피'로도 불리는데 생산된 커피를 그 나라만의 단품으로 배전한 뒤 이를 추출해서 마시는 것을 말한다. 찻집이나 커피 전문점의 메뉴에는 스트레이트 커피로서 모카, 브라질, 하와이 코나, 멕시코, 과테말라, 킬리만자로, 만델링, 콜롬비아, 블루마운틴 등이 있다. 이들 원두는 우수품으로 맛에 정평이 나 있으며 고급품일수록 스트레이트로 커피를 추출하는 것이 그 원두의 특성을 살린 맛을 음미할 수 있다고 한다.

단 사용하는 원두가 우수라고 불리는 고급품이 아니면 아무래도 맛이 떨어지고 풍미나 향 또한 부족하게 느껴진다. 한편, 다른 쪽에서는 커피는 블렌드의 묘미라고 말하기도 한다. 생산국이 전 세계로 확대되어 각각의 특징 있는 기후, 자연에 의해 재배된 원두를 블렌드하는 것에 의해 자신의 기호에 맞는 맛을 만들어내는 것이 가능하기 때문에 즐겁다. 그리고 스트레이트 커피로는 뭔가 부족한 듯이 느껴진다는 사람이 있는 것도 사실이다.

II. 블렌드 커피

한 가지 원두를 단품으로 스트레이트로 마시는 것은 뭔가 부족한 듯이 느껴지기 때문에 몇 종류의 원두를 블렌드(혼합, 믹스)해서 배전하여 추출하는 것을 '블렌드 커피'라고 한다.

블렌드하는 방법으로는 생두의 단계에서 몇 종류를 일정 비율로 계산해서 혼합해 배전하는 방법(프레 믹스, 혼합 배전)과 각 생두는 단품으로 각각 배전하고 배전한 원두를 블렌드하는 방법(애프터 믹스, 단품 배전) 2가지가 있다.

단품 배전을 실시하고 나중에 블렌드하는 것은 수고가 들지만 커피 원두의 특성을 생각하면 각각 배전하는 쪽이 균일하게 완성된다. 생산지에서의 정제, 정선 방법의 차이로 배전이 어렵다는 등의 이유로 볼 때 단품배전이 좋다는 것이 사실이다.

단 대량으로 배전하는 경우에는 단품 배전으로는 대단히 많은 시간과 노력이 들고, 블렌드용 특별 기계와 같은 설비투자도 필요하며, 강배전하는 경우 블렌드(혼합 배전)을 해도 차이가 별로 없는 경우가 많기 때문에 구미나 일본의 대규모 공장에서는 혼합 배전을 이용하는 경우가 많다.

잘 블렌드된 것은 스트레이트로는 불가능한 미묘하면서 좋은 맛을 낼 수 있기 때문에 사람에 따라서는 "커피는 스트레이트보다 블렌드로 해야 재미가 있고 보람도 있다."라고 말하기도 한다.

III. 블렌드(배합, 믹스)의 기본적 지식

1) 원두의 특성을 아는 것이 가장 중요하다

블렌드하는 것은 각각의 원두의 부족함을 보충하고 깊이 있고 밸런스가 맞는 맛있는 커피를 만들기 위해서이다.

따라서 아무 원두나 블렌드하면 좋아지는 것이 아니므로 각국의 원두의 특징을 파악한 뒤에 어떤 맛을 만들어낼 지를 이미지할 필요가 있다. 그중에는 배합에 맞지 않는 것도 있지만 일반적으로는 단품보다는 배합을 한 쪽이 더욱 풍미가 좋아지는 경우가 많다.

신맛이 있는 원두, 쓴맛이 잘 나오는 원두, 향기가 나는 원두 등을 특징 있는 맛이나 향을 내기 위해 블렌드하는 것으로 풍미의 개성이나 특징을 살리는 것과 동시에 결점을 억제함으로써 상호 보완하여 보다 좋은 풍미를 창조하기 위해 블렌드를 실시한다.

2) 블렌드(배합)의 요점으로는

1. 양질의 원두만을 배합한다고 반드시 좋은 품질이 되는 것은 아니다.
   배합에 부적격한 것이 있다.
2. 이것을 혼합하면 좋아진다는 것도 아니다.
3. 배합 품종은 3종류 정도가 한계이다. 그 이상은 무의미하다.
4. 배합의 특색을 내기 위해서는 1종류만으로 30%는 필요하다.
5. 나쁜 풍미는 적게 블렌드해도 전체의 풍미를 해친다.
6. 안정되고 지속 가능한 풍미여야 한다.
7. 서로 장점을 상쇄하는 경우도 있다.
8. 추출액의 경시(經時)변화가 빠른 것과 느린 것이 있다.
9. 스크린 사이즈나 생두의 광택 등은 배합 풍미에 크게 영향을 주지 않는다.
10. 자신의 기호와 고객의 기호를 확실히 인식해 둔다.

3) 품종, 자연조건, 정선 방식에 따른 풍미의 일반적 특징과 경향

산지별 품종	향기	신맛	감칠맛	쓴맛	동조성	안정성
1. 중남미 고지산 수세식 아라비카종	○	○	△	×	△	△
2. 중남미 저지산 수세식 아라비카종	×	×	△	△	△	△
3. 아프리카 고지산 수세식 아라비카	○	○	△	△	△	×
4. 아프리카 저지산 수세식 아라비카	×	△	△	△	×	×
5. 아시아 고지산 수세식 아라비카종	△	△	○	△	△	△
6. 중남미산 건조식 아라비카종	△	△	○	△	○	○
7. 아프리카산 건조식 아라비카종	△	△	○	△	△	○
8. 아시아산 건조식 아라비카종	△	△	○	△	○	○
9. 건조식 로부스타종	×	×	×	○	×	×
10. 수세식 로부스타종	×	×	×	○	△	△

(주) 대표적 품종두

1. 콜롬비아 2. 과테말라 3. 탄자니아 4. 자이르 5. 인도 6. 브라질 7. 에티오피아 8. 만델링 9. 아이보리 10. 인도네시아 WIB

(출처:《커피맨의 기초지식》, 나가타 히로시 지음)

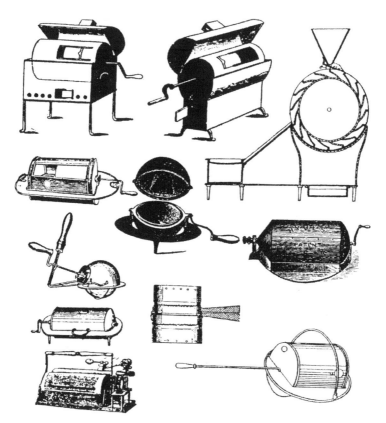

EARLY BRITISH AND AMERICAN COFFEE ROASTERS

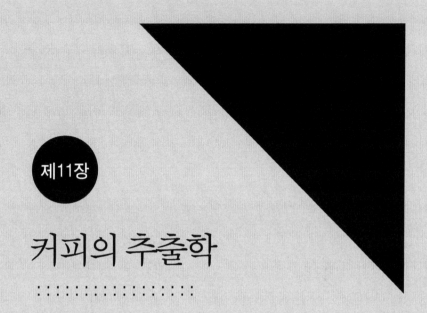

제11장

커피의 추출학

: : : : : : : : : : : : : : : : : : :

제1절
커피 추출의 역사 :

Ⅰ. 커피의 추출법

커피의 추출법은 원칙적으로는 커피 가루를 물 또는 뜨거운 물 안에 넣어서 침출시키는(소위 boil) '침지식'과 커피 가루 위에서 뜨거운 물이나 물을 부어서 투과시키는(드립) '투과법'으로 나뉜다.

좀 더 자세히 세분하면 다음과 같이 4가지 방법이 있다.

① 커피를 펄펄 끓인 엑기스의 윗물만 마신다(터키식 커피)
② 커피 가루 위에 뜨거운 물을 떨어뜨려 드립한 엑기스를 마신다(드립 방식)
③ 커피 가루 안을 통과하는 뜨거운 물의 스피드를 올리기 위해 끌어내려 생긴 엑기스를 마신다.[출구의 기압을 내려서 진공 상태를 만든다. 사이펀 · 진공포트(vacuum coffee pot)방식]
④ 커피 안의 뜨거운 물을 맹렬한 압력으로 밀어내서 나온 엑기스를 마신다(에스프레소 방식)

1800년 초 무렵에는 침지식 터키 커피와 일반적으로 말하는 보일 추출법만이 존재했으나 이후 유럽 각국에서 다양한 추출법과 기구가 발명되었다.

이러한 방법들을 크게 나누면 다음과 같다.

1) 침지법 : 터키 커피, 보일링법, 퍼컬레이터, 사이펀

2) 투과법 : 플란넬 드립, 페이퍼 드립, 에스프레소

이것을 연대순으로 적으면 다음과 같다.

1) 1710년 보일링

2) 1800년 퍼컬레이터(럼퍼드 → 로랑)

3) 1817년 커피 비긴

4) 1840년 사이펀

5) 1890년 에스프레소

II. 터키 커피의 개량

터키 커피는 끓여낸 탁한 액체와 커피 가루 찌꺼기도 함께 마셔야 했기 때문에 유럽에서는 이 가루 찌꺼기를 없애기 위해 추출법이나 기구를 고안하기 시작했다.

1710년에는 끓이지 않고 열탕에 침지해서 마시는 방법이 프랑스에서 고안되어 이것이 나중에 보일링법으로 확립되었다.

1711년에는 이번에도 프랑스에서 비로드(직물) 주머니 안에 커피 가루를 넣고 이것을 먼저 냄비 안에 넣어 두었다가 그 위에 뜨거운 물을 부어서 추출하는 방법이 고안되었다. 주머니를 제거하면 추출된 커피액과 가루 찌꺼기가 분리되어 여과된 커피만 남는 방법이다. 이후 이 방법은 1817년경 프랑스인으로, 왕궁의 함석 장인인 비긴이라는 인물이 개량하여 '커피 비긴'으로 명명했다. 이것이 후에 미국으로 건너가 개량되게 된다. 커피 비긴이 나오기까지 영국은 아직 다음과 같은 상황이었다.

1722년에는 런던의 커피 장인인 브로드벤트 험프리가 '진정한 커피 만드는 방법'을 제창했다. 이것은 "1온스(28.35g)의 가루에 1쿼트(약 1.14ℓ)의 끓인 물을 사용하며, 도기나 은제 포트에 가루를 평평하게 넣은 뒤 뜨거운 물을 가루 위에 부어 5분간 침지시키는 것으로 이것은 보통 많이 행해지는 커피를 끓이는 방법보다 훨씬 뛰어난 방법이다."라고 주장하였고, "이 방법 또한 자주 탁해져서 불쾌한 맛이 되기 때문에 여기에 스푼으로 1~2잔의 냉수를 넣으면 탁한 것이 포트 바닥으로 가라앉으므로 주의해서 윗부분의 맑은 액체를 마셔야 한다."고 터키 커피의 추출법에 약간의 수정을 가미한 정도의 개량이었다.

III. 침지법의 응용기구

침지법과 투과법의 기구 발명과 응용은 연대가 지나면서 섞여 있으므로 각각 나눠서 설명한다.

1) 보일링

1710년 전후에 프랑스에서 열탕에 침지하는 방법이 고안된 것이 최초이다.

사용하는 커피가루는 굵은 분쇄. 두꺼운 손잡이가 달린 냄비(완성된 커피액 분량의 3배 용적의 것)를 준비한다. 우선 사람 수만큼 열탕을 정확하게 재서 냄비에 넣고 가열해서 끓인다. 그 안에 정량의 커피 가루를 넣고 스푼으로 가볍게 교반한 뒤 불에서 내려 잠시 두었다가 이것을 드립과 같은 요령으로 여과지로 여과한다. 지금도 이 추출법이 아니면 커피를 마신 것 같지 않다고 하는 열렬한 커피 마니아도 있다.

2) 퍼컬레이터

1800년경 파리에서 드 벨루아가 표면에 작은 구멍이 많은 철제, 나중에 격자 형태가 되는 도기에 커피 가루를 넣고 뜨거운 물을 부으면 물이 커피 가루 안을 통과하여 방울져 떨어지는 프랑스식 드립 포트를 고안했다. 1806년에는 영국의 럼퍼드가 이것에 힌트를 얻어서 퍼컬레이터의 원형을 만들었고 1819년 로랑에 의해 완성되었다. 이것은 뜨거운 물이 관을 통과하여 상승해서 커피가루 위로 떨어지는 것이었다.

사용하는 커피 가루는 거친 분쇄를 하며, 포트에 적당량의 더운 물을 재서 넣는다. 바스켓에 커피 거친 분쇄의 커피 가루를 필요량(포트의 뜨거운 물의 양에 맞춰)만큼 넣고 뚜껑을 닫는다. 그대로 물을 끓여 포트의 톱 글라스에 커피색 액체가 보이기 시작한 다음부터 수 분간 끓이면 완성된다. 몇 번이나 침액(浸液)을 끓일 수 있기 때문에 맛보다도 자동적으로 추출해서 마시는 편리한 기구이며 1839년경까지 프랑스, 영국, 독일에서 특허를 받아 널리 일반에게도 사용되었다.

1932년 미국에서의 커피 음용 기구의 사용 조사에서는 퍼컬레이터 62%, 보일 22%, 드립 12%로 나타나 있다.

3) 커피 비긴

1817년경 프랑스에서 '비긴'이라는 사람이 고안한 것으로 포트의 윗부분에 플란넬로 만든 천 주머니를 달고 그 안에 커피 가루를 넣은 뒤 포트 안에서 가루와 더운 물이 일정 시간 혼합되도록 해서 추출하는 기구이다.

이 기구는 드립식 천주머니 포트가 개량된 것으로 생각된다. 처음에는 뜨거운 물을 부어서 투과하지만 나중에 침출액은 주머니 밖에까지 올라오기 때문에 결과적으로는 침지하는 셈이 된다. 프랑스의 돈마르탕의 커피 포트와 같은 원리이다. 이 방법은 나중에 미국으로 건너가 천주머니는 세밀한 구멍이 뚫린 금속의 통으로 대체되었다.

4) 사이펀

1840년 스코틀랜드의 조선기사 로버트 네이피어(Robert Napier)에 의해 현재의 사이펀의 원형인 진공식 침치기구가 만들어졌다. 이것은 구형의 용기(globe)에 물을 넣고 가열하는 것으로 커피 가루를 넣은 리시버(수용기)는 글로브와 가는 관(사이펀)으로 접속되어 있다.

뜨거운 물이 가는 관을 통해 리시버에 주입되면 커피가루와 접촉하고 하단 버너의 가열을 중지하면 추출액은 가는 관을 타고 글로브로 되돌아가는데 관 안에는 천이 고정되어 있기 때문에 여과되게 된다. 이것은 기압을 이용한 것으로 이후 프랑스에서 개량되어 현재의 사이펀과 같이 더블 글래스 벌룬을 상하로 연결하여 사이에 금속의 필터가 들어간 것이 만들어졌다. 이것은 1842년에 바슈 부인이 고안한 것이다.

Ⅳ. 투과법의 응용기구

1) 드립 포트

1763년 프랑스의 돈마르탕이 커피 가루가 나오지 않도록 중간에 헝겊을 펴고 추출구가 있는 투과법과 침지법을 병용한 커피 포트를 만든 것을 시작으로 이것이 드립 커피의 기초가 되었다.

1800년 초기에는 파리에서 드 베루아의 드립 포트가 완성된다. 이것은 상하 2단으로 나뉘어져 상단에 가루를 넣고 더운 물을 채우면 바닥의 작은 구멍을 통해 침지액이 하단으로 여과되어 떨어지는 투과법의 기구로 여기에서 드립법이 확립되었다. 드립법에 사용되는 여과 재료로는 천이나 종이 또는 작은 구멍이 뚫린 도자기나 금속이 있다.

2) 커피언(coffee urn)

커피언은 미국에서 가장 많이 사용되는 기구로 술집이나 레스토랑, 호텔 등에서 한 번에 대량의 커피를 조제하는 데에 편리하다. 가루는 일반적으로 중배전이 이용된다. 1697년~1831년까지 영업해온 선술집 '그린 드래곤'에서 사용해왔던 집기 비품 목록이 있는데 그 목록 중에서 커피언을 찾아볼 수 있다.

이 장치는 1잔용의 드립법을 많은 사람에게 추출해 주기 위해 크게 만든 것으로 보면 된다. 여과용으로는 종이를 이용하는 것과 천주머니를 이용하는 것이 있다. 그리고 아래로 여과되어 떨어진 커피를 모아둘 탱크(통)가 있고 탱크 외부에는 커피를 따뜻하게 보관하기 위해 더운 물이 들어 있는 통(이중통 구조로 되어 있다)으로 둘러싸여 있기 때문에 언제든지 따뜻한 커피를 마실 수 있다. 단, 커피를 드립한 후 시간이 지나면 커피가 산화되기 때문에 불쾌한 아린맛이 나서 맛이 없어지는 결점도 있다.

일본에 수입되었을 때는 대량 소비를 위해 호텔 등에서 커피언이 많이 사용되었다.

3) 더치 커피(워터 드립)

상부에 특수한 커피 여과기가 있고, 하부에 저장 탱크가 있는 커피포트를 이용하여 냉수로 침출된 양질의 침출액을 얻을 수 있는데, 침출하는데 장시간이 걸리긴 하지만 고율의 농도와 향을 보유한 커피를 얻을 수 있어 애호가가 많다.

인도네시아 등 수질이 나쁘고 기구가 발달하지 못한 예전의 네덜란드령 식민지 주변에서 이 기구가 만들어져 사용되었다고 하는데 정확하지는 않다. 네덜란드에서는 이와 같은 기구가 사용되지 않았다.

4) 에스프레소

1817년 프랑스인 로랑의 증기압식 커피 제조기가 특허를 받았는데 끓인 물이 도관 안을 통과하여 상승해서 가루에 부어지면 자동적으로 침출 여과되는 방식이었다. 이것이 본격적으로 실용화된 것은 1855년의 파리 만국 박람회에 출전했을 때로 1843년에 프랑스인 에드워드 루아이젤(Edward Loysel de Santais)가 고안한 기계이다.

이 기계는 증기기관을 갖춘 초대형 기구로 2000잔(1시간)의 커피를 제공할 수 있었다고 한다. 증기압으로 물을 타워 상부로 밀어 올리면 고저

차와 물의 중량을 이용하여 타워 하부의 커피 가루를 통과하는 구조로 되어 있다.

즉 증기압을 이용해 커피 가루가 있는 곳을 통과하는 것이 아닌 더운 물의 중량으로 추출한 기계였다.

이후 이탈리아로 에스프레소 머신 개발이 옮겨갔다. 1901년 이탈리아 밀라노의 베제라(Luigi Bezzea)의 기계 특징이 현재로 이어지고 있다. 이것은 커피 홀더에 가루를 채우고 추출을 조절하는 밸브와의 조합으로 에스프레소를 만드는데 이것이 파보니(Desideri Pavoni)로 이어져 이탈리아의 대표적 머신이 되었다.

이 기계를 'Caffe Espresso'라고 베제라가 크게 써서 1906년의 밀라노 박람회에 출전했기 때문에 명성이 높아졌다(일본에서는 이 Espresso의 의미를 '급행, 급속'으로도 사용하고 있지만 다른 쪽에서는 Expresso는 '특별히, 당신을 위해'라는 의미를 포함하고 있다는 설도 있다. 영어의 Express는 '특수한'이라는 의미의 형용사이고, Expressly는 '특별의', '일부러'라는 의미의 부사이기 때문에 '특별히 당신을 위해 만든'커피라는 설도 생각해 볼 수 있다).

이후에는 피스톤식 압력 추출, 전도 펌프식 압력 추출기 등이 계속해서 개발되었고 현재 세계적으로 많은 바, 카페, 커피숍 등지에서 에스프레소의 다채로운 메뉴가 만들어져 인기를 얻고 있다.

제2절
커피 추출의 실제 :

Ⅰ. 커피의 그라인드(분쇄)와 밀(분쇄기구, 분쇄기기)

배전한 커피 원두를 추출하기 위해서는 우선 볶은 콩을 분쇄(그라인드)한 뒤 각종 추출 기구를 이용하여 추출하는 과정을 거쳐야만 한다. 일본에서는 '원두를 분쇄하다' 또는 '원두를 갈다'라는 말을 사용한다. 영어로는 'grinding', 'milling'이라고 한다.

초기 그라인드는 절구와 절구공이로 가루를 갈아 으깨거나 내려쳐서 부수는 방법이었으며, 나중에는 상부가 시계방향으로 회전하고 하부가 고정된 상하 2개의 가는 절구(돌, 떡갈나무 등의 단단한 나무로 만들어진)로 갈아 으깨게 되었다.

1500년경에는 터키에서 금속제로 된 '통모양의 커피 밀'이 만들어졌다.

1600년~1630년의 유럽에서는 커피원두를 잘게 부수기 위해 철이나 놋쇠 또는 청동으로 된 절구와 절구공이가 널리 이용되었다. 효율이 뛰어난 밀을 이용해서 분쇄하는 것보다 절구로 원두를 깨부수는 것이 좋다고 생각했기 때문이다. 터키 커피 타는 법이 약용으로 이용되었기 때문인지도 모른다.

터키식의 조립 커피 그라인더는 1655년에 다마스쿠스에서 처음 만들어졌다. 이것은 회전 가능한 손잡이를 접을 수 있고 분쇄된 커피원두를 받는 용기도 달려 있어서 운반이 편리했다.

1720년경부터 프랑스에서 커피 그라인더가 널리 사용되게 되어 기호품으로서의 커피 음용의 발전을 찾아볼 수 있다. 프랑스어로는 '카페 뮤렌'으로 불렸다. 원리는 수평으로 돌절구를 놓고 한쪽은 고정된 채 나머지 한쪽이 회전하는 구조로 당초에는 커피 가루를 받는 서랍은 달려 있지 않았고 서랍을 달기 전까지는 상자 아래에 기름칠한 가죽 주머니를 사용해 커피 가루를 받았다. 이 밀이 각국에서 개량되어 현재의 커피밀이 되었다.

현재의 커피밀에는 가정용으로 다음과 같은 것이 있다.

① 상자형 핸드밀

돌절구와 같은 원리로 상자형의 서랍에 커피 가루가 그라인드되어 떨어지고 회전축의 손잡이 조절로 분쇄 정도를 조절할 수 있다.

② 원통형 핸드밀

최초 다마스쿠스에서 놋쇠로 만들어진 것이 현재 세계 각국에서 사용되고 있다. 컴팩트하고 1~2인분의 커피 원두를 그라인드하는 데에 적합하다.

③ 전동식 프로펠러형

전동식으로 프로펠러 날개가 고속 회전하면서 그라인드한다. 이외에도 전동식 박스형, 밀이 부착된 커피메이커 등이 있다.

II. 분쇄와 추출기구의 관계

커피는 분쇄하면 산화가 빨라져 향기도 사라지기 때문에 이미 분쇄된 상태로 판매되는 것이나 점포에서 분쇄해 주는 것이 아닌, 가능하면 자신만의 커피밀을 준비해 두었다가 커피를 추출하기 직전에 자신의 추출 기구로 적합하게 그라인드하는 편이 맛있는 커피를 만들 수 있는 비결이다.

분쇄입자 설정은 추출기구에 맞춘다.
- 가는 분쇄 : 터키 커피, 워터 드립, 에스프레소
- 중간 분쇄 : 페이퍼 필터, 플란넬, 사이펀, 전기식 커피메이커
- 굵은 분쇄 : 퍼컬레이터, 보일링

일반적으로 눈으로 측정할 경우 그래뉴당(Granulated Sugar) 정도의 입자보다 조금 가는 것을 '가는 분쇄', 조금 더 굵은 것을 '중간 분쇄', 2배 정도의 것을 '굵은 분쇄'라고 한다. 요점은, 이것을 기준으로 경험을 쌓아 어느 정도의 입자가 최적인지를 스스로 커피를 마셔보며 깨닫는 것이 좋다.

제3절
각종 추출기구와 각각의 추출법 : : : : : : : : : : : : :

Ⅰ. 페이퍼 드립

커피를 추출하는 방법으로 현재 가장 다루기 쉽고 손쉽게 가정에서 맛있는 커피를 만들 수 있는 방법으로 페이퍼 드립 방식이 있다. 기구 자체를 '드리퍼'라고 부르고 구입하기 어렵지 않은 가격으로 청소도 간단하다.

시판되는 드리퍼로는 독일에서 고안된 추출구가 한 개인 메리타제와 3개인 카리타제, 그리고 원추형인 고노제가 있다.

각각 추출 속도, 추출 시간 등 다소의 차이는 있지만 추출 방법은 같다.

- **사용 기구의 준비** : 드리퍼, 페이퍼 필터, 서버, 포트, 계량 스푼
- **추출** : 배전정도는 기구나 취향에 따라 다르다. 가루는 1인분 12g, 물 온도는 90도~95도, 추출량은 1인분 120ml, 추출시간 약 3분.
- **추출 순서**

① 드리퍼와 서버에 뜨거운 물을 부어 데워 놓는다.

② 페이퍼 필터의 솔기(봉제선)를 서로 다르게 접어 드리퍼에 세트한다.

③ 중간 분쇄한 가루를 인원에 맞게 넣고 표면을 평평하게 한다.

④ 끓는 물을 잠시 두었다가 중심부터 나선형으로 외부로 물을 주입하고 가루 전체에 물이 전달되도록 30초 정도 뜸을 들인다.

⑤ 계속해서 나선형으로 몇 번에 걸쳐 물을 붓는다.

II. 플란넬 드립

1. 커피 마니아 중에서도 특히 커피맛에 집착하는 사람은 플란넬 드립으로 추출하는 사람이 많다. 시판되는 것도 있으나 플란넬을 구입해서 스스로 필터를 제작하는 사람도 있다.
2. 다만, 사용 후의 취급 상 주의(완료되었을 때 반드시 플란넬을 물에 담가서 거품이나 지방분을 제거해 둔다)를 기울이지 않으면 다음에 사용할 때 이취로 인해 위화감을 느낄 수 있기 때문에 가정에서는 오히려 페이퍼 드립으로 추출하는 것을 추천하고 싶다.

- **사용기구의 준비** : 플란넬 필터, 서버, 포트, 계량 스푼
- **추출** : 커피 가루의 양 1인분 10~12g, 로스트는 약간 강배전, 그라인드는 중간 분쇄, 온도 90도~95도, 추출량 120ml, 추출 시간 3분

① 플란넬 필터를 따뜻한 물에 잘 헹군 뒤 짜서 물기를 제거한다. 또한
   필터 안의 주름을 주먹을 넣어서 잘 편다.

② 필터 안에 약간 강배전한 가루를 중간 분쇄한 것으로 1인분 10~12g
   넣고 평평하게 한다.

③ 뜨거운 물을 포트로 옮기고, 중심 가루에서부터 뜨거운 물을 올려놓
   듯이 조금씩 나선형으로 주입하고 30초 정도 뜸을 들인다.

④ 표면의 가루가 마르면 두 번째로 뜨거운 물을 조금씩 나선형으로 주
   입한다.

⑤ 같은 요령으로 나선형으로 물을 주입하고 가루의 팽창이 끝나면 물
   주입을 끝낸다. 이것을 2,3회 반복하고 1인당 120ml까지 추출한다.

⑥ 사용 후의 플란넬 필터는 더운물로 씻어서 커피 지방분을 제거하고,
   물에 담가서 냉장고에 보관한다. 비누나 세제는 엄금이다.

Ⅲ. 사이펀

네이피어 진공식을 개량한 기구로 증기압으로 플라스크와 로드 사이를
뜨거운 물이 올라와서 커피가 추출되며 이것이 다시 하단 플라스크로 떨
어진다. 한때 많은 찻집에서 이 기구의 멋진 디자인과 함께 알코올 램프
에 의한 추출 방법의 연출 효과때문에 많이 사용되었다.

■ **사용하는 기구** : 사이펀 용구(플라스크, 필터, 로드, 스탠드, 알코올램프),
  스틱, 계량 스푼

■ **추출** : 커피 가루의 양 1인분 12g, 로스트는 약간 강배전, 그라인드는 중

간 분쇄, 뜨거운 물의 양 150ml, 추출시간 약 2분 30초.

■ **추출 순서**

① 로드에 필터를 세트하고 로드 고리를 채운다.

② 플라스크에 물을 넣고 플라스크의 바닥부터 알코올램프로 가열한다 (처음부터 끓는 물을 넣어도 상관없다).

③ 로드에 커피 가루를 인원수만큼 넣고 표면을 평평하게 만든다.

④ 로드를 플라스크에 삽입하면 플라스크 안에서 끓는 물은 기화한 수증기와 플라스크 내의 팽창한 공기 압력에 의해 관을 통해서 상부 로드로 상승한다.

⑤ 로드 안에서 커피 가루와 물이 잘 섞이도록 스틱 또는 스푼으로 저어준다.

⑥ 그대로 30초 정도 둔 다음에 알코올램프의 불을 끄면 수증기가 냉각되고 필터로 여과되면서 커피가 하단 플라스크로 떨어진다.

■ **취급상 주의** : 유리이기 때문에 깨지기 쉬운 것이 단점이다. 특히 플라스크 외부에 맺힌 물방울은 잘 닦고 나서 가열하지 않으면 파손의 원인이 되며, 사용 중에는 유리 표면이 뜨거워져 화상의 위험이 있기 때문에 주의가 필요하다. 사용 후에는 잘 닦아서 커피 지방분을 제거한 뒤 마른 행주로 완벽히 닦아 둔다.

■ **추출의 포인트** : 사이펀 기구는 마실 사람의 인원수에 맞는 것을 사용하여 3인용이라면 2인분 이상 만든다. 로드를 삽입하는 타이밍은 플라스크의 물이 끓기 시작해서 거품이 나오기 시작할 때이며 상온의 물을 끓이지 않고 이미 끓인 물을 처음부터 넣으면 추출 시간이 그

만큼 단축된다. 스틱으로 휘젓는 시간은 1분~1분 30초 정도이다.

IV. 에스프레소(모카 에스프레소, 가정용 기구)

- **사용하는 기구** : 가정용 에스프레소 기구(필터 바스켓), 탬퍼
- **추출** : 커피 가루 1인분 7~8g, 로스트는 강배전, 그라인드는 아주 가는 분쇄, 온도 95도 이상, 추출 시간 25~30초.
- **추출 순서**

① 상부 포트와 바스켓을 분리하고 하부 포트에 뜨거운 물을 넣는다.

② 바스켓에 강배전의 에스프레소용으로 분쇄한 가루를 넣고 단단히 다진 뒤 필터 바스켓에 넣고 기구를 세트한 다음 단단히 결합한다.

③ 가스를 강불로한 후 올려놓는다. 30초~1분간 사이에 '슉'이라는 소리와 함께 커피가 상부 포트로 올라온다.

④ 소리가 나지 않게 되면 상부 포트에 추출된 것이므로 데워놓은 컵에 재빨리 따른다. 진하고 쓴 맛이 있는 커피가 순간적으로 추출된다.

V. 워터 드립

'더치커피' 등으로 불리는 추출법으로 찻집이나 커피 전문점에서는 기구의 형태가 무드가 있고 물로 추출하면 커피의 지저분한 지방분이 대부분 나오지 않아 산뜻한 맛의 커피가 추출되므로 가정용 소형 기구로도 팔리고 있다.

- **사용하는 기구** - 워터 드리퍼, 계량 스푼, 포트

■ **추출** - 커피 가루 1인분 10g, 로스트는 강배전, 그라인드는 매우 가는 분쇄, 물은 1인분 100ml, 1회에 3인분 추출. 추출시간은 4~6시간.

■ **추출 순서**

① 기구를 준비하고 커피 가루를 인원수만큼 넣는다.

② 인원수만큼의 물을 넣고 스탠드에 세트한다.

③ 물이 떨어지는 후크를 풀어서 떨어지는 속도를 1초~2초에 1방울씩 떨어지는 스피드로 조절한다.

④ 4시간~6시간이면 더치커피가 추출되는데 그대로 엑기스로도, 얼음을 넣은 아이스커피로도 마실 수 있으며 데워도(끓지 않도록 주의하면서 70~75도로) 좋다.

VI . 퍼컬레이터

외형은 커피포트이지만 가루를 넣는 바스켓과 물을 통과시키는 파이프가 세트로 되어 있다. 보글보글 추출하는 소리가 나서 따뜻함이 있는 기구이다.

■ **사용하는 기구** : 퍼컬레이터, 계량 스푼, 포트
■ **추출** : 커피 가루 1인분 10~12g, 로스트는 중배전, 그라인드는 거친 분쇄, 물은 1인분 120ml, 추출 시간은 4~5분.
■ **추출 순서**

① 바스켓과 파이프를 분리하여 포트에 인원수만큼 더운 물을 넣는다.

② 바스켓에 인원수만큼의 커피 가루를 넣고 파이프를 끼운 뒤 포트에 세트한다.

③ 뚜껑을 덮고 중불로 가열한다.

④ 끓는 물이 증기압에 의해 파이프를 타고 올라가 가루가 들어있는 바스켓에 떨어져 바스켓의 다공판을 통해 아래로 떨어진다.

⑤ 이것을 몇 번 반복하면 커피가 추출된다. 커피의 농도가 보이는 유리 제품쪽이 끓어서 우려낸 커피를 만들기가 쉽지 않다.

기타 추출법으로는

• 자동추출기(가정용 전기 드립식 커피메이커)

• 보일링법

• 메리올('프렌치프레스'라고도 불리는 기구로 프랑스 가정에서 사용된다.)

• 커피 쉐이커

• 마키네타(macchinetta, 2개의 포트를 붙인 것으로 안에 커피 가루를 넣는 바스켓이 있으며 하단 포트에는 더운 물을, 바스켓에는 가루를 넣고 상부 포트를 씌워서 뒤집으면 더운 물이 바스켓의 가루를 통과하며 추출되어 커피가 된다. 중간 분쇄의 커피를 사용한다. 배전도에 따라 다양한 농도의 커피가 추출 가능하며 가루와 더운 물의 양에 따라 드미타스부터 모닝 컵까지 가능하다. 스페인, 멕시코, 이탈리아 등의 가정에서 애용된다).

• 체즈베를 이용한 터키 커피

등 다수의 기구가 있다.

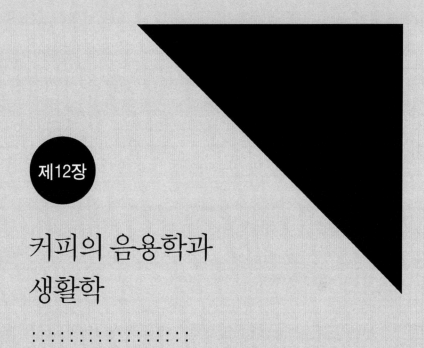

제12장

커피의 음용학과
생활학

: : : : : : : : : : : : : : : : : :

제1절
커피의 맛과 향 :

기호음료로서 커피의 가장 큰 특징은 그 향과 맛(풍미)에 있다고 볼 수 있다.

커피 원두는 배전(roast), 분쇄(grind), 추출(extraction)의 과정을 거쳐서야 비로소 우리들의 입 안에 들어와 향기와 미각 성분이 복잡하게 얽히며 아름다운 호박색의 액체와 그 안에 포함된 향기와 성분이 빚어내는 깊은 맛을 즐길 수 있는 것이다.

커피를 표현하는 말에는 바디, 방순(芳醇 · 향기롭고 맛이 좋음), 깊은 맛, 향기가 좋다는 여러 가지 표현이 있는데 좋은 향기, 좋은 맛의 커피를 어떻게 하면 맛있게 마실 수 있는 지를 생각해 보고 싶다.

Ⅰ. 커피의 신맛 · 쓴맛 · 단맛

커피의 맛은 쓴맛 안에 약간의 신맛이 있으며 마신 뒤에는 단맛이 남는 것이 최적인데 이들 신맛이나 쓴맛, 단맛 그리고 바디가 현재 다음과 같은 성분으로부터 추출된다는 것이 밝혀져 있다.

1) 커피의 신맛

커피의 맛은 크게 쓴맛과 신맛이 중심으로 조성되어 있다. 이 쓴맛과 신맛은 마시는 사람의 정신 상태에 따라 매우 달라지기 때문에 커피의 맛을 검정하는 프로인 컵테이스터(cup taster)에게는 감정적인 안정이 가장 중요하다고 한다.

맛 중에서 신맛은 과학적으로 분석해서 수치로 나타낼 수 있으며 커피의 신맛은 과일, 특히 감귤계가 가진 산미와 동일하고 약간의 단맛이 동반된다. 그래서 산미도(酸味度)를 배전 정도 등을 바꿔가며 측정해 보았다. 산미도는 pH(페하)라는 단위로 나타내며 pH7이 중성이다.

액체에 페하를 측정할 습도계 기구를 넣으면 수치가 나오는데 페하의 수가 작을수록 신맛이 강하다는 것을 의미한다.

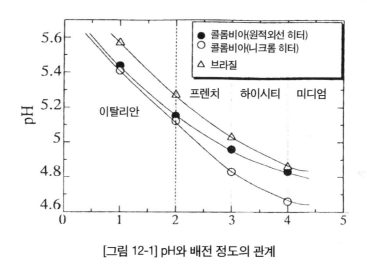

[그림 12-1] pH와 배전 정도의 관계

그래프(그림12-1)를 보면 같은 원두라도 배전이 강해질수록 신맛이 감소한다는 것을 알 수 있다. 콜롬비아의 약배전에서는 4.7pH, 강배전이 되면 5.1이 된다. 레몬의 pH는 1.8, 식초는 2.1, 오렌지는 3.8, 토마토는 4.1, 증류수는 6.4이다. 콜롬비아의 약배전은 토마토와 거의 같은 정도의 신맛이 난다고 볼 수 있다. 열원에 따라서는 신맛이 달라지는데 같은 콜롬비아라 하더라도 원적외선 히터를 사용해 배전한 경우보다 니크롬선을 사용하는 쪽이 신맛이 강해진다.

즉 같은 원두라 하더라도 짧은 시간 안에 볶는지, 천천히 시간을 들여 볶는지에 따라 신맛을 끌어내거나 억제하는 것이 가능해진다. 또한, 추출 직후보다도 시간이 지나서 식은 커피 쪽이 조금 신맛이 강해진다.

2) 커피의 쓴맛

커피의 쓴맛의 중심은 카페인으로, 카페인에는 흥분, 각성, 이뇨작용 등의 효과가 있다. 효능은 강하지 않지만 '잠을 깨우는 커피'나 기분을 전환하는 '커피 브레이크' 성도의 효과가 있다. 커피 성분을 조사하기 위해 커피를 취급하는 대기업과 이시카와현 공업 시험장에서 액체 크로마토그래피법으로 분석해 보았다.

기계가 그린 파형을 보면 트리고넬린, 타닌, 카페인 등이 포함되어 있었는데 쓰기만 한 결과였다. 또한 이와 같은 성분들을 합해 마셔보아도 커피맛과는 전혀 다른 맛이 났다. 커피에는 이들 쓴맛 외에도 신맛을 지배하는 유기산이 많이 포함되어 있다. 모든 것이 서로 섞여 미묘한 맛이 탄생한다. 인간의 손으로 조합해 보아도 쉽게 그 맛을 재현할 수가 없다.

카페인의 양은 커피 생산지나 수확한 해의 기후 등에 따라 달라진다. 게다가 배전에 의해 카페인의 일부가 휘발되기 때문에 배전이 강할수록 카페인의 양은 줄어든다. 품종에 따라도 큰 차이가 있다. 전 세계에 상업적으로 유통되고 있는 아라비카종은 로부스타종의 절반 정도의 카페인을 함유하고 있다.

쓴맛의 중심인 카페인 양이 줄어들었는데도 웬일인지 강배전하면 쓴맛이 증가하는 것은 배전에 따라 새로운 쓴맛 성분이 생성되기 때문으로 생각해 볼 수 있다.

단 미각에는 실로 개인차가 있다. 학생 시절 친구들끼리 하이킹 가서 음식을 만들었을 때 교육학부에서 가정을 전공한 여성이 있었는데, 조미한 된장국을 마시고 "1% 짠맛이 부족해"라고 말했다.

1%의 짠맛이 무엇인지 알 리가 없다고 물고 늘어지자 "매일 분석하고 있기 때문에 안다."고 말했다. 결국 그녀에게 그 1%의 짠맛을 더해달라고 부탁했다. 만족스러워 보이는 그녀를 보면서 완성된 된장국을 마셨지만 똑같은 맛으로밖에 느껴지지 않았다.

그러나 이제와서 생각해보면 그것은 사람의 미각에 대한 역치(閾値)의 차이로 그녀가 말한 것이 틀린 것이 아니었다는 것을 알 수 있다.

3) 역치라는 것은 무엇인가

사람이 일상적으로 경험하는 맛의 감각은 다양한데 이들 맛은 소수의 기본이 되는 맛의 혼합에 의해 설명 가능한 것으로 생각되어져 왔다. 1924년에 헤닝(Henning)은 4기본맛(짠맛, 신맛, 단맛, 쓴맛)을 정점으로 하는 미사면체(味四面体)를 고안했다. 실제로는 이 4기본맛으로 설명이 불가능한 맛도 있으며 최근 이것에 '감칠맛'을 추가하는 견해도 있다. 감칠맛은 일본에서 발견되어 1985년 국제적으로 인정받았다.

그리고 역치(閾値)는 이 기본미의 정미(呈味) 성분을 느낄 수 있는 최저 농도의 수치를 말한다.

미각은 우리에게 맛이 있고 없고를 느끼게 해 준다. 물이나 타액에 녹은 음식물의 가용성 물질을 혀로 느끼고 혀의 점막에 있는 미뢰 안의 신경을 과학적, 물리적으로 자극함으로써 맛이 느껴진다. 미각 세포가 자극을 받아 신경을 지나 뇌의 중추에 전달된다. 그리고 짠맛, 신맛, 단맛, 쓴맛의 4기본맛에 후각, 촉각, 온도 감각이 더해지고 떫은맛, 아린맛, 금속맛, 알칼리맛, 촉미(触味)를 보조적 맛으로 보고 있다.

미각을 담당하는 미각 세포, 감각 세포로 맛을 느끼는 곳은 혀의 선단, 주변, 혀뿌리 부분, 배면으로 한정되어 있다. 기본미를 강하게 느끼는 특정 장소가 있지만 정미(呈味) 성분을 느낄 수 있는 최저 농도인 역치는 부위 외에도 물질, 온도, 생리상황, 연령, 성별에 따라서도 받아들이는 미각이 달라진다. 정미(呈味) 성분의 역치는 상온에서 짠맛(식염) 0.2%, 단맛(설탕) 0.5%, 신맛(초산) 0.012%, 쓴맛(키니네) 0.00005%, 감칠맛(글루탐산 탄산 소다) 0.03%(출처 : 도모다 고로《커피학 서설》)정도로 표시된다.

주로 '짠맛과 단맛은 혀끝으로, 신맛은 혀둘레, 쓴맛은 혀뿌리에서 느낄 수 있다'고 하는데 그렇다고 해서 완전한 분업이 이루어지는 것은 아니다.

조사에 의하면 간을 맞추는데 있어 모든 맛에서 여성이 남성보다 흐린 농도의 수용액에서 맛을 잘 인식할 수 있으며 남녀 모두 나이가 어릴수록 연한 맛을 잘 인식할 수 있다고 한다.

뇌에 대한 미각의 자극은 신맛이 가장 강하고, 쓴맛 〉 짠맛 〉 단맛의 순서로 전달된다.

4) 커피의 미분과 바디

커피 원두를 분쇄하면 당연히 부스러기(Chaff, Silver Skin)가 나온다. 그 중에서도 0.3mm 이하의 미분이 커피 맛을 크게 좌우한다고 한다.

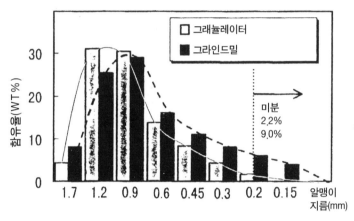

[그림 12-2] 분쇄 커피원두의 입도 분포

일반적으로 미분은 아린맛이나 떫은맛, 중미(重味)의 원인이 된다고 한다. 약 20년 전 가나자와시에서도 '아라비키(粗挽き, 굵은 분쇄) 커피점'이라는 캐치프레이즈를 내세우고 산뜻한 맛의 굵은 분쇄 커피를 내놓는 가게가 유행 했었다. 이들 가게들은 커피 맛에 지나치게 공을 들인 나머지 미분을 제거하고 커피를 제조했다.

어느 정도 맛의 변화가 있는지 학생 10명을 대상으로 시음해 보았다.

약간 강배전한 원두를 중간 분쇄(0.5~1.0mm)로 분쇄하고 미분을 완전히 제거한 뒤 서서히 미분을 더해가면서 학생들에게 마시게 했다. 처음에는 미분을 더한 쪽이 감칠맛이 있으며 단맛이 난다는 감상이 많았으나 점차 불쾌한 맛이 난다는 목소리가 높아졌다. 커피 명인들은 경험에 의해 이 미분의 양을 잘 조절하여 적정한 바디나 무거움을 풍미면에서 끌어내기 위해 사용하고 있는 것 같다.

미분은 원두를 분쇄할 때 생기는 열을 가지고 있으며(날의 구조나 날의 마모 정도, 분쇄 입도에 따라 각각 다르지만 섭씨 33도~38도 정도의 온도) 이로 인해 맛이 열에 의해 산화되어 달라지는 것으로 보인다. 커피밀은 찻집에서 사용되는 커팅밀과 가정에서 주로 사용되는 그라인딩밀 2종류가 있다.

미분의 양은 칼날로 원두를 잘라서 가루로 만드는 커팅밀 쪽이 절구처럼 콩을 갈아서 가루로 만드는 그라인딩밀보다 적게 나온다.(그림 12-2)

다만, 여기에서 주의해야 할 것은 아무리 커팅밀이라 해도 그 기능이 영원히 일정하지는 않으며 칼날의 이가 빠지거나 마모되기도 한다는 사실이다. 최근에는 칼날을 세라믹으로 만들거나 정전기로 미분을 제거할 수 있게 고안한 밀이 제작되고 있다.

한편 아린맛과 떫은맛은 추출 시에 채프(Chaff, Silver Skin)가 가루 안에 섞여 있어 추출시간에 영향을 주고(페이퍼 필터의 표면에 달라붙어), 이로 인해 추출 효과가 나빠져 그 결과 아린맛과 떫은맛의 원인이 되고 있는 것으로 보인다.

5) 추출 시의 거품

커피를 추출할 때에는 반드시 작은 거품이 생긴다. 커피 가루가 신선하면 할수록 작은 거품이 많이 생긴다. 페이퍼 필터나 플란넬에 균일하게 더운 물을 부어 추출한 경우 이 거품이 표면상에 생기게 된다. 커피는 원래 식물섬유를 볶은 것으로, 현미경으로 보면 작은 다공질이 무수히 존재하는데 그 안에 배전 시에 생긴 이산화탄소나 공기가 들어있기 때문에 거품이 생기는 것이다. 다만, 갑자기 큰 거품이 생기는 경우는 가루 전체의 표면에 구석구석까지 뜸을 들이기 위한 더운물이 미치지 못했기 때문인 것으로 물이 미치지 못한 부분에서 큰 거품이 발생한다.

에스프레소의 거품(크레마, 크림)은 고압으로 추출되기 때문에 그만큼 많은 가스가 물 안에 녹아들고 이것이 기계를 통해 나와 대기 중의 통상 기압으로 돌아온 순간 기포가 되어 나오는 것이다.

II. 추출의 맛과 변화

커피액은 일반적으로 10g의 가루에서 120cc 정도의 커피 엑기스를 추출할 수 있다. 다시 말해 보다 많거나 적게 커피 엑기스를 만드는 것은 커피의 고형분을 어디까지 진하게 하느냐, 연하게 하느냐의 문제이다.

500g의 가루를 플란넬 드립 방식으로 추출해 보았다.

전체에 더운 물을 부어서 충분히 부풀게 하는 이른바 '뜸들이기'에서 가루는 산과 같이 부풀어 오르는데, 이와 같은 작용을 통해 가루 한 알, 한 알의 섬유가 충분히 확장되어 커피의 고형 성분이 배어 나오게 되는 것이다.

이어서 가루의 한가운데를 향해 조용히 더운 물을 주입하는데 물을 주입하는 위치는 마지막까지 바꾸지 않는다. 이와 같은 조건으로 10cc씩 차례차례 5잔의 커피를 추출했다.

첫 번째와 두 번째 컵, 즉 최초의 20cc까지는 실로 진하고 향기도 좋은 커피액이 나왔다. 입에 머금자 걸쭉하고 향기가 입안으로 부드럽게 퍼졌으며 뒷맛이 입안에 남았다가 자연스럽게 사라졌다. 이것이야말로 최고의 커피 엑기스인 것이다.

세 번째 컵 이후에는 확실히 맛이 달라졌다. 엑기스 커피는 500g에 20cc니까 계산상으로 10g이라면 0.4cc가 된다.

이와 같은 적은 양의 엑기스를 보통 '레귤러 커피'에 어떻게 활용하고 있는지 다음과 같이 실험해 보았다.

50g의 가루를 뜸을 들인 뒤 서버에 500g 가루 실험과 동일한 요령으로 추출했다. 서버 안의 커피액은 상단 3분의 1 정도까지는 색이 진하고 하단 쪽은 색이 옅고 조금 탁했다. 위쪽의 액체가 처음 추출한 액으로 나중에 추출한 액에 비해 비중이 작다는 것을 알 수 있었다. 이들 사실을 종합해 보면 양질의 액을 추출하기 위해서는 다음과 같은 순서가 좋다고 볼 수 있다.

중심부에 물을 주입하여 처음 3분의 1에 해당하는 커피액을 추출하고 이후 주변부에 동심원을 그리면서 남은 커피액을 추출한다. 즉 일반적으로 실시되고 있는 추출법으로 많은 레귤러커피는 이와 같은 액체 상태에서 만들어진다고 생각된다.

Ⅲ. 커피 맛 점수표 작성

"커피 맛은 어떤 맛입니까?" 많은 사람이 커피에 대해 하는 질문 중에서 가장 많은 질문이다. 맛있는 커피 맛은 크게 나눠 쓴맛, 신맛, 떫은맛, 단맛 그리고 향이라고 볼 수 있다.

커피 비즈니스가 다른 농산품과 크게 다른 점은 맛, 향에 의한 평가가 만들어져 있어 전문 테이스터에 의해 평가된 점수로 가격차가 발생하고 매매가 이루어진다는 점이다. 따라서 맛이나 향의 평가는 매우 중요한 가격 요소, 상품화가 된다.

기품 있는 신맛과 단맛을 강하게 실감해 보고 싶을 때는 질이 좋은 콜롬비아 스트레이트 커피 콩을, 여기에다 바디와 향기를 더한 맛을 알고 싶으면 콜롬비아, 과테말라, 만델링, 브라질을 4·2·2·2의 비율로 블렌드하는 것이 좋다. 물론 배전, 추출법, 물 온도나 성분에 따라서도 맛이 달라진다. 따라서 자신의 취향에 맞는 맛을 발견하고 싶은 경우에는 표와 같이 커피 점수표를 만드는 것을 제안하고 싶다.

커피를 입에 머금었을 때의 느낌을 메모해 둔다. 한 잔의 커피를 입에 머금는다. 먼저 느낀 것이 쓴맛이라면 쓴맛의 마크를 강한 단계에 기입한다. 다음 한 모금 머금고 신맛을 느꼈으면 신맛에 마크를 한다.

표는 콜롬비아와 모카를 3대 1의 비율로 블렌드했을 경우의 점수표로 중배전의 원두를 페이퍼 필터로 추출했다.

약 ← → 강

구분	1	2	3	4	5
쓴맛		○			
신맛				○	
단맛				○	
떫은맛	○				
향				○	
감칠맛				○	

[표 12-1] 커피맛의 점수표

콜롬비아의 단맛과 신맛을 유지하면서 모카의 쓴맛과 감칠맛이 더해진 블렌드이다.

블렌드는 일반적으로 2~4종류의 원두를, 많을 때는 7종류의 원두를 사용해서 맛의 조화를 이루는 작업으로 이들 원두의 블렌드를 시작으로 여러 요소가 얽힌 커피 맛은 계산상으로는 무수한 조합이 존재한다. 무수하다고 해도 표로 정리해 보면 자신이 판단할 수 있는 맛의 범위를 스스로 파악할 수 있으며 이 표로 자신의 커피 일기를 만드는 것도 좋다.

제2절
SCAA의 평가 기준 :

이번 항에서는 전문적인 평가 기준으로 최신의 커피 맛과 향에 관한 관능 평가표를 세계적 기준치로서 아메리카 스페셜티 커피협회(SCAA)가 제정했기 때문에 이에 대해 자세히 살펴보도록 한다.

커피는 생두 단계에서는 배전두에서 나오는 것과 같은 향(방향)과 맛(풍미)이 전혀 없다. 생두에 열을 가함으로써 생두에 포함된 수분이 증발되고 포함되어 있던 각종 성분 변화가 작용하여 독자적인 맛과 향기가 나게 된다. 배전에 의해 형성되는 향기 성분의 대부분은 자당, 아미노산, 클로로겐산으로부터 만들어지는데 주요한 것만도 40가지 정도가 밝혀졌으며 전체적으로 그 수는 650종류 정도가 알려져 있다.

동시에 포함된 성분 변화에 의한 신맛과 쓴맛 입에 머금었을 때의 특징적인 맛의 양 변화, 질 변화는 각각의 산지 특성과 배전 가공에 의한 풍미의 차이로 나타난다.

커피 생산국은 전 세계에서 70여 개국이 있으며, 많고 적음의 차이가 있기는 하나 50여 개국에서 일본으로 커피 콩이 수입되고 있다. 주요 생산국은 커피 수출로 국가 재정을 형성하고 있기 때문에 그 한정된 생산국에서는 커피 재배 지도와 품질 관리에 중요한 중점 정책을 실시하고 있기는 하나 콩의 형상이나 이물 점수, 음용 조건, 전통에 중점을 둔 규격을 마련하고 있을 뿐이며, 향(방향)과 맛(풍미)에 대해 브라질 외 4~5개국만이 결점수 체크 규격을 마련하고 있다. 한편 소비국에서도 과거 경험적, 전통적인 방식의 평가에 한정되어 있다.

SCAA(Specialty Coffee Association of America)가 1980년대에 설립되어 커피 향이나 맛의 과학적 평가법과 평가자의 관능을 포함한 시스템 작성에 착수했다. 그 중에서도 종래의 결점을 발견해서 배제하는 방법에서 맛의 특성을 찾아내는 방법으로 평가법을 완성했다. 이 평가법에 의해 선출된 콩은 스페셜티 커피(Specialty Coffee)로 불리며, 협회는 생산국, 소비국 전체의 글로벌 스탠더드화를 목적으로 커피 커핑(cupping) 기준을 작성했다. 그 결과 최신 SCAA 규격의 커핑폼은 다음의 내용으로 집약된다.

SCAA가 작성한〈Coffee Cupper's Hand book〉,〈Coffee Cupping Protocol〉,〈Roasted Coffee Beans에 관한 SCAA 인증기준〉등의 영문 사양서나 그 일부 번역 자료에서 발췌·참조하고, 다년간의 체험과 실습으로 터득한 결과에 대해 다음과 같이 정리한다.

1) 필요한 설비 기기와 준비

배전과 커핑 준비: 배전 샘플, 에그트론 측정기(Agtron사 제품), 기타 색

차계, 분쇄 기구, 커핑 테이블, 깊고 패인 곳이 있는 커핑 스푼, 계량기구, 물 끓이는 설비, 청결한 도구, 뚜껑이 달린 커핑 글래스, 필기 용구 및 기록지

환경 : 적절한 조명, 기구류는 깨끗하고 아로마가 없을 것, 청결하고 정적인 분위기, 쾌적한 실온, 전화 등의 외부음이 차단된 방

> ■ SCAA가 권장하는 커핑 글래스는 5 또는 6온스의 맨해튼 또는 록 글래스(rocks glass)이다. 컵은 청결하고 다른 방향(芳香)이 없는 것으로 뚜껑 재질은 상관없다.

2) 지각 평가 가이드라인

- 샘플 평가를 하는 1시간 전부터는 식사를 하지 않는다.
- 맛이니 풍미가 강한 식품은 평가 30분 진에는 삼간다.(담배, 껌, 지약, 사탕, 목캔디 등)
- 향수, 코롱, 로션의 사용은 피한다. 무향수 비누로 손을 씻는다.
- 개시 전에 당일 평가의 확인, 질문, 해답 방법에 대한 사전 협의를 종료한다.
- 테이스팅 전후에 입을 물로 헹군다. 맛이 강한 샘플을 테스트하는 경우 무염 크래커를 먹는다.
- 커피에 포함된 당분(단맛)을 확인하기 위해 1리터의 물에 5g의 설탕을 녹인 물을 커핑 전에 머금는다.
- 평가는 객관적으로 실시하며, 개인의 취향을 전면에 내세우지 않는다. 대상 샘플 또는 참고 샘플과의 차이가 어떤지를 기술한다.

- 평가 중 평가자끼리 사담이나 평가 의견 교환은 하지 않는다.
- 샘플은 충분히 입안에서 굴린 뒤에 뱉어낸다.
- 평가를 실시하는 최적 시간대는 오전 10시부터 점심 사이이다.

3) 샘플의 기준과 조건

- 순도기준(배전 커피 제품)은 99.9% 순 커피일 것.
- 측정 방법은 ISO10470에 근거하여 커피 결함의 중량에 의해 측정된다. 소위 1파운드의 커피(453g)에 0.1% 이상의 결함두, 혹은 커피 이외의 이물(가지, 돌, 외피)이 혼입되지 않은 것. 453g × 0.001=0.453g의 결함두, 혹은 약 5알의 순 커피 생두의 중량.
- 샘플에는 배전일, 심사일, 샘플명, 생산지명, 지역, 심사원의 이름 등 정확한 조건을 기입한다.
- 배전 샘플은 테스트 전 24시간에 준비, 배전 후 8시간은 그대로 둔다.
- 배전도는 Light에서 Light Medium Roast로 설정한다.
- (에그트론 기준치로 원두가 58, 가루가 63±1점(Agtron Roast tile No.55, 55-60이 베이스가 된다)
- 배전 시간은 8~12분의 범위에서 끝낼 것. 탄 것이나 한쪽 면만 탄 것이 없을 것.
- 샘플은 바로 공기 냉각한다.
- 실내 20℃에서 샘플을 가능한 한 공기와 접하지 않도록 시원하고 어두운 곳에 보관하며, 냉장이나 냉동 보관은 엄금한다.

4) 감정작업과 평가

- 최적의 물의 양은 150ml, 계량은 8.25g($\pm$0.25g).
- 홀 로스트 빈즈(배전두)의 배전도, 형상, 향을 눈으로 확인
- 그라운드 커피(커피 가루)의 향, 배전 컬러를 눈으로 확인
- 추출액의 아로마, 산미, 풍미, 후미, 밸런스, Body, clean cup, 단맛, 결점 등 종합적으로 평가
- 구조 : 스푼으로 커피를 떠서 흡입하여 커피를 혀 전체에 골고루 퍼지게 해서 후각기관(목 안, 상부)으로 휘발시키는 것으로 맛을 지각한다.
- 후각평가 : 후각이 주가 되어 커피 지각에 작용한다. 컵 안의 크라운/크러스트를 부서서 아로마를 액체에서 기체로 변화시켜 흡입하고 커피를 마셔서 아로마를 지각한다.
- 미각평가 : 커피 가루에서 추출된 수용성 물질이 작용해서 미각(단맛, 신맛, 짠맛, 쓴맛)을 지각하게 된다.
- 입에 닿는 감촉: 입에 넣었을 때의 감각(점도)

5) 커핑

- 분쇄는 더운 물을 넣기 15분 전이 최적
- 30분 정도 전에 분쇄하여 컵 뚜껑을 덮어 둔다.
- 샘플은 whole beans로 계량해 둔다.
- 분쇄 입도는 페이퍼 드립으로 통상적으로 하는 것보다 좀 굵게 분쇄한다.
- 전체의 70~75%가 미국 표준 사이즈 20메시(mesh)를 통과하는 사이

즈로 한다.

- 샘플은 각 5컵 기준. 분쇄 직후에 테스트컵에 넣는다.
- 몇 개의 샘플을 여러 사람이 커핑하는 경우 브레이크 조건을 사전에 정해 둔다(브레이크의 개시, 브레이크의 횟수, 브레이크의 컵 등).
- 브레이크 후의 외피, 거품 제거 작업은 더블 스푼으로 행한다.

6) 드립 방법

- 물은 신선하고 무취인 것을 사용한다. 증류수, 연화수는 적합하지 않다.
- 더운 물의 온도는 93℃ 정도, 컵 안에 계량해서 넣어둔 가루 위에 더운 물을 직접 컵 상한까지 붓는다. 평가 전에는 가루를 약 3분간 조용히 더운 물에 담가 둔다.

7) 샘플 평가

Coffee Cupping Date Sheet
(관능검사를 실시하는 세 가지 이유와 그 목적)

- 샘플 간의 실제 관능의 차이를 밝혀내기 위해.
- 샘플의 맛, flavor에 대한 실증 기술(記述)을 하기 위해.
- 제품선택 결정을 위해(원료두 구입 목적, 단품인지 블렌드용인지)
- 교육, 트레이닝을 목적으로.
- QA시스템 개발을 위해.

8) Cupping Protocol (평가, 감정)

- 커핑 프로토콜(평가, 감정)에서는 특수한 맛의 특성이 분석되고 커핑 테이스터(taster)의 감각을 활용하여 샘플의 수치 등급으로 평가한다.
- 이후 샘플간 득점 비교가 가능하며 고득점을 받은 커피는 저득점을 받은 커피보다도 훌륭하고 뛰어나다는 평가를 얻게 된다.
- 커핑 용지의 폼은 커피의 11가지 중요한 맛 특질을 기술한다.
- 특정 맛의 특질은 커퍼(cupper)의 판단점을 반영하는 플러스 점수이며, 결점은 불쾌한 맛감각을 나타내는 마이너스 점수이다. 종합 점수는 각 커퍼(cupper)자의 평가로 맛감각에 근거한다. 6~9까지의 수치 사이의 4분의 1중에서 질(質) 레벨에 상당하는 16점의 등급으로 평가된다.
- 평가 항목, 기입 항목

  Sample No.(평가할 샘플의 번호, 기호)

  Roast Level of Sample(샘플의 배전 정도)

  Fragrance/Aroma(방향/아로마)

  　　Dry(가루 상태에서의 감응 평가),

  　　Break(물로 인해 침출되어 브레이크했을 때의 감응 평가)

  Uniformity(균등성)

  Clean Cup(클린한 컵)

  Sweetness(단맛)

  Flavor(맛)

  Acidity((신맛) (Low, Height, 낮다, 높다)

Body(Thin, Heavy, 약하다. 강하다)

Aftertaste(후미, 목넘김)

Balance(전체적인 밸런스)

Overall(전체 종합 평가에서 개인적인 취향)

(Uniformity, Clean cup, Sweetness의 3항목은 2점에서 10점까지)

(기타는 최저 6점에서 10점까지)

Total score(총점수)

Defect(결점수)

Taint(오염) Fault(결함, 결점)

Cups Intensity(컵의 결점 평가 총수)

Final Score(종합평가점수)

• 종합평가 점수에 대해

95-100	매우 뛰어난 모범적 평가의 커피	Super, Premium, Specialty
90-94	매우 뛰어남	Super, Specialty
85-89	우수	Specialty
80-84	매우 좋다	Premium
75-79	좋다	통상의 좋은 질
70-74	보통	보통 품질
60-70		교환 등급
50-60		Commercial
40-50		등급 이하
〈 40		등급 외

상기의 등급은 이론적으로 0의 최소치에서 10점의 최대치까지이다. 최하위의 등급(2~6)은 결점 타입과 레벨 평가를 위해 커핑되는 커머셜 커피에 제공 가능하다.

(1) 커핑 샘플 평가 절차

샘플의 로스트 정도 컬러를 보고 시각적으로 상세하게 조사한다. 특정 맛 특질의 등급 기준으로 사용한다. 각 특질을 평가하는 순서는 맛의 관능 변화에 근거하여 커피가 식어감에 따라 시간적으로 변화하는 것을 확인한다.

▪ 스텝 No.1 Fragrance, Aroma(방향/아로마)

• 분쇄한 커피 샘플이 발하는 기체의 향기(Fragrance)와 추출한 커피에서 나오는 증기의 아로마(Aroma, 방향)를 배전 후 15분 이내에 냄새를 맡아 평가한다.

• 거친 분쇄 가루는 물을 통과한 뒤 3분 이상 5분 이하가 완전하다. 이것을 3회 뒤섞은 뒤(브레이크) 부드럽게 냄새를 맡으면서 스푼의 등을 흐르도록 한다. 그리고 방향/아로마의 점수를 건조와 젖은 평가로 나누어서 양쪽을 기록한다.

• 커핑 프로세스 중 3가지 스텝으로 평가 가능하다.

  – 더운 물을 주입하기 전에 컵 안의 가루 냄새를 맡는다.

  – 외피가 부서지기 전에 나오는 아로마를 맡는다.

  – 커피가 추출될 때 나오는 아로마를 맡는다.

▪ 스텝 No.2 Flavor, After taste, Acidity, Body, Balance

• 테스트 샘플 커피의 액체 온도가 섭씨 70도 정도(10~12분 후)가 되었을 때 개시한다. 입 특히 입천장을 가능한 한 덮도록 액체를 흡입한다. 증기가 입 안에서 고온 상태에서 안개 상태로 퍼지기 때문에 이 시점에서 맛과 후미를 평가한다.

• 커피가 서서히 식어 가면 이어서 산미, 바디, 밸런스를 평가한다. 밸런스는 맛, 후미, 산미와 바디가 어느 정도 잘 조합되어 있는 지를 평가한다.

• 샘플이 식으면 몇 가지 다른 온도에서 2~3회 실시한다. 16점 등급의 샘플 평가에는 커핑 용지에 체크를 끊임없이 체크한다. 변경한(고쳐 쓴) 경우 다시 가로선 등급에 체크를 마킹하고 최종 득점 방향을 나

타내는 화살표를 표시하면 알기 쉽다.

- Flavor(맛)는 커피의 주요 특징, 아로마와 산미의 첫인상에서 최후의 후미까지의 [중간적 범위를 나타낸다. 이것은 미각(미뢰)과 입에서 코로 향하는 아로마의 종합적 인상에 해당한다. 맛 점수는 커피를 머금었을 때 느껴지는 맛과 아로마의 조합의 강함, 질과 복합성으로 전 구개를 포함한 평가를 한다.
- Aftertaste(후미)는 입천장 뒤쪽에서 나와 커피를 뱉어내거나 삼킨 뒤에도 남는 플레이버(맛과 아로마)의 지속 시간으로 정의할 수 있다. 후미가 짧거나 혹은 불쾌한 경우 저득점이 된다.
- Acidity(산미)는 추출한 커피액 안에 있는 수소 이온이 주는 미각 자극의 구체적 느낌, 즉 신체적으로 느끼는 느낌이 산미이다.
- 산미는 정량적 측정이 가능하지만 미각적으로는 개인차가 있으며 '약간 달다'부터 '약간 시다'까지의 폭이 있다. 개인적 취향을 반영하지 않도록 할 것.
- 산미는 좋은 맛의 경우 '밝음'으로, 나쁜 맛은 '떫은 신맛'으로 평가된다. 최고의 산미는 '상쾌', '단맛'과 신선한 과일의 성격에 기여해서 처음 커피를 입에 머금었을 때 즉시 느껴져 평가된다.
- 과도한 산미나 우세한 산미는 깊다고 느껴지는 경우가 많다.
- Body는 입 안에서의 액체의 촉각 느낌으로 특히 혀와 구강 내의 상부에서 느껴지는 감각. Body가 강한 대부분의 샘플도 음료의 콜로이드(colloid)에 따라 고득점을 받는 경우가 있다.
- Balance(밸런스)는 샘플의 맛, 후미, 산미와 Body와 다양한 측면이 어떻게 서로 작용하는지, 서로 보완하는지 아니면 대조하는지가 밸

런스이다.

■ 스텝 No.3 단맛, 균등성, 클린 컵

- 커피 샘플액이 실온(20도 전후)에 달했을 때 단맛, 균등성, 클린 컵을 평가한다. 이들 특성에 대해서는 테스트를 하는 사람 개개인이 판단을 내리고 1물질 당 2점(최고점 10점)을 부여한다.
- 커피 샘플액 온도가 섭씨 16도 정도가 되었을 때 테스트의 평가를 종료하고 종합점을 정한다. 전 특질의 조합에 근거한 커핑 테이스터의 점수로서 제출한다.
- Sweetness(단맛)는 좋은 맛의 만족도. 이 감각은 탄수화물의 존재에 기인한다. 단맛의 반대가 신맛, 떫은 맛, 혹은 '풋' 맛이다.
- 소프트 드링크 등의 자당이 많은 제품과 달리 이 특징은 직접 느낄 수 없을지도 모르지만 맛 외의 특성 물질에 영향을 준다.
- Uniformity(균등성)는 각각 다른 샘플의 맛의 일관성을 말한다. 컵의 맛이 다른 경우 이 균등성 점수는 높지 않다.
- Clean Cup은 첫 인상부터 마지막 후미까지 마이너스 인상이 없는 컵이 투명감이다. 커피와 다른 맛 또는 향이 있는 컵은 실격시킨다.

■ 스텝 No.4 득점

- 샘플 평가 후 전 득점을 합계하여 최종 득점을 우측 상단의 공란에 기입한다. 종합 점수는 개개의 참가자가 느낀 샘플의 전체적 등급을 반영한 것이다. 매우 좋은 측면을 많이 갖춘 샘플이라도 '필요한 수준'에 미치지 못하는 경우 저득점이 된다. 생산지 특유의 맛과 특징에 관해 기대에 부응하는 커피라면 고득점이 되는 것이 당연하다.

■ **각자의 특정 요소 득점**

• 플러스 특질 중 몇 가지는 두 가지 체크 표시 등급이 있다. 세로선의
상하 등급은 리스트된 관능 특성 요소의 강도를 랭크 표시하기 위해
사용하고 평가자의 기록용으로 쓴다. 가로선의 좌우 등급은 질(質)
샘플과 참가자가 경험상 이해하고 있는 취향을 평가하기 위해 사용
되며 특질 득점은 커핑 용지의 적당한 란에 기술한다.

■ **결점**

　결점은 커피의 질을 떨어뜨리는 마이너스 맛 또는 부족한 맛으로 2
가지 방법으로 분류된다. 오염은 현저하게 맛이 떨어지지만 압도적인
것은 아니며 통상 향에서도 찾아볼 수 있다. 오염은 (2)점이 된다. 결함
은 통상의 경우에도 볼 수 있지만 압도적이든지, 샘플을 맛이 없게 만
들어 (4)점이 된다. 예를 들면 시거나, 고무 같거나, 발효, 석탄산 등. 결
점의 정도를 2나 4로 나눠서 계산해서 점수에서 제한다.

제3절
커피와 물 · 설탕 · 크림 :

I. 커피와 물

커피 추출학과도 관련되지만 추출 시에 사용하는 물도 커피 맛에 영향을 준다.

물은 경수(센물)와 연수(단물)로 나뉘는데 간단하게 말하면 물에 포함된 칼슘과 마그네슘의 양이 많으면 경수, 적으면 연수라고 할 수 있다.

일본의 경우 일상에서 마시고 있는 수돗물도 연수이기 때문에 커피 추출에 적합한 물이라고 할 수 있다.

경수로 커피를 추출하면 주요 성분인 카페인이나 양질의 탄닌의 추출이 저해되기 때문에 커피맛이 떨어지는 경우가 있다.

일반적으로 유럽의 물은 경수가 많아 경수로 추출해서 좋은 맛을 내기 위해 옛날에는 강배전을 했다. 또한 농축 무가당 연유를 듬뿍 넣는 것도 동일한 효과를 기대하기 때문인데 이것은 거꾸로 일본인에게는 너무 쓰다고 여겨졌던 커피에 밀크가 어우러짐으로써 이루 말할 수 없이 좋은 깊은 맛을 내게 되었다.

따라서 약배전 커피는 북유럽을 제외한 유럽에는 맞지 않는다. 그런 점에서 세계적으로 좋은 연수를 가지고 있는 일본인은 축복받았다고 할 수 있다. 그러나 근년에 일본의 물도 생활수와 공장배수 등에 의한 오염이 눈에 띄고 있고 수돗물에는 염소가 포함되어 있어 석회 냄새가 강한 경우도 있다.

이와 같은 사실을 바탕으로 다음과 같은 것에 주의해야 한다.

① 수돗물의 염소 등을 제거하기 위해서는 활성탄 여과기를 설치하거나 녹 등의 오염을 제거하기 위해 수도꼭지에 설치하는 기구를 사용하는 것도 하나의 방법이다.

② 아침에 제일 먼저 수도꼭지에서 나오는 물은 전날 밤부터 괴어 있던 것으로 녹이나 염소가 강하므로 조금 틀어놓았다가 사용한다.

③ 추출에 사용하는 더운 물은 반드시 찬 물에서부터 끓인 물을 사용하며 순간 온수기의 더운 물이나 보온병에 들어 있던 물을 다시 끓인 것은 피하는 것이 좋다.

무엇보다 "그런 것에 주의하지 않아도 수돗물이라면 아무 문제없다. 미네랄워터라든지 수질이 좋다던지 하는 것과 커피 맛은 관계없다. 그만큼 커피는 강한 것이다."라고 50년 가까이 영업을 계속해온 커피 전문점 점주들의 이야기도 일본의 경우 그 정도로 물에 신경 쓸 필요는 없다는 것으로 생각할 수 있다.

물에 대해 더욱 상세하게 조사한 결과는 다음의 내용과 같다. 커피에 적합한 물이라는 표제는 너무나 깊이 들어가는 것이기 때문에 재료를 한정해서 검증해 보았다(이하는 모 대기업의 커피연구실에 검증 의뢰).

1) 정제수 순수(純水), 테스트 커피는 콜롬비아

(시험용도로 시판되고 있는 순수)

배전일	L치	pH	BX	산도	수율	ABS720/420
990412	34.5	4.884	1.3	601.7	26.98	0.690/0.094
990408	31.3	4.956	1.4	563.2	26.95	0.720/0.049

990412	27.3	5.200	1.3	469.8	26.30	0.700/0.039
990408	26.3	5.204	1.6	468.5	28.27	0.820/0.041
990407	23.6	5.412	1.6	371.2	28.87	0.840/0.036
평균치	28.6	5.131	1.4	494.9	27.47	0.754/0.052

2) 일반 공업용 음료캔 메이커의 이온 교환수, 테스트 커피는 콜롬비아

(지하수를 퍼 올린 이온 교환 순수)

배전일	L치	pH	BX	산도	수율	ABS720/420
990412	34.9	4.832	1.3	576.0	26.45	0.540/0.045
990408	31.3	4.882	1.3	556.8	28.67	0.670/0.056
990412	27.3	5.072	1.4	490.2	28.58	0.690/0.037
990408	25.7	5.130	1.3	472.3	30.33	0.790/0.035
990407	23.5	5.332	1.6	385.3	32.37	0.830/0.032
평균치	28.5	5.050	1.4	496.1	29.28	0.704/0.041

3) 알칼리이온수, 테스트 커피는 콜롬비아

(모 전기 메이커가 판매하고 있는 알칼리이온정수기의 알칼리이온수)

배전일	L치	pH	BX	산도	수율	ABS720/420
990412	34.9	5.023	1.3	558.1	27.33	0.690/0.088
990408	31.3	5.042	1.4	544.0	28.50	0.740/0.067
990412	27.3	5.232	1.4	467.2	28.63	0.830/0.051
990408	26.0	5.295	1.5	430.1	30.57	0.900/0.043
990407	23.6	5.532	1.5	343.0	28.40	0.960/0.047
평균치	28.6	5.225	1.4	468.5	28.69	0.824/0.059

4) 내츄럴 미네랄 워터, 테스트 커피는 콜롬비아

(프랑스제 미네랄 워터 칼슘 78mg/L, 마그네슘 24mg/L, 경도 291mg/L)

배전일	L치	pH	BX	산도	수율	ABS720/420
990409	34.9	5.194	1.3	480.0	26.70	0.660/0.075
990413	30.8	5.316	1.4	473.6	26.58	0.680/0.042
990409	27.3	5.378	1.4	416.0	29.08	0.870/0.052
990407	25.7	5.461	1.4	396.8	30.07	0.840/0.042
990406	23.5	5.684	1.5	345.6	29.58	0.920/0.038
평균치	28.4	5.407	1.4	422.4	28.40	0.794/0.050

■ 추출조건은 10g의 콜롬비아 커피이며, 엑기스 250cc, 루틴 검사 방법

■ A), B) 양쪽은 정제수 순수이지만 지하수에서 퍼 올려서 이 물을 음료캔으로 사용하고 있는 메이커의 물이며 같은 순수라 하더라도 다소의 차가 나타나 있다.

■ BX도는 용액의 굴절도를 설탕 농도로 환산한 수치. 측정 대상이 설탕 농도일 경우 그대로 설탕 농도를 나타내지만 커피 추출액의 경우 측정치가 고형분 농도가 되지 않기 때문에 농도를 알 수 있는 참고 지표이다.

■ pH는 산성인지 알칼리성인지를 표시하는 단위이며 수소 이온의 농도지표이기 때문에 power의 머리글자를 따서 수소(H)와 조합한 pH가 되었다. 0~14의 지수로 7이 중성, 7보다도 작은 숫자는 산성이고 크면 알칼리성이 강하다. 커피액은 보통의 연수로 추출하면 5.5~6.5가 된다.

■ 산도는 쓴맛과 함께 커피 맛의 기본적 요소 성분. 배전 정도에 따라

신맛의 강약이 다르며 약배전의 경우 신맛이 강하고 강배전은 신맛이 없어진다. 열 가열에 의한 당(糖) 변화에 기인한다. 신맛은 클로로겐산, 구연산, 초산, 사과산이 주요 성분.

■ 수율은 커피 콩으로부터 물(더운 물)에 녹아나온 가용성 고형분의 비율.

■ ABS720/420은 추출 엑기스의 특정 파장의 빛 흡수도를 나타낸다. 측정은 분광광도계를 사용하며 720/420은 파장의 길이로 단위는 nm(나노미터, 1m의 10억분의 1)

ABS는 파장의 흡수를 의미하는 흡수도 %이다. 이것으로 알 수 있는 사실은

① ABS 720에 의해 나타나는 데이터는 720mm의 파장빛이 어느 정도 흡수 되었는가.

② ABS 420에 의해 나타나는 데이터는 420mm의 파장빛이 어느 정도 흡수되었는가.

ABS720은 탁한 정도를 나타내는 지표로 사용되며 ABS420은 갈색의 정도를 나타내는 지표로 일반적으로 사용된다.

위 내용은 투과 색을 참고할 때 참고가 된다.

숫자를 통해 본 결론은

■ 당연하게도 알칼리이온수의 pH가 높게(산도는 낮음) 나타난다. 또한 액체 색의 영향도 있어 투과색은 진하게 나타난다. 배전이 깊을수록 액체 색의 차이가 커진다. 수율에서도 차이가 나타나지만 명확한 정도는 아니다.

■ 내츄럴 미네랄워터의 경우 순수, 알칼리이온수와는 다른 수치가 나

타나는데 흥미 있는 내용이다.

- 대논쟁을 일으킬 만큼의 데이터는 없지만 비교 결과 이러한 수치가 나왔다. 정말로 알칼리이온수나 미네랄워터는 산도가 내려가는 연수 물은 신맛이 나기 쉽고, 경수 물은 쓴맛이 나기 쉽다는 것이 어느 정도 실증되었다.
- 콩의 종류나 수세식, 건조식, 추출 방법에 따라 다른 수치가 나타나지만 일반적으로 말할 수 있는 것은 알칼리이온수나 미네랄워터와 정제수 순수는 서로 비슷한 수치를 보였으며 산도와 수율에서는 차이가 나타났는데 산도는 순수=〉알칼리이온수=〉미네랄워터의 순으로 서서히 낮아지는 것이 주목된다.
- 맛의 관능 부분에서는 각각의 취향이나 관능 평가의 차이가 있기 때문에 여기에서는 생략한다.

M. 시베츠는 그의 저서 《커피 테크놀로지(시리즈 No.21)》의 내용 중 〈양질의 커피 향미를 얻는 5가지 요소〉, 특히 〈수질 그리고 커피와 물의 비율〉에서

"컵에 담겨 있는 커피의 99%는 물이며 그 순도와 수질 여하에 따라 커피의 향미를 크게 저하시키는 경우가 있다. 물에는 경수, 연수, 기수(염분과 담수의 중간)가 있는데 유기물, 염소, 악취, 가스 또는 금속 불순물질을 포함하고 있는 경우가 있다. 이러한 경우 연하게 추출하는 것은 큰 실수로 불쾌한 악취가 한층 조장된다. 조작에 확실성이 수반되지 않는 경우, 추출의 정석대로 커피가 진하게 되기 쉽다. 물도 커피도 전혀 계량하지 않는 경우도 있는데 이 경우에는 커피와 물의 비율이라는 조정 요인을 전혀 살리지 못하는 셈이 된다."고 해설하고 있는 것도 흥미로운 사실이다.

총론적으로 말하자면 "모름지기 모든 음료는 끝없이 물에 가까울수록 맛있다고 말해지고 있다."고 적고 있다.

| 용어 설명 |

■ 수돗물

수돗물은 대부분 연수(칼슘, 마그네슘 등의 금속이온을 포함하지 않는 물)인데 석회가 많이 포함되어 있어 충분히 제거할 필요가 있다. 아파트와 집합 빌딩의 물탱크나 저수지 물은 계절(장마철부터 하기에 걸쳐) 곰팡이나 조류(藻類) 냄새가 난다. 석회는 충분히 끓인 뒤에 퍼서 놔두든지 시장에서 판매되고 있는 정수기로 이취를 없앨 수 있다.

■ 명수(名水)

좋은 물(맛있는 물의 조건으로는 전경도(20~80ppm), 잔류 염소(0.1ppm 이하), 미네랄, 온도나 탄산가스, 산소, 무색, 투명, 무취 등을 들 수 있다. 많은 미네랄이 녹아있는 물, 차끓이는데 적합한 물 등, 지하에 침투한 맑은 물(용수, 湧水)

■ 영수(靈水)

신비한 힘을 가진 물, 신불의 가호를 받는다는 물, 병이 나았다는 등의 전설이 있는 물

■ 명수백선

환경청이 조사한 전국 명수 백선

- 미네랄워터

용기에 들어있는 음료수 중 지하수를 원수(源水)로 하는 것을 말한다. 원수의 성분에 무기염첨가 등의 조정을 하지 않은 것을 '내츄럴 워터/내츄럴 미네랄워터'라고 부른다. 또한 원수가 지하수가 아닌 것을 '보틀 워터'라고 부른다(농무성 가이드라인 참조).

유해한 불순물을 포함하지 않은 자연 지하수이며 일반적으로 무기질(미네랄), 이산화탄소(탄산가스)를 다량 함유하고 있는 물로 천연 지하수나 광천수 중 식용에 적합한 음료수.

유럽에서는 칼슘, 마그네슘을 많이 함유한 경수가 많아 수돗물 대신 천연 미네랄워터를 마시고 있다. 따라서 절대로 손을 대지 않는다는 견해도 있지만 특히 내츄럴 미네랄워터의 경우는 EU 기준으로 엄격히 규제하며 살균이 금지되어 세균수도 1ml당 100개까지는 허용되지만 엄중하게 원천(源泉)이 오염되지 않도록 관리하는 책임이 수반되고 있다.

일본에서의 미네랄워터는 이에 반해 식품위생법상, 살균, 또는 여과가 의무로 정해져 있다.

- 대표적인 미네랄워터

• 경수

에비앙, 비텔, 콘트렉스, 페리에, 산펠레그리노, 기타

- 에비앙 표시 : 품명 내츄럴 미네랄워터, 영양성분 : 탄수화물 0, 나트륨 0.5mg, 칼슘 7.8g, Mg 2.4g) (경도 291도, 중경수 pH 7.2)

• 연수

볼빅, 크리스탈 가이저, 롯코우노오이시이미즈, 산토리 천연수 기타

- 볼빅 표시: 품명 내츄럴 미네랄워터(무제균)

영양성분 : 단백질, 지질, 탄수화물 0, 나트륨 1.16mg, Ca 1.15mg,
Mg 0.80mg, 칼륨 0.62mg (경도 60도, 연수, pH치 7.0)

- 롯코노오이시이미즈의 표시 : 품명 내츄럴 미네랄워터

영양성분: 나트륨 1.69mg, Mg 0.52mg, Ca 2.51mg, 칼륨
0.03mg (경도 약 84mg/1 litter. 연수, pH 7.4)

- 크리스탈 가이저의 표시 : 스프링 미네랄워터(미국산)

영양성분 : 단백질, 지질, 탄수화물 0, 나트륨 1.13mg, Ca
0.64mg, 칼륨 0.18mg, 경도 38mg/1 litter (연수)

■ 알칼리이온수

수돗물을 정화한 후 전기 분해로 알칼리이온과 산성이온수로 분리하
는 장치로 만든 물. 알칼리이온수의 효과는 후생성이 위장에 관한 내
용에서 승인하고 있다.

■ 물의 경도(硬度)

물에 포함된 칼슘이온(Ca)과 마그네슘이온(Mg)의 양을 탄산칼슘(독
일식이라면 산화칼슘)이 얼마나 녹아 있는 지로 나타내는 척도. 일본
에서는 칼슘이온, 마그네슘이온의 함유율도 모두 탄산칼슘의 양으로
환산하여 물 1리터 중의 mg로 나타내고 있다. 환산계산법은 각국에
따라 다르다.

• 미국식

경도(mg/L) ≒ 칼슘양(mg/L)×2.5+마그네슘양(mg/L)×4.1

연수 0~60 미만, '중' 정도의 연수 60~120 미만.

경수 120~180 미만, 심한 경수 180 이상

- 미국에서의 음료수 수질은 (다른 국가의 공공 상수도에서도 같은 것을 일부 말할 수 있지만) 커피에는 적합하지 않은 경우가 많다. 염소처리, 유기질의 함유, 경도, 알칼리성, 산도, 연간 수질 변화 그리고 불쾌한 악취는 정도의 차는 있지만 수질을 저하시켜 커피 향미를 저하시키게 된다. 따라서 커피 향미를 끌어내는데 수질의 영향은 중요하다.

■ 맛있는 물의 온도

맛있는 물을 수온과 관계가 깊다. 체온보다 25도 정도 떨어진 온도가 가장 맛있게 느껴진다고 한다. 적어도 20도 차가 한계다. 따라서 수온 10~15도가 인간의 뇌세포를 자극하는 맛있는 온도이며 그 이상 온도가 오르면 냄새가 난다고 느껴지기 때문에 맛있게 물을 마시고 싶은 경우 산뜻하거나 맛있다고 느끼는 온도에서의 관리가 필요할 것이다.

- 커피의 추출법과 물온도
  사람에 따라 추출온도에 대해서는 다양한 의견이 있다.
- 페이퍼, 플란넬 드립 추출의 경우
  사용하는 물에서 석회 냄새가 나는 경우 비등점에 가까운 뜨거운 물을 사용한다. 끓는 물이나 길어 둔 물은 가능한 피한다.
- 사이펀, 에스프레소, 보일식의 경우
  장치 그 자체가 비등시키는 시스템이며 인위적 온도조절은 초보자에게는 어렵다.
- 워터 드립식의 경우
  물맛이 추출액에 나온다. 따라서 질 좋은 물을 사용할 것.
  물을 끓이는 경우 약 90도 전후에서 물에 포함된 산소가 대부분 사라진다. 따라서 차 종류 추출 시 점핑(jumping)에는 부적합한 온도이다.

II. 커피와 설탕

커피에 사용되는 설탕으로는 그래뉴당, 각설탕, 커피슈거가 있다.

[그래뉴당]은 상백당(上白糖)을 정제하여 순도를 높인 설탕이다. 습기를 빨아당기지 않고 항상 바슬바슬하고 잘 녹기 때문에 커피에는 최적이라고 할 수 있다.

[각설탕]은 그래뉴당을 압축해서 굳힌 것으로 1.5cm 각의 소형, 1.7cm 각의 보통형, 홍백 2개가 들어간 장방형, 꽃모양 등의 모양을 낸 것 등이 있다. 그래뉴당보다는 잘 녹지 않지만 연출 효과와 다루기 쉽다는 이점이 있다.

[커피슈가]는 백쌍당(白雙糖)을 캐러멜로 착색한 설탕으로 커피색을 띠기 때문에 정말로 커피 전용 설탕이라는 인상을 줘서 마실 때의 연출로서도 즐겁고 무드가 있다. 단 어려운 점은 그래뉴당이나 각설탕보다 잘 녹지 않아 커피를 마신 뒤 찻잔 바닥에 아직 녹지 않고 남아 있는 경우가 있다는 것이다.

아이스 커피용으로는 슈거 시럽(gum syrup)이 있다.

설탕은 커피의 쓴맛을 억제하는 역할을 한다.

설탕이 커피에 사용된 것을 나타내는 문헌으로 독일인 식물학자이며 여행가인 요한 베슬링(1598~1649년)이 1638년에 기록한 문장이 있는데 그는 다음과 같이 기록하고 있다.

"자신이 마시는 커피에 설탕을 넣어서 쓴맛을 억제하는 사람도 있다. 또한 커피의 과실을 사용해서 설탕절임을 만드는 사람도 있다." 이것은 1625년경 카이로에서 마신 것을 기록한 것으로 여겨지고 있다.

III. 커피와 크림

커피에 넣는 크림으로는 현재 액상과 분말형 두 가지 타입이 있다. 분말 크림은 제조공정에서 열처리를 하기 때문에 보존이나 취급하기가 쉬워 편리하지만 맛이나 향에서 액상을 이기지 못한다.

원료는 동물성과 식물성이 있는데 일반적으로는 동물성이 양호하다고 여겨지고 있다. 제조 상 최근에는 식물성이나 가정용으로 적합한 포션 타입도 많아지고 있지만 가능한 한 프레시 크림을 이용했으면 한다.

프레시 크림은 우유를 세퍼레이터(분리기)에 넣어서 유지분을 분리한다. 기계 조절로 크림의 농담 조절이 가능하며 보통 크림의 지방률은 40~50%이며 18% 이상의 것은 '크림(cream)'으로 표시, 10% 전후는 '에바 밀크(evaporated milk)'라고 표시된다. 커피용은 너무 지방분이 높으면 잘 녹지 않기 때문에 일반적으로는 20% 전후의 크림이나 에바 밀크를 추천한다. 단 프레시 크림은 개봉 후 냉장고에 넣어도 며칠밖에 가지 않는다. 유지방의 1회 1개씩의 크림이 만들어지고 있기 때문에 식물성보다는 상대적으로 비싸지만 간단하면서도 커피 맛을 살릴 수 있다.

또한 유지방으로 만든 크림 파우더도 습기나 산화를 막기 위해 뚜껑을 꼭 닫고 서늘한 곳에 두면 오래가기 때문에 편리하다.

크림은 신맛을 억제하고 자극적인 것을 조절하는 역할을 한다. 덧붙여 시판되고 있는 우유는 지방율이 3.3% 정도이다.

밀크가 커피에 사용되게 된 것은 1660년경으로 중국에 파견되었던 네덜란드 대사가 사람들이 차에 밀크를 넣는 것을 보고 그것을 모방해서 커피에 밀크를 넣은 기록이 있으며, 1685년 프랑스 의사가 약으로 카페오레(밀크가 들어간 커피)를 권했다는 것이 알려져 있다.

현재에도 옛 프랑스령인 인도차이나 반도 국가들(베트남, 라오스, 캄보디아, 태국, 미얀마 등)에서는 에바 밀크를 넣은 뜨거운 커피를 얼음으로 식혀서 아이스커피로 즐겨 마시고 있다.

제4절
커피컵과 스푼 :

Ⅰ. 커피컵

커피를 마시기 시작한 1200~1300년경에 사용된 그릇은 토기 잔이나 접시였다. 또한 커피를 따르는 물주전자도 도자기였다.

17세기에 아랍에서 유럽으로 커피 음용 습관이 전해졌는데 이때도 터키식의 토기로 만들어진 커피컵이 도래하였다. 이 컵은 중국의 영향을 받은 서아시아에서 온 것으로 여겨지고 있다.

중국에서는 이미 원대(元代, 1271~1368년)에 1300도의 고온에서 구워 자기를 만들 수 있는 기술이 있었고 자기는 두드리면 금속음이 났다. 이 자기는 중국에서만 만들 수 있는 특산품으로 코발트블루의 문양과 그림을 그리는 기법도 개발되어 있었다.

이어서 명대(明代, 1368~1644년)에는 적·녹·황 등의 안료로 다채로운 그림을 그리는 '적회(赤絵)'라 불리는 자기가 주류가 되었다. 이 자기는 서아시아·유럽의 왕후, 귀족에게 압도적으로 인기를 있어 아름다운 그림이 있는 것을 수집하게 되었는데, 특히 징더전(景德鎮)에서 생산된 것이 진귀하게 여겨졌고, 17세기에는 네덜란드 동인도회사에 의해 방대한 양이 유럽으로 수출되었다.

중국 명조에서 청조로 왕조가 바뀔 때 혼란스러운 국내 상황으로 인해 쇄국이 되었기 때문에 징더전의 자기 수출이 끊어지게 되었다. 그 대신 주목하게 된 것이 일본의 이마리야키(伊万里燒)로, 이것은 중국의 기술이 한반도를 경유해서 전해져 1616년 사가현 아리타에서 처음으로 구워진 자기로 특히 카키에몬(柿右衛門)의 문양이나 아카에(赤絵)가 절대적인 인기를 누렸다. 이마리야키는 출하된 항구의 이름에서 유래되었다.

그 사이 유럽의 여러 국가들도 어떻게 해서든 중국의 징더전이나 일본의 이마리야키와 같은 자기를 만들어내려 했지만 도자기 점토의 차이와 소성온도를 높이는 기술이 없어서 좀처럼 제작할 수가 없었다. 그리고 드디어 1709년 독일의 마이센에서 연금술사 뵈트거가 카키에몬을 모방하는 데 성공했지만 문양이나 그림은 오리엔트적인 것이 주류였고 그 후가 되어서야 비로소 독자적인 디자인도 개발되었다.

마이센의 기법은 영국, 스위스, 네덜란드 등 전 유럽으로 퍼져 각각의 나라에서 유명 브랜드 도자기가 만들어지게 되었다. 그릇은 보통 '도자기'로 총칭되는데 토기, 도기, 석기, 자기가 있으며 도기와 자기의 차이는 다음과 같다.

도기와 자기의 비교

구분	도기	자기
유리질	유리질이 적고 약하다	유리질을 함유하여 강하다
손끝으로 두드림	둔한 소리가 난다	맑은 소리가 난다
흡수성	있음	없음
투광성	없음, 불투명	있음, 투명감이 있음
보온성	두껍고 보온성이 높다	얇고 보온성은 조금 낮다
소성온도	800~1200도	1300~1400도

(호시다 히로시, 이토 히로시 감수 《커피의 책》에서)

석기(stoneware)는 도기와 자기의 중간적인 것으로 석분(石粉)을 섞음으로 인해 강도를 높이는 기법이다.

유명한 '본차이나'는 동물의 골회(骨灰)를 섞어 독특하게 비쳐 보이는 것 같은 백색을 내게 하는 기법으로 그 고상함과 아름다움으로 인해 진귀하게 여겨지고 있다.

커피컵의 크기는 용량에 따라 다음과 같이 분류할 수 있다.

① 드미타스 : 60~80cc

② 레귤러 : 120~140cc

③ 모닝 : 160~180cc

일반적으로는 농후한 커피는 드미타스, 연한 커피는 큰 컵이 사용된다. 취향에 따라 혹은 마시는 시간 등 TPO에 따라 컵을 바꿔서 마시는 것도 하나의 즐거움이다.

17세기에 중국이나 일본에서 온 컵은 차를 마시기 위한 것으로 자기

소완(小碗)이 그대로 커피 음용에 이용되었기 때문에 손잡이가 없어서 조금 깊은 받침 접시 위에 놓고 사용했다.

덧붙여서 받침 접시(saucer)의 가장자리가 깊은 것을 '유러피안 셰이프', 낮은 것을 '아메리칸 셰이프'라고 부른다.

당시 유럽에서는 커피는 컵으로 마시는 게 아니라 커피의 열을 식히는 의미도 겸해서 일단 받침 접시에 부어서 접시로 마셨다고 한다.

커피컵이 현재와 같은 손잡이가 달려있는 컵에 낮은 받침 접시가 된 것은 18세기 말부터이며 커피컵에는 독자적인 고안이 이루어져 주문에 따라 다른 것이 만들어졌다. 이러한 커피컵의 소유자인 왕후 귀족들의 눈을 즐겁게 했으며, 이러한 아름다움으로 인해 오래된 커피컵을 수집하는 사람도 많다.

II. 커피 스푼

스푼의 시작은 현재와 같이 식사에 이용된 것이 아니라 음식을 요리하거나 가열한 액즙을 퍼내기 위해 사용된 것이 최초라고 여겨지고 있다. 서유럽 일부에서 기원전 2000년부터 3000년 전의 신석기 시대 유적에서 뼈를 깎아 만든 숟가락이 발견되었다.

식용에 스푼이 시작되기 시작한 것은 기원전 330년~440년대의 그리스였다고 하는데 그것도 아주 적은 일부에서 사용되었다. 고대 이집트에서는 오히려 화장용으로 사용되었는데 화장재료를 소량의 물에 녹일 때 사용하는 도구로 사용된 것으로 추정된다. 재질은 나무였다.

1600년대의 경우, 스푼의 액즙은 직접 들이마시고 그 안에 떠 있는 고기나 빵은 손으로 집어서 먹고 냅킨으로 손을 닦는 것이 고상한 행동으로 어겨졌다.

1685년경부터 음식을 먹을 때 사용하는 스푼이 보급되기 시작했고 금속제 스푼의 주조도 쉬워졌다.

중세에는 금이나 은 스푼이 재산과 보물로서 만들어지거나 영국에서는 1500년부터 1665년경에 걸쳐 아이가 세례를 받을 때 대부로부터 '사도의 스푼'을 받는 습관이 있었다.

식탁용 스푼은 ① 테이블 스푼(큰 숟가락) ② 디저트 스푼 ③ 티스푼(음료 전부, 삶은 달걀, 후르츠 칵테일용) ④ 커피 스푼(드미타스에 사용하며 크기는 ③의 절반)의 4종류가 기본이다.

1700년대 후반부터 커피에 스푼이 사용되기 시작했는데 이 시기는 커피에 설탕이나 밀크가 사용되기 시작한 시기로 그전까지는 컵과 받침접시만 사용되었다.

제5절
인스턴트 커피와 캔커피 : : : : : : : : : : : : : : : : :

Ⅰ. 인스턴트 커피

1) 인스턴트 커피 발명가와 일본인

인스턴트 커피를 최초로 공표한 것은 시카고에 있던 일본인 화학자 가토 사토리 박사이며 1901년 전미 박람회에서 판매하면서 호평을 받았다.

박사는 우선 가용성 차(soluble tea)를 발명했는데 이를 커피에도 실험해서 'soluble coffee(가용 커피)'로 판매했다. 다만, 이것은 커피향이 생산 과정에서 없어지는 결점이 있었다. 이 점을 개량한 것이 G·워싱턴으로 1910년에 '인스턴트 커피'로 판매했다.

인스턴트 커피의 수요가 늘어난 것은 1914년부터 18년에 걸친 제1차 세계대전 때로 병사들이 손쉽게 커피를 마시는 것이 가능하기 때문이었다.

그러나 지금의 인스턴트 커피의 시작은 1937년 당시 네슬레사가 제조 기술을 완성하여 다음해인 1938년에 '네스카페'라는 상표명으로 발매했을 때로, 바로 이 인스턴트 커피가 제2차 세계대전에서 병사들의 용기를 북돋우는 역할을 했고 시민의 소비에도 맞는 상품이 되었다.

2) 일본에서의 인스턴트 커피

일본에 인스턴트 커피가 들어온 것은 1910년내로 식료 대기업 메이지야(明治屋)가 빨간 캔에 들어있는 분말 형태의 것을 수입한 것이 최초로 보이는데 그 사이 없어져 버린 것 같다.

1942년경 일본에서도 군의 요청으로 인스턴트 커피가 연구되어 만들어지고 있었던것 같은데 자세한 사항은 알려져 있지 않다.

종전 후에 미군이 가져온 인스턴트 커피가 사람들에게 깊은 인상을 남겼는데 이것은 진주군이나 재일 외국인용으로 이 중 일부가 특별한 루트나 외국인의 부정 유출을 통해 일본인의 손에 들어와 맛을 보게 되었다.

1956년에 일반용으로 24t의 인스턴트 커피가 수입되었다. 이때의 인스턴트 커피는 바다 건너 온 동경하는 물품으로 높은 가격임에도 불구하고 엄청난 인기를 끌었다. 1960년에는 일본 국내에서 생산이 시작되어 수입

품의 30~40%나 싼 가격으로 공급되었고, 1961년에는 수입 완전 자유화와 함께 격심한 판매 경쟁, 홍보 경쟁이 시작되어 단번에 친근한 음료가 되었다. 또한 생활이 도시형으로 바뀌면서 독신자나 맞벌이 부부 등의 시간적 제약이 이 제품의 인기를 증진시켰다.

인스턴트 커피 기업은 모든 매스미디어를 동원한 철저한 PR을 통해 소비자에게 커피 지명도와 음용습관을 심어 주었고 이로 인한 소비 확대와 영향력으로 인해 일본의 커피 시장은 급속히 확대되었다.

3) 인스턴트 커피 제조법

커피 생두를 배전하고 몇 종류의 원두를 배합(블렌드)하여 이것을 기계에서 세밀하게 분쇄(그라인드)한 뒤 추출한다. 여기까지는 레귤러 커피의 제조법과 같지만 물을 부으면 금방 녹는 인스턴트 커피를 만들기 위해 이후에 수분을 제거하는 공정이 있기 때문에 추출액은 보통 커피보다 몇 배나 농후(커피의 고형 분량이 많다)하게 제조되고 있다.

수분을 제거하는 방법은 두 가지가 있다.

한 가지는 분무 건조법(SD, Spray Dried Instant Coffee)이며,

또 한 가지는 냉동 건조법(FD, Freeze Dried Instant Coffee)인데 각각 줄여서 SD, FD로 불린다.

분무 건조법은 30m 이상 되는 높은 스텐레스스틸제의 퍼컬레이터 상부 건조탑에서 떨어진 커피 추출액이 하부에서 고압 노즐을 통해 뜨거운 물을 분출시키는 작용으로 인해 상부 노즐에서 안개와 같이 커피 파우더로 분출된다. 제2 퍼컬레이터를 통과하면서 한층 더 농축된 커피 파우더는 여과 후에 저장 탱크로 유도된다. 그리고 하부에서 분출되는 200도에 가

까운 열풍으로 인해 안개 형태의 커피 추출액에 포함되어 있던 수분이 증발되어 순간적으로 건조되면 탑 아래에 작은 입자의 분말 커피가 남는 구조이다.

냉동 건조법은 추출액을 영하 40도 정도에서 냉동 결정시켜 이것을 진공 상태에서 건조실로 보내 열을 가해 얼음(수분)을 제거하는데 얼음은 물로 돌아가지 못한 상태에서 단숨에 증발·제거되어 커피 입자만이 남게 된다. 이 입자는 수분(얼음)이 차지하고 있던 공간이 그대로 남기 때문에 다공질이며 수분을 흡수하기 쉬워 잘 녹게 된다.

인스턴트 커피는 수분을 제거하는 과정에서 아무래도 맛과 향기가 사라지기 때문에 이러한 손실을 줄일 수 있는 방법이 연구되었는데, SD법은 열풍을 이용하기 때문에 향이 사라지기 쉬워서(탱크 내의 열풍을 외부로 배출할 필요가 있는데 외부 배출열과 함께 향도 배출된다) 향을 배출하지 않고 파우더 안에 순간적으로 가둬놓기 위한 FD법이 고안되었다.

FD법은 건조가 저온에서 이루어지기 때문에 커피의 독특한 맛과 향을 해치는 비율이 낮다는 이점이 있지만 반대로 설비면과 제조면에 있어서는 비용이 많이 드는 문제가 있다.

그래서 다음으로 고안된 것이 SD법에 agglomerate 가공을 시행한 새로운 방법이다. SD법은 분말형, 이어서 FD법의 과립형이 뜨거운 물에 녹는 것임에 반해 잘 녹지 않는 결점이 있는데 이점을 개량하여 agglomerate 가공을 함으로써 알갱이 형태로 만들어 잘 녹게 만든 제품이다.

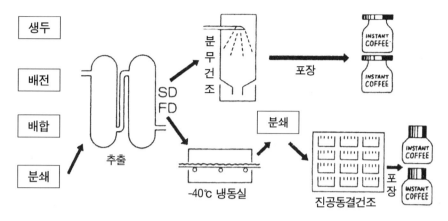

생두

배전

배합

분쇄

추출

SD
FD

분무건조

포장

INSTANT COFFEE

INSTANT COFFEE

분쇄

-40℃ 냉동실

진공동결건조

포장

INSTANT COFFEE

INSTANT COFFEE

[그림 12-3] 인스턴트 커피 제조법

4) 음용법과 보존법

인스턴트 커피를 티스푼에 수북이 담아 1잔 컵에 넣고 뜨거운 물을 붓기만 하면 된다. 이것이 음용법의 원칙으로 나머지는 취향대로 가루 분량이나 뜨거운 물의 분량을 조절하면 된다. 인스턴드 커피는 뜨거울수록 맛있고 미지근해지면 맛이 갑자기 떨어지기 때문에 주의가 필요하다. 설탕과 밀크를 넣으면 온도가 내려가기 때문에 우유를 넣은 카페오레를 만들 경우 밀크를 충분히 데우지 않으면 안 된다.

중요 포인트는 보존 관리이며 레귤러 커피도 그렇지만 인스턴트 커피도 캔을 개봉한 직후가 가장 맛이 좋기 때문에 가능한 한 빨리 마시는 것이 좋다. 인스턴트 커피 제조회사에서는 개봉 후 2개월은 괜찮다고 하지만 1개월 이내에 마시는 편이 좋다.

1잔 분량이 2~3g이기 때문에 자신의 가정 소비량을 바탕으로 1개월에 얼마나 사용할 지를 계산해서 구입하는 게 좋다. 양이 많고 싸다고 사두었다가 결국 마시지 않는 것보다 조금 비싸더라도 소량으로 구입해서 다 사용하는 편이 오히려 득이다. 습기에는 특별히 주의를 요하므로 뚜껑은 반드시 꽉 닫아두어야 한다. 한번이라도 열게 되면 중간 뚜껑인 은색 종이는 전부 떼어내도록 한다. 떼어내지 않으면 뚜껑이 타원형이 되어 습기를 불러오는 원인이 된다. 또한 젖은 스푼을 넣는 것도 금물이다.

최근 인스턴트 커피도 오리지널을 지향한다. 고급화 지향이 강해져서 블렌드도 스트롱, 마일드, 아메리칸, 에스프레소 외 기타 다수가 있다. 모카, 콜롬비아, 블루마운틴 등의 스트레이트 타입부터 1잔 분량씩 마실 수 있는 스틱 타입까지 있으며, 레귤러 커피와는 미각적으로도 거의 차이가 없을 정도로 기술이 발전하고 있기 때문에 자신에게 맞는 것을 즐기면 나름대로 생활에 윤택함을 가져다준다고 할 수 있다. 다양하고 풍부한 인스턴트 커피를 능숙하게 생활 속으로 도입했으면 한다.

II. 캔 커피

캔 커피는 1960년대에 일본에서 처음으로 만들어진 독자적인 음료로 현재는 청량음료 중에서도 가장 많이 팔리는 상품이 되었다.

1) 캔 커피의 역사와 개발

일반적으로는 1969년 거대 커피 기업 UCC사가 〈삼색 디자인의 오리지널 캔 250g캔〉을 발매한 것으로 되어 있다. 그러나 실제적으로는 수년 전부터 발매가 시작되었다. 1950년대 후반 일본의 통조림 산업은 원료와 인

건비의 급등으로 수출이 감소하면서 부진에 빠졌고 이로 인해 국내 시장 개발의 일환으로 캔 음료와 레토르트 식품이 시험 제작되어 탄생하게 되었다.

그후 오사카 만국박람회에서 지명도를 올림과 동시에 자동판매기의 보급, 특히 가습 기능이 큰 계기가 되어 이때부터 음료 대기업 코카콜라와 각 맥주 제조회사 등이 선발대에 뛰어들어 경쟁 격화와 안정된 품질 향상을 통해 소비를 크게 비약시켰다.

개발 당초에는 기존에 있던 커피 우유에 힌트를 얻어서 만들어졌는데 레귤러커피에서 추출한 커피에 유분을 더한 유음료 캔 커피로 전국적으로 발매되었다.

그 해에는 약 5만 케이스(1케이스 30병)가 생산되었으며, 5년 뒤에는 1900만 케이스, 1970년에는 8200만 케이스로 늘어나 청량음료 중 가장 높은 점유율을 나타냈다. 근년에는 블랙·무설탕 등 대형 메이커의 잇따른 신제품 발매로 품질도 레귤러커피에 가까워졌다. 캔 커피 제조방법은 그림 12-4와 같다.

캔 커피는 뜨거운 커피로도, 아이스커피로도 사계절을 통틀어 언제든지 마실 수 있고, 자동판매기에서 언제든 구입 가능하며, 휴대가 간편하고, 야외에서도 마실 수도 있으며, 디자인이 컬러풀하고 다채로운 메뉴가 있는 등 여러 이유로 인해 앞으로도 더욱 판매가 늘어날 상품이다.

2) 캔 커피 생산량

커피 음료는 연간 268만 킬로리터가 소비되고 있다. 그 중 캔 커피가 차지하는 비율은 70%이며 이를 캔 수로 환산하면 100억 캔이 된다. 일본에

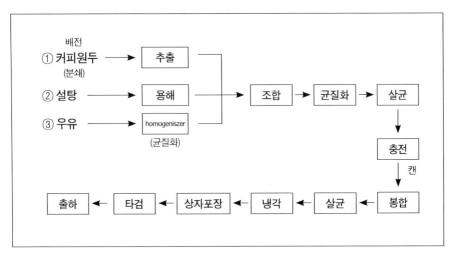

[그림 12-4] 캔 커피 제조법

수입되고 있는 생두의 약 30%라는 방대한 숫자가 캔 제품에 사용되고 있는데 커피 소비 대국인 구미에서는 찾아볼 수 없는 특색이기도 하다. 또한 동남아시아에서는 일본기업의 캔 커피가 판매되고 있는데 뜨거운 제품의 판매는 없다.

캔 커피가 잘 팔리는 이유는,

① 자동판매기의 보급(국내 치안이 좋다)(1965년 60만대, 2005년 230만대 설치)

② 몇 시든, 어디서든 다채롭게 뜨거운 커피나 아이스 커피와 같은 풍부한 메뉴를 저렴한 가격에 마실 수 있다.

③ 캔 음료 용기만이 아닌 페트병, 종이 용기도 계속해서 나왔다.

④ 1970년 이후 더욱 품질 안전 시대(살균 확립, 용기 개선)로 돌입했다.

⑤ 탄산음료, 맥주 메이커가 참여하여 박차를 가했다.

⑥ 연간 100만 상자 이상 팔리고 있는 브랜드가 9개 회사나 있다.
코카콜라(조지아), 산토리(Boss), DyDo, 기린(Fire), 아사히
(Wonda), JT(Roots), UCC, Pokka, Nesle

3) 커피 음료 등의 표시 정의

커피 음료는 커피 원두를 원료로 한 음료 및 이것에 당류, 유제품, 유화
된 식용유지, 기타 가용 식품을 더해 용기에 밀봉한 음료로 다음과 같다.

종류	카페인	규격
커피가 들어간 청량음료	10~(mg%)	내용량 100g 중 생두 환산 1g 이상 2.5g 미만의 커피 가루를 포함한 것
커피 음료	20~	2.5g 이상
커피	50~	5.0g 이상
유음료	유제품의 성분규격에 관한 법령을 따른다.	유고형분 3% 이상 포함한 것

4) 레귤러 커피와 캔 커피의 차이점

구분	레귤러 커피	캔 커피
음용준비	시간이 걸림	간편
커피액 배합	단순	복잡
pH 조정	없음 (pH 약 5.5)	있음 (pH 약 6.3)
살균 공정	없음	지나치게 철저함

보존성	전혀 없음	유통기한 1년
향미	추출 시 한 순간의 향미	캔 커피만의 독특한 향미
음용 장소	인도어	아웃도어

5) 이후의 과제

① 무균 충전도 검토 과제이기는 하나 pH 조정은 피할 수 없고 미각
   적으로 압도적 우위는 생각할 수 없다.

② 페트병 커피도 현재 시판되고 있지만 보존성이 떨어지고 전국적
   인 생산량에 한계가 있다. 특히 밀크가 들어간 것은 캔 커피만큼
   의 생산 능력이 부족하다.

③ 편의점에서 컵 용기의 커피 소비가 늘고 있는데(2005년 대비
   160%) 요냉장 상품이며 유통기한이 짧고, 저온 수송으로 인한 비
   용 증가 등 생산 능력에도 한계가 있다.

④ 캔 커피는 레토르트 살균에 의해 풍미 열화(劣化)를 피할 수 없는
   것이 치명적 결함이다.

⑤ 1개 상품 가격으로 120엔이 한계이다. 그러나 메이커가 과거부터
   쌓아온 기술력이 더욱 향상될 상품이다.

⑥ 캔 커피는 자유도가 높고 다양성이 풍부한 상품이다.

제13장

커피의 문화학

::::::::::::::::::::

세계와 일본의 커피 수난사 : : : : : : : : : : : : : : : : :

Ⅰ. 세계 커피 수난사

회교도뿐만 아니라 일반 사람들도 자유롭게 커피를 마시기 시작하여 커피점도 번성하기 시작한 카이로에서는 회교도들 사이에서 커피 음용을 반대하는 의견이 대두되었다.

첫째로 그들이 종교상의 이유로 밤에 기도를 드리기 위해 마시고 있던 커피가 단순히 평온을 추구하며 심지어는 향락적인 생활에 빠지게 하는 것에 대한 종교가로부터의 반발이 있었고, 다른 한편으로는 커피하우스에 사람들이 모여서 사회, 정치, 종교적인 토론을 하는 것이 당시 위정자나 권력자에게 있어 위험하기 때문이었다.

그리고 회교도들 중에도 커피 음용을 지지하는 파와 금지해야 한다는 반대파로 나뉘어 있었다.

이러한 상황이었던 1511년 이집트의 통치하에 있던 메카에 파견된 통치관 카이로 베이는 이대로 두면 계율에 의해 금지된 사치에 남녀모두 빠질 것이 틀림없다고 생각해서 우선 모스크(회교사원)에서의 커피음용을 금지하고 커피하우스에서의 음용 또한 금지하기 위해 법무관, 의사, 승려, 시민 대표를 모아 평의위원회를 열었다.

이 자리에서 의사 하키나니 형제는 의학적 견지에서 커피는 유해하다고 설명했다. 실제로는 커피 음용이 보급되면 의사 영업에 영향을 줄 것을 두려워했기 때문이었다. 그리고 소수의 찬성 의견은 묵살되었고 커피

금지령이 나오게 되었다.

그런데 아이러니하게도 카이로의 술탄(국왕)은 커피 마니아였기 때문에 이와 같은 무모한 금지 행위의 철회를 명령하여, 세계 최초의 커피 탄압은 수습되고 베이와 하키나니 형제는 비참한 최후를 맞았다.

이러한 탄압이 세계 각지에서 일어나도 커피를 마시고자 하는 사람들의 힘은 강했고 잇따라 커피는 보급되었다. 유럽에 전파된 후로는 재미있는 반대운동도 일어났다.

1674년 런던의 부인들이 '커피점 반대'라는 슬로건을 걸고 맹렬한 반대운동을 일으킨 적이 있다. 이 무렵 커피점은 남성만 출입이 가능했는데, 부인들은 커피점에 빠져 좀처럼 집으로 돌아오지 않는 남편들에게 "오늘부터 키스 금지"라는 선언을 하며 협박하였다. 그러나 효과는 전혀 나타나지 않았고 남성들은 커피점에 다니는 것을 그만두지 않았기 때문에 용두사미로 끝나버리고 말았다.

1675년에는 찰스2세가 커피점에 사람들이 모여 정치이야기를 하는 것을 우려하여 카페 폐쇄선언을 내렸는데 너무 큰 반발에 놀라 바로 금지를 철회했다.

무엇보다 1789년 프랑스혁명은 청년 혁명가들이 매일 커피점에 모여 루이16세의 폭정을 폭로하고 사람들에게 혁명을 호소함으로써 일어났다고까지 하는 점으로 미루어볼 때 위정자는 사람들이 모이는 커피점을 탄압하고 싶어 했으나 서민들의 입장에서는 자유롭게 한 잔의 커피를 즐길 수 있는 세상이기를 바랐을 것이다.

II. 일본 커피 수난사

'카페 파울리스타'가 전국 각지에 설립되고 싸고 맛있는 브라질 커피가 공급된 뒤부터 급속도로 사람들은 커피를 즐기게 되었다. 1920년대로 접어들면서 더욱 많이 보급되었고 밀크홀이나 찻집은 계속해서 늘어났으며, 커피 수입량은 1972년에는 1만 7,000포대였으나 1937년에는 14만 포대가 되었다.

그러나 1938년에는 수입량이 7만 4,000포대로 급감했고 이듬해 14년에는 2만 2,000포대가 되었다.

이러한 급감의 원인은 1937년 7월 7일의 루거우차오 사건(노구교 사건)으로 일본과 중국이 격돌하여 사변확대와 더불어 다른 사치품과 함께 생활필수품이라고는 볼 수 없는 커피의 수입이 어려워졌기 때문이다.

1940~1941년이 되면서 이제까지는 그럭저럭 백화점이나 대형 식료품점에 가면 누구든지 손에 넣을 수 있었던 커피 현물도 점차 그림자를 감추게 되었다. 모든 식료품, 의료품, 기타 생활필수품 또한 마찬가지였다.

1941년 12월 8일, 일본은 진주만을 공격하여 제2차 세계대전으로 돌입했다. 커피점에 가는 것 자체가 비상시에 무슨 짓을 하는 거냐는 풍조가 조성되어 거리의 오아시스로서 휴식의 장소였던 시대는 사라지고, 재즈나 클래식을 군가로 바꾸고 가게 이름도 일본어로 바꿨는데도 커피 가격은 오르고 가게 경영은 곤란해져 부득이하게 전업이나 폐업을 할 수 밖에 없었다.

제2차 대전 돌입 후 커피 수입은 끊어졌다. 일본에 있어서 커피 수난시대가 개막된 것이다. 사람들도 계속 즐겨왔던 호박색의 액체와 향기를 만날 수 없게 되었다.

그러나 내핍 생활 중에 "갖고 싶어 하지 않습니다. 이길 때 까지는"이
라고 아무리 말해도 커피에 대한 일본인의 생각은 끊어지지 않았다. '저
가게에는 아직 진짜 커피가 있다'라는 말을 들으면 꺼리지도 않고 도쿄에
서 요코하마까지 커피 한 잔 마시러 가는 사람도 있을 정도였지만 나중에
는 그것도 불가능해졌다. 그리고 '규격 커피'라는 약 30% 진짜 커피와 그
대용품을 혼합한 것이 제조되었고, 나중에는 커피가 전혀 들어있지 않은
'대용 커피'로 견딜 수밖에 없게 되었다.

규격커피 · 대용커피로 최초에 사용된 것은 대두(大豆)였으며, 이어서
팥, 검정콩을 사용했다. 이것도 통제를 받으면 고구마를 1센티 정도 네모
로 썰어 잘 건조시킨 뒤 볶아서 분말로 만든 것을 사용했고, 고구마가 주
식이 되어버리자 이번에는 튤립 뿌리, 백합 뿌리, 그것마저 없어지게 되
면 다른 것으로 닥치는 대로 시도했다.

그 와중에도 군부에는 아직 진짜 커피가 남아 있었고 전후 그 불하품을
둘러싸고 군마현 커피사건이 발생하기도 했다.

종전 후 미국 진주군의 부정 유출로 커피가 들어왔고 1950년에 수입이
재개되어 전후 부흥했으며 현재에 이르고 있다.

제2절
일본 커피의 시작 ： ： ： ： ： ： ： ： ： ： ： ： ： ： ： ： ： ： ：

Ⅰ. 마루야마 유녀와 커피

일본에 커피가 전해진 것은 에도 시대인 1700년대 전후이며 나가사키 데지마에 출입하던 네덜란드인이 가지고 와서 음용했던 것이 최초이다.

그러나 도쿠가와 시대의 쇄국 정책에 의해 이 커피를 마신 일본인은 데지마의 출입이 허가된 유녀, 관리, 상인의 일부로 한정되어 있었다.

데지마의 네덜란드인의 사생활에 깊이 개입한 사람은 유녀였을 것으로 보인다. 그녀들은 네덜란드인들의 접대에 초대받은 것뿐만 아니라 평상시 시중을 드는 사람들도 많았다.

그러던 중에 유녀들이 커피를 접하고 마실 기회도 있었으며 실제로 그녀들이 커피를 타 본적도 있었을 것이다. 그리고 음용 습관에 있어서도 커피가 일상적인 음료가 된 사람도 있었을 것으로 보인다.

그런데 당시 유녀는 네덜란드인으로부터 물건을 받으면 그 목록을 하나하나 관청에 신고해야만 했다. 그녀들을 매개로 밀무역이 행해지는 것을 막기 위해서였는데 그 목록 중에 커피나 커피기구의 이름을 여기저기서 조금씩 확인할 수 있다.

1797년 《나가사키 요리아이쵸 제사서상공장(長崎寄合町諸事書上控帳)》 중에 〈유녀가 얻은 물건 목록〉이 있는데 그 목록에 '고오히콩, 철제 작은 상자 하나'라고 기록되어 있다.

네덜란드인이 유녀에게 준 물건은 아마도 유녀가 필요한 물건이었을 테니 고오히콩(커피)은 그 유녀에게 있어 일상의 음용품이었을 것으로 보인다.

또 한 가지 다른 목록에도 커피가 나와 있다는 것이 오쿠야마 기하치로의 조사로 밝혀졌다. 이것은 나가사키 마루야마의 히케타야의 유녀 치요타키가 받은 물품 목록으로

1) 코히칸 : 두 개
2) 다완명부(茶碗皿付) 44 라고 되어 있다.

'코히칸'은 네덜란드어로 커피포트이며 '다완명부'는 받침접시가 달린 커피잔으로 커피를 마시지 않는 사람에게는 전혀 필요 없는 물건이다.

이상을 종합해 볼 때 일본에서 최초로 커피를 즐겨 마신 것은 유녀라고 단정할 수 있을 것이다..

II. 난학자(蘭学子)와 커피

난학자인 모리시마 츄료의 저서 《홍모잡화(紅毛雜話)》에 "왕년 오츠키 겐타쿠 선생이 나가사키 유학 당시 '홍모정월(네덜란드풍 정월)'에 초대받았을 때 요리 메뉴가 21가지였다." 그리고 그 요리가 소개되어 있는 마지막에 "또 '콧히'라는 일본의 콩과 비슷한 것을 분쇄해서 온수에 넣고 달인 뒤 백당(백설탕)을 넣어서 항상 마신다. 일본의 차와 비슷하다."고 적고 있다.

이것을 읽으면 나가사키 출신들의 '홍모정월' 연회 마지막에 제대로 커피가 나왔다는 것을 알 수 있다.

이 무렵 일본은 태음력으로 정월을 쇠고 있었으나 네덜란드인은 이미

태양력을 사용하고 있었기 때문에 홍모정월은 현재와 같은 1월 1일이었을 것이다.

네덜란드 저택에서는 당연히 정월 외에도 식후에는 커피를 마셨는데 일본인이 초대를 받아 식탁에서 함께 커피를 마실 기회는 네덜란드 정월 외에는 없었을 것이다.

난학자가 나가사키에 유학했을 때 커피를 마셔본 적이 있었을 지도 모른다. 또한 실제로 커피를 마시지는 않았더라도 네덜란드 서적을 통해 얻은 커피에 대한 지식이 매우 상세해서, 그들이 번역하거나 저작한 서적에는 커피에 대해 정확하게 적혀 있다. 몇 권의 서적을 예로 들어보자.

《만국관규(萬国管窺)》(시즈키 타다오 지음·1782년), 《홍모본초(紅毛本草)》(하야시 란엔 사본·1783년), 《나가사키 견문록》(히로카와 카이·지음 - 1798년), 《환해이문(環海異聞)》(오츠키 지음 - 1807년). 그 중에서도 《후생신편(厚生新編)》(오츠키 겐타쿠외 역편 - 1811년)은 프랑스의 노엘 초멜이 저술한 《가정백과사전》의 네덜란드어 버전을 일본어로 번역한 것인데 대부분 현대와 차이가 없을 정도로 상세하게 커피를 소개하고 있다.

제3절
커피를 사랑한 세계의 문화인 : : : : : : : : : : : :

| 세계 문화인과 커피

커피는 많은 작가, 음악가, 예술가의 상상력을 자극했기 때문에 커피를 주제로 한 작품이 많이 남겨졌다.

음악가로는 우선 '커피 칸타타'(조용히! 말하지 말고)를 작곡한 바하(1685-1750년)가 유명하다.

이 곡은 1732년에 만들어진 것인데 당시 독일에서는 커피하우스에 출입하는 사람이 많아져 커피 반대론을 주장하는 사람 또한 많아졌다. 이에 대해 커피를 좋아하고 커피하우스에 자주 드나들던 바하가 커피를 옹호하는 의견 표시를 한 것이 바로 이 곡이다.

당시의 즉흥시인 피칸더의 시에 작곡을 한 것으로 아침부터 커피만 마시고 있는 딸에게 완고한 아버지가 "커피만 마시고 있지 말고 빨리 좋은 사람을 찾는 것이 어떠냐?"라고 말하자 딸은 "커피를 마시지 못하게 한다면 시집도 가지 않고, 좋은 옷도 필요 없어요." 그리고 "오! 이 얼마나 달콤한가! 수천 번의 입맞춤보다도 달콤하고, 맛좋은 포도주보다도 훨씬 맛있어요."라고 대답한다.

아버지는 화를 내며 "네가 커피 마시는 걸 그만두지 않으면 혼례도 치르지 못하게 하고 집밖으로 한 걸음도 못 나갈 줄 알아."라고 하자, 딸은 "좋아요! 하지만 커피는 마실 거예요!"라는 대화를 한다. 전 10곡으로 구성되어 있다.

바하의 다음 세대로 태어난 독일의 베토벤(1770~1827년)도 빈을 무대로 커피하우스에 출입했던 커피 애호가인데 자택에서 1잔 분량의 커피를 타는데 사용하는 커피 원두를 정확히 60개로 정해 놓았다고 한다. 이 60개라고 하는 것은 약 10g인데 현재의 추출법과 거의 동일하기 때문에 맛있고 바디가 강한 커피를 마셨을 것으로 생각된다.

무엇보다 베토벤 스스로 커피를 탄 것은 그의 잔소리에 질려서 가정부가 오래가지 않았기 때문이라고도 한다.

아침 식사와 함께하는 커피는 스페셜 블렌드를 사용했고 커피밀은 터키식으로 매번 수동으로 분쇄했으며 추출기도 비장의 것을 사용한다고 매번 손님에게 자랑을 늘어놓았다는 기록도 남아 있다.

작가로는 프랑스의 작가 겸 사상가인 볼테르(1694~1778년)를 들 수 있다. 계몽주의의 대표자로 이성과 자유를 들어 봉건제와 전제 정치 및 신교의 불관용과 싸웠으며 자주 투옥되었다. 저작으로는 《철학 서간》, 《철학 사전》, 《루이 14세의 세기》 등이 있다. 어떤 책에는 하루에 72잔이나 마셨다고 적혀 있으나 이것이 사실이라면 볼테르야말로 하루에 마신 커피 잔 수로 세계챔피언인 셈이 된다.

발자크(1799~1850년)도 하루에 마신 커피량으로 유명하다. 발자크에게 있어 커피는 '음식'이었던 것 같다. 그는 저녁 6시에 잠자리에 들어 12시까지 자고 이후에는 깨어서 대략 12시간 연속으로 일을 하고 그 사이에 자신을 자극하기 위해 커피를 마시는 것이 습관이었다고 한다. 그는 《근대흥분제고(近代興奮劑考)》에서 커피의 효용을 접하고 찬미하고 있는데 커피야말로 발자크의 창작을 촉진시킨 비약(秘藥)으로 발자크 또한 하루에 50~60잔을 마셨다고 한다.

미국이 낳은 노벨상 작가 헤밍웨이(1899~1961년)와 커피하우스의 이야기도 유명하다. 그의 작품에는 《해는 또다시 떠오른다》, 《무기여 잘 있거라》, 《누구를 위하여 종은 울리나》, 《노인과 바다》 등이 있다. 어렸을 때부터 아버지의 영향을 받아 낚시, 사냥 등의 야외활동을 즐겨했다. 1918년 적십자 야전병원 수송차 운전수로 유럽에 건너가 제1차 세계대전에 종군하였으며 북이탈리아 전선에서 다리에 중상을 입고 밀라노의 육군병원에 입원했다. 이듬해 1919년 귀국하여, 1921년 결혼하였으며, 〈토론토 스타〉지의 특파원으로 다시 유럽에 건너가 파리에 거주하였는데 커피하우스에서 느긋하게 쉬고 있는 그의 모습이 목격되었고 소설의 구상이 이루어졌다. 1928년에 귀국해서 《무기여 잘 있거라》를 출판하고, 1936년 스페인 내란이 발발하자 1937년 〈북미신문연합〉의 특파원으로 건너갔다. 이후 스페인으로 향한 것이 3회이며, 정부군(인민전선파) 지원에 전력을 다했다.

1940년 《누구를 위하여 종은 울리나》를 출판하여 베스트셀러가 되었다. 그중의 한 구절을 소개한다. "당신이 아침에 눈을 뜨면 커피를 가져다 드릴게요.", "커피는 좋아하지 않을지도 몰라."라고 로버트 조단은 말했다. "거짓말, 좋아해요."라고 그녀는 행복한 듯이 말했다. "오늘 아침 당신은 2잔이나 마셨어요."(누구를 위하여 종은 울리나)

1941년 쿠바 아바나 근교로 이주하였으며, 1952년 거대한 물고기와의 격투를 그린 《노인과 바다》를 출판하여 노벨상을 받았다. 그중 한 구절을 소개한다. "노인은 아프리카의 꿈을 꾸었다. 이제 노인의 꿈에는 폭풍우도 여자도 대사건도 나오지 않는다. 큰 고기도 싸움도 힘겨루기도 그리고 죽은 고기도 나오지 않는다. (중략) 노인은 천천히 커피를 마셨다. 이것이 하루 동안 노인이 먹을 식량의 전부이다. 커피를 마시지 않으면 안된다는 것을 그는 알고 있다." 쿠바에는 그의 기념상이 있으며 사람들은 지금도 그를 경애하고 있다.

철혈재상으로 유명한 독일의 비스마르크의 경우 혼합물이 아닌 진짜 커피를 추구한 이야기가 남아 있다.

그가 프러시아군을 이끌고 프랑스에 주둔하고 있던 어느 날, 시골 여인숙에 들어가 그곳 주인에게 치커리(푸르스름한 꽃이 피는 다년생 나무뿌리로 이것을 배전해서 가루로 만들어 커피와 섞어서 이용한다)가 있는지를 물었다. 주인은 있다고 답했다. 그러자 비스마르크는 '그럼 있는 대로 전부 다 이곳으로 가지고 오게'라고 하자 주인은 치커리를 가지고 왔다.

"확실히 여기 있는 것이 전부인가?"

"네, 각하 여기 있는 게 전부입니다."

그러자 비스마르크는 천천히 "그럼 이제 커피를 한잔 끓여 주게."라고 말했다고 한다.

빈 회의의 주역인 프랑스 외무장관 탈레랑의 말은 유명하다.

"커피는 악마처럼 검고, 지옥처럼 뜨거우며, 천사처럼 우아하고, 사랑처럼 달콤하다. 이것이 커피이다"

II. 일본의 문화인과 커피

일본의 커피에 관한 수필 중에 특히 명문으로 이름이 높은 것에 데라다 토라히코(1878~1935년)의 〈커피 철학 서설〉이 있다. 그는 지구물리학을 전공한 도쿄대 교수였지만 나츠메 소세키 문하생이면서 '요시무라 후유히코'라는 이름으로 수필을 다수 발표했다. 〈커피 철학 서설〉은 1933년 일본평론사 발행 잡지 〈경제왕래〉에 발표한 것으로 '유소년기 우유를 약으로 먹어야만 했는데 의사는 우유를 쉽게 마시게 하기 위해 소량의 커피를 조제하는 것을 잊지 않았다. 표백한 무명 주머니에 가루 커피를 한 줌 정도 넣어 우유 안에 담근 뒤 한방 감기약처럼 우려내서 짜낸다. 태어나서 처음 맛본 커피의 향미는 시골에서 자란 소년의 마음을 완전히 심취하게 만들었다.”부터 “32살의 봄, 독일 베를린 유학 중 하숙집 할머니가 좋은 커피를 끓여주었다”, “일반적으로 베를린의 커피와 빵은 맛있다”라든가, “3시에서 4시경 카페에 가는 습관이 생겨 여러 나라를 여행하는 동안에도 이 습관을 버리지 못했다. 스칸디나비아의 튼튼하고 두꺼우며 내동댕이쳐도 깨질 것 같지 않은 커피잔”, “찻잔 가장자리 두께로 커피 미각에 차이가 발생한다는 것을 체험했다”, “페테르부르크의 카페 과자는 호화롭고 맛있다”, “런던의 커피는 대부분 맛이 없다”, “파리의 조식 커피와 곤봉을 둥글게 썬 모양의 빵은 모두가 다 알고 있듯 맛있다.”라고 적혀 있다.

그러나 그의 문장 중에는 다음의 구절이 가장 주목할 만하다. “자택 부엌에서 공들여 추출한 커피를 어질러놓은 거실 서탁(書卓)에서 음미하는 것은 아무래도 뭔가 허전하고 커피를 마신 기분이 들지 않는다. 역시 인조라고는 해도 대리석이나 유백색 유리 테이블 위에서 은기(銀器)가 반짝이고 한 송이 카네이션의 향이 나며, 그리고 뷔페에서도 은과 유리가 밤하늘처럼 빛나고, 여름이면 전기 선풍기가 머리위에서 윙윙거리고 겨울이면 스토브의 포근한 온기가 있는 곳이 아니면 정상적인 커피 맛은 나지 않는 것 같다.”

자택에서 커피를 마시는 것과 가게에서 마시는 커피의 차이를 말하고 있는데 과연 지금의 어떤 가게가 맛있는 커피를 내놓는 노력을 통해 데라

다의 기대에 부응할 수 있을지 궁금하다.

데라다 토라히코의 연구실에는 '좋아하는 것, 딸기·커피·꽃·미인·
팔짱을 낀 채 우주 구경'이라는 로마자로 쓰인 시가 벽에 붙어 있었다고
한다.

또한 '긴부라(도쿄의 긴자 거리를 어슬렁거림)'을 지병이라고 쓸 정도
로 '긴자(銀座)'를 걷는 것을 좋아했다. 긴자의 커피점, 특히 '풍월'을 각
별히 사랑했다고 한다.

메이지·다이쇼의 문학가들은 지금과 달리 커피점이 집합소였으며 그
들은 한 잔의 커피를 통해 서양의 향기를 맡곤 했다.

시인 요시이 이사무가 1910년에 출판한 《사카호가이(酒ほがい, 주연
을 베풀고 축하함)》에는 다음과 같은 커피에 관한 시가 있다.

"진한 보랏빛 커피 한 잔을 마시고 있는데도 마음이 평온하지 않다. 커
피 향에 숨이 막혔던 어젯밤부터 꿈꾸는 사람이 되어버린 것 같다."

이보다 앞서 1896년경 작가인 구니키타 돗포는 커피를 사랑해서 "어이"
라고 목소리를 높여 옆집 우유가게의 막 짠 우유를 주문해서 찻잔에 우유
와 커피를 넣고 손님을 접대했다고 타야마 가타이가 《도쿄 30년》에 기록
하고 있다.

잡지 《스바루》의 동인인 기노시타 모쿠타로, 기타하라 하쿠슈, 이시
이 하쿠테이, 요시이 오사무 등의 시인과 가인들은 1910년 니혼바시 코아
미쵸에 개점한 서양요리점 '메종 고우노스'에 자주 드나들며 식후에 나온
커피에 어느 틈에 매혹되어 작품으로 나타내고 있다.

또한 1911년 교바시구 히요시쵸에 개점한 '카페 프랑탕'은 서양화가 마츠야마 쇼조의 가게로 오사나이 카오루가 이름을 지었으며, 파리에서 귀국한 화가 구로다 세이키와 마츠야마 쇼조가 모여서 자유로운 예술가 생활을 꿈꾸며 이야기를 나누는 화가·문필가·배우의 예술 살롱으로 변했다.

이 가게에는 기타하라 하쿠슈, 나가이 카후, 기노시타 모쿠타로, 마사무네 하쿠초, 요시이 이사무, 하세가와 시구레, 다카무라 코타로, 예능인인 우타에몬, 키쿠고로, 사단지, 미즈고로, 도쿠다 슈세이, 고미야 토요타카, 모리 오가이, 다니자키 준이치로, 나츠메 소세키 등이 모여 커피를 음미했다.

당시는 지금과 달리 '카페'야말로 문화인의 집합소였으며 바나 카바레가 아니었다.

그리고 다이쇼 시대, 미즈노료가 긴자에 개점한 '카페 파울리스타'야말로 문화인의 집합소임과 동시에 일반 사람들도 가볍게 들를 수 있는 가게로, 순식간에 커피맛을 널리 알려 커피가 보급 되었다. '미타문학'에 기고한 사람들은 매일 이 가게에 모였다고 한다.

또한 시사신보사에 있던 사사키 모사쿠, 구니에다 칸지, 기쿠치 칸, 아쿠타가와 류노스케, 구메 마사오, 구보타 만타로가 커피를 즐겼다.

이들 가게와 커피를 주제로 한 시나 단가, 하이쿠(俳句)도 많다.

나가이 카후는 요즘으로 말하면 미식가의 선구자격으로(독신이었던 탓도 있겠지만) 그의 일기에는 여기저기에 오늘은 어떤 가게에서 식사를 했고 커피를 마셨는지에 대한 기록이 남아 있다. 만년에는 아사쿠사를 사랑해서 매일 같은 가게에 가기도 했으며 커피에는 설탕을 많이 넣고 마셔야만 맛있다고 하면서 전쟁 중에도 설탕을 구하기 위해 상금을 걸었다고 한다. 그의 사후 머리맡에 있던 찻잔의 바닥에는 설탕이 굳어 있었다고 한다.

커피를 주제로 한 소설로는, 1962년 11월부터 1963년 5월까지 요미우리 신문에 연재된 시시 분로쿠의 《가히도(可否道)》가 있다. 나중에 신조사(新潮社)에 의해 단행본으로 만들어졌고, 이후 가도가와 서점에서 문고로 나와 도중에 《커피와 연애》로 제목이 바뀌었다.

이 소설은 놀라울 정도로 충실히 커피를 표현했으며, 그 모든 것을 남김없이 작품 안에 도입하고 있다. 커피를 주제로 한 이와 같은 경향의 문학 작품은 외국을 포함해서 전무하다고 해도 과언이 아니다. 작가 자신이 파리 생활 중에 맛 본 커피, 비길 데 없는 미식가였던 그는 커피를 각별히 사랑했다고 한다. 커피를 '가히도(可否道)'라고 한 묘미는 일종의 풍자도 포함하고 있어서 무의식중에 쓴웃음을 짓게 한다.

제4절
커피 전파의 로망 :

I. 커피 전파 최초의 공로자/아라비아

커피의 식용이 최초로 보급된 곳은 아라비아인데 이러한 보급에는 회교의 고승 한 사람의 공적이 있었다. 파리국립도서관 소장 아브달칼디의 사본에는 '1500년경 예멘에 커피가 널리 보급된 것은 아덴의 고승(무프티) 게마레딘의 노력에 의한 것이었다. 게마레딘은 예멘의 '다반'이라는 곳에서 태어났고 통칭 '다바니'라고 불렸다. 그는 어느 날 아덴(현재의 수도)에서 국경의 아프리카 해안을 여행하게 되는데 그 지역에서 커피가 널리 음용되고 있다는 것을 알게 되었다. 그런데 아덴으로 돌아가는 도중 병에 걸리게 된 다바니는 약으로 생각해서 갖고 가려던 커피를 마셔보니 놀라울 정도로 몸이 회복되고 건강을 되찾게 되었다. 커피의 효능을 알게 된 다바니는 아덴으로 돌아온 이후 저녁기도를 하는 회교의 수도사나 신앙을 위해 헌신하는 사람들에게 커피를 권했고, 그 이후 커피는 예멘에 급속하게 퍼져나갔다. 특히 밤에 일하는 사람들은 누구라도 커피를 마시게 되었다고 한다. 또한, 그는 커피나무의 육성을 위해서도 노력했다고 한다.'라고 기록되어 있다.

그가 사망한 해는 1471년이므로 그가 사람들에게 커피를 권한 것은 1450년대라고 볼 수 있다.

이후 회교의 수도사들은 사막을 건너는 긴 여행을 할 때에는 반드시 커피를 넣은 주머니를 휴대했다고 한다. 작열하는 한낮을 피해 밤에 여행을 했기 때문이다.

회교도들은 마호메트에게 기도를 드린 뒤에는 항상 게마레딘이 낙원에 있을 수 있도록 기도를 하고나서 커피를 마실 정도로 그의 커피 보급에 대한 감사의 마음이 컸다고 한다.

II . 해군장교 크류와 귀부인/중남미

자바에서 1706년 네덜란드의 암스테르담 식물원으로 이식된 커피나무 중 몇 그루가 1714년 친선을 목적으로 프랑스의 루이 14세에게 헌상되어 파리 부근 식물원의 온실에서 엄중한 관리 하에 과학적 연구가 행해지고 있었다.

1720년 중미에 있는 프랑스령 마르티니크 섬에 주재하고 있던 프랑스 해군 장교인 가브리엘 드 크류가 용무를 띠고 프랑스에 돌아와 우연히 이 커피나무를 알게 되어 이것이야말로 미개의 마르티니크 섬의 산물로 적합해 육성해 보고 싶다고 생각했다. 그리고 왕실 주치의이며 식물원장인 드 시라크에게 커피 묘목을 받아가고 싶다고 간청했다.

그러나 원장은 묘목이 적다는 이유로 청년 장교의 청을 거절했다. 묘목을 손에 넣는 것이 매우 어렵다는 것을 알게 된 크류는 어떻게 해서든 손에 넣고야 말겠다고 생각하게 되었다.

그래서 그는 한 가지 계책을 궁리해 냈다. 궁정에 출입하여서 식물원 원장과도 친분이 있는 어느 귀부인에게 부탁을 하는 것이 가장 좋을 것이라고 생각했다.

크류는 수완 좋게 그 귀부인과 친해지게 되었다. 때를 기다려 커피 묘목에 대한 이야기를 하고, 식물원장에게 간청해 주기를 부탁했다. 그의 계획은 적중했고, 식물원장은 그 귀부인의 청을 거절하지 못해 크류의 손에는 한 그루의 묘목이 주어지게 되었다.

하지만 이 묘목을 무사히 마르티니크 섬에 운반하는 데도 그의 공적을 시기한 사람의 방해를 받기도 하고, 긴 항해로 인해 물이 부족할 때는 자신의 음료수를 묘목에 주는 등 여러 가지 시련을 겪은 끝에 이 묘목이 기원이 되어 중남미 각국에 커피가 전파되었다.

실제 전파된 것은 1720년이 아닌 크류가 2번째 시도를 한 1723년이라고 한다.

III. 파리에타 소령과 총독 부인/브라질

세계 최대의 커피 생산국인 브라질에 커피가 전파된 것은 다른 나라보다 조금 늦은 1727년이다.

그 해 프랑스령 기아나와 브라질령 아마바 지대와의 국경 문제의 분쟁 해결을 위해 파리에타 소령이 특사로 파견되었다.

프랑스령 기아나는 스페인·프랑스·네덜란드 그리고 또 프랑스가 점유하는 등 몇 번의 전란으로 인해 브라질과의 경계 표시가 불분명하게 되어 그 실지 조사와 교섭을 시도하고 있었다. 실은 이때 파리에타 소령에게는 커피의 국외 유출을 방지하고 있던 기아나로부터 묘목을 가지고 오라는 한가지 사명이 있었다.

기아나의 총독 저택을 방문한 파리에타는 경계 표시 건에 관한 교섭 외에도 체재 중 몇 번 만찬회에 초대를 받았는데 그의 성실한 품성으로 인해 많은 고관 부인들에게도 인기를 얻었다. 특히 총독 부인이 그에게 호의를 베풀어 어느 날 진귀한 기아나산의 커피를 대접했다.

그 풍미의 뛰어남에 파리에타는 크게 기뻐하며, 최대급의 찬사를 총독 부인에게 전했다. 그리고 몇 번 커피를 대접받던 어느 날 그는 뜻을 굳히고, 자신에게 주어진 중대한 사명인, 커피 묘목 반출의 책무를 부인에게 털어놓고 협력을 요청했다.

얼마 후 국경 분쟁에 대한 조정이 성립되고, 총독에 의한 송별 만찬이 성대하게 치러졌다. 회장을 메운 많은 사람들의 우레와 같은 박수를 받으며 헤어짐을 아쉬워하는 총독 부인에게서 소령은 큰 꽃다발을 선물 받았다. 그때 부인이 페리에타에게 '이 꽃다발 안에 있는 커피를 가져가서 드세요'라고 속삭이는 것을 눈치 챈 사람은 아무도 없었다.

이렇게 해서 파리에타는 1,000알 정도의 커피 종자와 5그루의 묘목을 가지고 돌아와 파라 지역에 심었고 브라질이 세계 제1의 커피 생산국이 되는 기원을 만들었다.

제5절
커피의 '첫 번째' 이야기 ：：：：：：：：：：：：：：：：：

I. 커피를 기록한 최초의 사람

커피는 초기 단계에서는 식용·약용·주용(酒用)·음용과 같이 다양한 방법으로 이용되었는데 어찌 되었든 커피에 대해 최초로 기록한 것은 아라비아의 의사이면서 철학자인 라제스(865~925년)였다. 그는 비망록에 커피의 효능에 대해 기록했는데 "반캄은 자극적이면서 산뜻한 맛을 가졌으며 위에 매우 좋다."라고 적혀 있다. 이 당시에는 커피 및 커피 열매를 '반'이라고 했으며 열매를 우려낸 액체를 '반캄'이라 했다.

II. 현존하는 가장 오래된 커피서(書)

현존하는 가장 오래된 커피서적은 1587년에 저술된 아브달칼디의 사본으로 현재 파리국립도서관에 수장되어 있다. 이것은 원래 커피에 대한 비난·탄압의 반론으로 만들어진 것으로, 저자는 모하메트의 자손으로까지 일컬어지는 이슬람교의 고승이었다.

내용은 전부 7장으로 이루어져 있으며 커피의 어원과 그 의의, 커피열매의 천성과 개성, 식용의 창시와 그 효용, 1511년의 메카 교구에서 일어난 소동의 전말, 아라비아 시인의 수많은 '커피 송시' 등을 수록했다. 라제스에 대해서도 이 책을 통해 알려졌다.

Ⅲ. 세계 최초의 커피점

1400년대 중반에는 아라비아의 메카를 시작으로 여기저기에서 커피가 음용되기 시작했고 이어서 카이로로 전파되어 커피점이 출현하게 되었다. 그리고 시리아, 터키로 전파되어 1554년에 콘스탄티노플(현재의 이스탄불)에 '카페 카네스'가 생겼다. 이름이 남아 있는 커피점으로서는 가장 오래된 것이다. 게다가 메카나 카이로의 커피점이 노천이라고 생각되는 것과는 달리 이 가게는 실내에서 다양한 쇼가 개최되었는데 커피 한 잔 값으로 이 쇼를 볼 수 있었기 때문에 모르는 사람이 없을 정도로 유명했다. 이런 점으로 미루어볼 때 세계 최초의 본격적인 커피점이라고 할 수 있다.

Ⅳ. 커피 음용의 최고령자

콜롬비아가 1956년 세계우편연합기념으로 발행한 우표에 있는 얼굴 사진의 주인공은 당시 167세의 고령자이다. "걱정 말고 커피를 많이 마시세요. 담배는 고급 시거를 피우세요. 쟈비에르 페레이라, 167세"라는 문자가 인쇄되어 있었다.

V. 서양인 최초의 커피 견문록

유럽에 커피가 알려진 것은 이집트나 터키를 여행한 사람들이 저술한 서적을 통해서였다. 최초에 커피에 대한 것을 서양에 전한 것은 1573년부터 시리아의 알레포에 체재하고 있던 '라우볼프'라는 독일 의사이다. 그는 처음 보는 커피에 흥미를 나타냈고 실제로 마셔보고는 커피를 즐기게 되었다. 아라비아에 전해 내려오는 커피 지식에 대해서도 조사해서 "시리아인은 좋은 음료를 가지고 있는데 이 음료는 매우 널리 음용되고 있다. 그들은 이것을 '카붸'라고 부른다. 대부분이 잉크처럼 검고 의약으로도 유명하며 특히 위에 좋다."라고 귀국 후인 1582년에 저술한 《시리아 여행기》에 기록하고 있다.

덧붙여 유럽에 커피가 들어온 것은 여러 가지 설이 있지만 유럽 최초의 커피점은 1645년 이탈리아의 베니스에 생긴 것이 최초이다.

VI. 세계 최초의 커피 선전 전단지와 개점 광고

1652년 런던 최초의 커피 하우스인 '파스카 로지(Pasqua Rosee)'의 가게에서는 개점에 즈음하여 선전 전단지를 배포했다. 전단지에는 "참으로 그 효능이라는 것은 무엇보다도 위를 단단히 죄고 2열을 제거하며 소화를 돕기 때문에 오후 3, 4시경 마시는 것이 좋은데 아침부터 마시면 더욱 좋다. 또한 정신이나 기분을 빨리 상쾌하게 만들고, 눈병에 걸렸을 경우 김을 쐬면 효과가 있다……."라고 적혀 있다.

1657년 5월 26일 발행에 발행한 주간신문 〈퍼블릭 어드바이저〉에 세계 최초로 커피점의 신문 광고가 게재되었다. '커피점 개점. 구 거래처 뒤편

바솔로뮤 거리에서 '커피'라는 음료가 판매됩니다. 이 음료는 건강한 색을 띠고 있으며 맛과 향이 뛰어납니다. 이 음료수는 위장을 강건하게 해서 체온을 높이며 소화를 돕고 정신을 상쾌하게 하며……, 판매 시간은 아침과 오후 3시까지입니다.'

제6절
메이지 시기의 일본 커피사 ::::::::::::::::::

Ⅰ. 메이지 초기의 커피

일본에 커피가 들어온 것은 17세기 말경으로 네덜란드인이 나가사키 데지마에서 즐겨 마신 것이 최초이다.

데지마의 출입이 허락된 일부 일본인들도 커피를 마셨으나 일반 사람들이 음용하기 시작한 것은 오랜 쇄국이 풀린 1854년으로 150년이나 뒤였다. 에도 말기에 개국으로 인해 나가사키, 요코하마, 하코다테에 외국인 거주자가 많아짐에 따라 그들을 위해 외국인 상인(상사)를 통해 커피콩이 반입되었다. 그리고 외국인과 접촉할 기회가 늘어난 일본인 사이에서도 커피가 서서히 음용되기 시작했다.

또한, 개국과 동시에 사절이나 시찰, 유학 등의 명목으로 유럽이나 미국으로 건너간 일본인이 그 나라의 식생활 중에서 커피 음용 습관을 들여오기도 했다. 그 중의 한 명인 시부사와 에이치에 대해서는 219페이지에 언급했다. 또한 메이지 초기부터 5년경에는 일본인이 경영하는 서양요리가게도 개점하였고 도쿄 츠키지의 호텔, 요코하마의 클럽호텔 등도 세워져 커피가 제공되었다.

1869년에 발행된 요코하마의 일어 신문 〈만국신문〉 제15호에는 외국인 에드워즈의 '생두 및 배전두'를 판매하는 광고가 실려 있다.

덧붙여 일본인에 의한 커피 판매 광고는 1875년 4월 24일자 〈요미우리신문〉에 도쿄 미나미덴마쵸의 이즈미야 신베가 실은 것이다.

메이지 원년(1868년)에 개항한 고베에도 다수의 외국인 거주자가 늘어나, 1878년 12월 26일자 〈요미우리 신문〉에 고베 모토마치의 차가게 '호코도(放香堂)'가 '초제(焦製)·음료 커피 본점에서 음용 또는 분말 구입 모두 자유'라는 광고를 내서 서양 유행을 따라 커피를 마시는 사람들이 늘어난 것을 나타내고 있다.

II. 일본 최초의 커피점

1888년 4월 13일 일본 최초로 본격적인 커피점이 개점했다. 도쿄 우에오 니시구로몬쵸의 '가히차칸(可否茶館)'이었다.

'테이 에이케'라는 일본인이 만든 가게로, 8실과 5실의 서양식 2층 건물로 들어가면 바로 당구대가 있었고 2층으로 올라가면 차실이 있었다. 또한 눈이 휘둥그레지는 것은 대단한 설비들 때문이다. 크리켓, 트럼프, 바둑, 장기 외에 국내와 국외의 신문이나 서적도 갖추어져 있었고 붓과 벼루도 있었으며 화장실, 샤워실, 여름에는 얼음가게도 개설했다고 한다. 현재의 카페도 갖추지 못할 정도의 설비였다. 당시 이 가게의 단골이었던 문학자 다카하시 타이카의 담화가 남아 있다.

"문을 들어서면 파란 페인트가 칠해진 서양식 2층 건물이 그곳에 있었다. 입구는 유리문이었던 것으로 기억하고 있다. 들어가면 바로 당구대가 있었고 우리들은 자주 아무것도 마시지 않고 당구만 치고 돌아오곤 했다."

2층은 차실로 테이블은 둥근 것도 네모난 것도 있었다. 의자는 보통의 등의자로 벽에는 벽지가 발라져 있었고 천장에는 램프가 달려 있었다. 여급으로는 보통의 소녀가 있었다.

한 잔에 1전(錢) 5리(厘)의 커피는 당시 물가로서는 싸다고는 볼 수 없었다.(모리소바나 가케소바가 한 그릇에 8리로, 한 잔의 커피가 두 그릇의 메밀소바 가격과 같았기 때문에) 서양술인 맥주도 있었으며 일본술도 주문하면 나왔다. 일품요리, 빵, 카스테라 등도 나왔다. 당시 가히차관에 간다고 하면 '하이칼라(서양 유행을 따르는 사람)'였다.

어떤 설비도 없는 소바가게의 모리소바 8리에 비해 일류 설비를 갖춘 한 잔 1전 5리의 커피는 결코 비싸다고는 볼 수 없지만 안타깝게도 이 가게의 단골손님의 의식조차 이 정도였고, 때로는 당구만 치고(아마도 무료로) 돌아왔다는 것으로 미루어 볼 때 가게 경영이 잘 될 리가 없으므로 가히차관은 결국 1892년에 파산으로 끝나고 말았다.

테이 에이케가 이와 같이 훌륭한 설비를 갖춘 가게를 개업 한 것에는 두 가지 이유가 있다.

첫째로 에이케는 미국 유학을 통해 민주주의가 어떤 것인지를 알고 있었지만 동창인 이노우에 카오루나 이토 히로부미 등이 만든 사교장 '로쿠메이칸'이 표면적인 서구화(欧化主義)를 주장하는 상류계급만이 즐기는 사교장인 것을 보고 일반 사람들에게도 진정한 구미의 문화·풍속에 대한 지식을 넓힐 수 있는 장을 마련하고자 했던 것이다.

둘째로 그는 사실 육영사업으로 학교를 경영하고 싶었지만 자금 부족으로 인해 프랑스의 예문(芸文)커피관 같은 문화의 추진을 담당할 장소로서 커피점을 생각했다. 이를 위해 국내뿐만 아니라 외국에서도 신문·잡지는 물론이고 서적, 그림까지도 주문해서 도서관을 역할을 담당하려 했던 것이다.

III. '커피당'을 통해 안 하이칼라의 맛

메이지에 태어난 많은 사람이 '커피당'을 통해 커피의 맛과 향을 알았다는 사실이 점점 잊혀지고 있다.

문학·문명연구가인 기무라 키의 《메이지 아메리카 이야기》에는 다음과 같은 내용이 있다.

"나의 고향은 오카야마현 북부의 카츠마타라는 농촌인데 아버지가 촌장이었기 때문에 그 고장 사람들은 물론이고 고베 부근의 상인들도 다양한 선물을 보내곤 했는데 그 중에서 지금도 잊을 수 없는 것은 커피당이다. 집게손가락과 엄지손가락 끝을 동그랗게 모은 정도의 크기로, 새하얀 설탕을 둥글게 굳힌 것으로 뜨거운 물에 넣고 저으면 한 잔의 커피가 된다. 어느 날 뜨거운 물을 넣지 않고 바로 베어 먹어 보니 안에서 갈색 가루가 나왔다. 어린 마음에도 그 향기가 일본의 것이 아니라는 것이 느껴졌다."

그 외에도 '커피당'의 추억을 이야기하는 사람이 많다.

'신제품 커피당(1880년)', '커피 함유 각설탕(1889년)', '커피정(1898년)'과 같이 대대적으로 신문 광고가 이루어졌으며 이러한 '커피당'은 진짜 커피 맛을 모르는 사람들에게 외래의 맛을 충분히 즐길 수 있게 해 주었다.

IV. 메이지 천황과 커피

메이지 천황이 커피애호가였으며 매일아침 모닝커피를 마셨다는 것을 1910년 8월 12일 자 〈시사신보〉가 대대적으로 보도하고 있다. 기사의 요지는 다음과 같다.

"메이지 천황 폐하는 '금차솥(金のお茶釜)'으로 아침 커피를 마시는 것을 정례로 하고 있다. 한번 끓인 물을 금차솥에 넣고 다시 끓인다. 차솥의 크기는 직경 40㎝짜리에 두 개의 은고리가 달린 것으로 옛날 도요토미 히데요시가 관백을 담당하고 있었을 때 다도에 사용한 물건이다."

1873년에는 페루의 특별전권공사가 일본과의 우호 통상조약 및 그 밖의 교섭을 위해 파견되었을 때 커피를 가져와서 우호의 표시로 메이지 천황에게 선물한 적이 있다. 천황이 커피를 마신다는 기사는 커피 보급 선전에 큰 도움이 된 것으로 보인다.

찾아보기 ┃ Index

〈참고문헌〉

히로세 유키오 저, 《커피의 세계》, 이나호 서점

히로세 유키오 역, 《에스프레소 – 그 맛과 향》, 이나호 서점

소노오 슈조 저, 《커피 대사전》, 제국음식료 신문사

소노오 슈조 저, 《2000년도 세계 커피 생산국 사정

호시다 코지 저, 《일본 최초 커피점》, 이나호 서점

호시다 코지 저, 《여명기의 일본커피점사》, 이나호 서점

호시다 코지 · 이토 하쿠 편, 《커피 · 맛을 연마하다》, 웅계사

호시다 코지 · 이토 하쿠 편, 《커피의 책》, 일본교통공사출판부

William H. Ukers 저, 《ALL ABOUT COFFEE》, UCC우에지마커피주식회사 감역

이토 하쿠 저, 《커피 탐구》, 시바타 서점

이노우에 마코도 저, 《커피 구신》, 도쿄 서점

우에지마커피본사 편, 《커피 독본》, 동양경제신보사

도모다 고로 저, 《서설 · 커피학》, 코린

가라시와 카즈오 감수, 《커피》, 나츠메사

전일본커피상공조합연합회 편, 《일본 커피사》, 동 연합회

오쿠야마 기하치로 저, 《커피 편력》, 아사히야 출판

나카노 히로시 저, 《커피 자가배전 교본》, 시바타 서점

전일본커피협회 편저, 《캔커피의 세계》

핫토리 다카오 저, 《캔커피의 세계》

오스가 히로노리 저, 《통조림 제조학》, 시바타 서점

일본커피문화학회, 《커피탐구》, 시바타 서점

나가타 히로시 저, 《커피맨의 기초 지식》

네슬레일본 편, 《커피의 모든 것》, 네슬레 일본

전일본커피협회 편, 《커피 관계 통계》

교토대학 대학원 농업연구과 편, 《커피의 푸드시스템에 관한 이론적 실증적 연구》

Wina Lottinger&Gregory Picum, 《The Coffee Book》

Kenneth Davids, 《The Coffee》, 《Home Coffee Roasting》

Bramah Tea&Coffee Museum, 《Coffee Makers》

SCAA, ICO 관련 web

⟨저자 소개⟩

히로세 유키오

1940년 이시카와 현 가나자와시 출생. 가나자와대학 대학원 특임교수, 가나자와학원대학 지적전략 본부장 · 교수, 공학박사, 일본커피문화학회 부회장. 전공은 계산역학(특히 재료강도학)이지만 학창 시절부터 커피를 좋아했고, 호기심이 왕성하여 커피를 공학적 견지에서 연구. 주요 저서로는 《커피의 세계》 번역서로는 《에스프레소》 등이 있다.

마루오 슈조

1941년 오사카부(府) 출생. 마루오 음료개발연구소 소장, 중국대련공업대학 식품과학부 객원교수, 가나자와대학 강사, 일본커피문화학회 상임이사(커피사이언스 위원장).
이시미츠상사에서 오랜 기간 근무하며 세계의 커피 업무에 정통. 국내 커피 사정은 물론이고 해외 생산국이나 소비국 동향. 커피 생산부터 소비까지의 구조에 대해서도 자세히 알고 있다. 주요 저서로는 《커피 대사전》, 번역서로는 《로망스 오브 커피 역사편》이 있다.

호시다 히로시

1942년 도쿄 출생. (주)이나호서점 대표이사. 가나자와대학 강사, 일본커피문화학회 상임이사(출판편집위원장).
커피문화연구회를 주재하여 계간지 〈커피와 문화〉 편집장, 커피의 역사와 문화를 테마로 문헌 수집, 집필활동을 중심으로 활약. 주요 저서로는 《일본 최초의 커피점》, 《여명기의 일본 커피점사》, 편저로는 《커피의 책》, 《커피 맛을 연마하다》 등이 있다.

The Introduction to
Coffee Studies
커피학 입문

초판 1쇄 인쇄   2014년 6월 2일
초판 1쇄 발행   2014년 6월 9일

저자	히로세 유키오, 마루오 슈조, 호시다 히로시		
옮긴이	박이추, 서정근		
펴낸이	박정태		
편집이사	이명수	감수교정	정하경
책임편집	위가연	편집부	전수봉, 김안나
마케팅	조화묵	온라인마케팅	박용대, 김찬영
펴낸곳	광문각		
출판등록	1991.05.31 제12-484호		
주소	파주시 파주출판문화도시 광인사길 161 광문각 B/D		
전화	031-955-8787		
팩스	031-955-3730		
E-mail	kwangmk7@hanmail.net		
홈페이지	www.kwangmoonkag.co.kr		

ISBN	978-89-7093-746-5 93590
가격	20,000원